건축 공정관리와 품질관리

강병두 저

Construction Process Control
&
Quality Control

도서출판
구미서관

Preface

머리말

건축시공은 최저의 공사비로 최단기간 내에 건축물을 환성시키는 공학기술이다. 건축시공을 위한 시공계획에서 관리계획은 시공 측면에서 공사를 확실하게 실행하기 위한 현장조직, 자재수급, 안전계획, 통제계획 등의 공사관리를 위한 계획이다. 공사관리의 최대 목적은 적절한 공기확보로 공사원가를 절감하는 것이다. 공사관리란 여러 가지 관리목표에 따라 시공 현장을 통제하는 기능을 가지며 공정관리, 품질관리, 원가관리, 안전관리, 노무관리, 장비관리, 구매관리 등이 포함된다.

본 교재는 건축 및 건설 공사에서 공사관리의 목표 중 하나인 공정관리와 품질관리를 처음 배우는 학생들에게 쉽게 내용을 이해할 수 있도록 하였다. 공정관리와 품질관리는 공사관리 측면에서 필수적인 교과목이다.

공정관리와 품질관리의 이론적인 내용은 대학에서 다뤄져야 할 것을 중심으로 하였으며, 난이도는 기사 및 산업기사 정도의 문제를 해결할 수 있도록 하였디. 내용 서술은 개념 정의를 중요시하였으며 개괄식으로 표현하였다. 중요한 내용에 있어서는 국가표준의 KS 기준과 국가건설기술센터의 표준시방서(KCS) 등을 참고하여 그 출처를 명확히 하였다. 본문 중에 예제를 넣어 중요한 내용은 바로 점검할 수 있도록 하였으며, 각 장의 마지막에는 객관식의 기본 연습문제와 주관식의 심화 연습문제를 두어 배운 내용은 확인 및 점검할 수 있도록 하였다.

구성은 PART I 건축 공정관리와 PART II 건축 품질관리로 크게 나누었으며, 건축 공정관리에서는 공정관리의 개요, 네트워크 공정표의 작성, 네트워크 공정표와 횡선식 공정표, 공기단축의 개요, 공기단축 방법 및 최적공기 산정 및 진도관리 및 자원배당으로 6개의 장으로 구성하였다. 또한 건축 품질관리에서는 품질관리의 개요, 통계적 품질관리, 종합적 품질관리, 토질 시험, 시멘트 시험, 골재 시험, 콘크리트 시험 및 기타 시험으로 8개의 장으로 구성하였다. 또한 분량은 학부생의 1학기 강의에 맞게 나누었다.

끝으로 본 교재가 가능하도록 도와주신 도서출판 구미서관 대표님을 비롯한 관계자 분들에게 진심으로 감사를 드립니다.

2021년 4월

저자

PART Ⅰ 건축 공정관리

Ⅰ- 1 공정관리의 일반사항 / 11

Ⅰ- 2 네트워크 공정표 / 51

Contents
목 차

Construction Process Control & Quality Control

PART Ⅱ 건축 품질관리

Contents
목 차

PART I

건축 공정관리

Construction Process Control

Ⅰ-1

공정관리의 일반사항

CHAPTER 01

공정관리의 개요

1.1 공정계획

1) 공정계획의 정의

공정계획(Planning of Progress)은 프로젝트의 공정을 계획하는 것으로써 순서계획과 일정계획을 포함한 계획이다.

2) 공정계획의 요소

① 공사시기　② 공사규모　③ 공사내용
④ 재료수배　⑤ 노무수배　⑥ 장비수배

3) 건설공사의 비작업일

(1) 개요

비작업일이란 전체 공사기간 내에서 공사에 필요한 실제 기간을 제외한 모든 기간을 뜻하며, 자연적 요소와 비자연적 요소에 의한 기간이 있다.

(2) 비작업일 요소

표 1.1 비작업일 요소

비작업일 요소	내용
자연적(기후) 요소	기온, 강우량, 강설, 풍속 등
비자연적 요소	일요일, 법정 공휴일, 명절 등

(3) 공정계획 시 비작업일수(작업 불가능일수) 산정

① 비작업일수는 건설 현장의 공사 진행이 불가능한 날짜를 말한다.[1)]

② 비작업일수는 법정공휴일수와 기후여건으로 인한 비작업일수의 합계에서 중복일수를 제외하여 산정한다. 단 중복일수 산정은 소수점 첫째 자리에서 반올림한다.

1) 공공 건설공사의 공사기간 산정기준, 국토교통부령 제1140호, 2019. 1. 1.

$$비작업일수 = A + B - C$$

여기서, A : 해당 월에 기후여건으로 인해 계획된 공종의 작업이 불가능한 일수

B : 해당 월에 포함된 법정공휴일수

C : 월별 중복일수($C = A \times B \div$ 달력일수, 소수점 첫째 자리에서 반올림)

③ 비작업일수는 주공정(CP)에 대하여 검토한다.

④ 월별 비작업일수가 주 40시간 근무제에 따른 비작업일수보다 작을 경우에는 주 40시간 근무제에 따른 비작업일수를 적용한다.

예제 1.1

다음 조건에서 1월에 시행되는 토공사의 비작업일수와 작업일수 그리고 가동률을 산정하시오.

[조건]

1월에 시행되는 토공사

① 토공사가 불가능한 강우일수 : 강수량 10mm/일 이상 7일

② 법정공휴일 : 일요일 4일, 신정 1일

③ 주 40시간 근무제에 따른 비작업일수 : 8일

풀이

1. 1월에 시행되는 토공사의 비작업일수

① 토공사가 불가능한 강우일수(강수량 10mm/일 이상) : $A = 7$일

② 법정공휴일(일요일 4일, 신정 1일) : $B = 4 + 1 = 5$일

③ 중복일수 : $C = A \times B \div$ 달력일수 $= 7 \times 5 \times 31 = 1.1 \rightarrow 1$일

1월 비작업일수 $= 7 + 5 - 1 = 11$일 > 8일 OK

∴ 1월 비작업일수는 11일이다.

2. 1월 시행되는 토공사의 작업일수

1월 작업일수 $= 31 - 11 = 20$일

∴ 1월 작업일수는 20일이다.

3. 가동률

$$\frac{20}{31} = 64.52\%$$

∴ 1월 가동률은 64.52%이다.

(4) 기후 요소에 대한 비작업일수(작업 불가능일수)

공공 건설공사의 공사기간 산정기준[2]의 주공정 비작업일수 산정을 위한 기상조건 예시는 다음과 같다.

① 일 강우량 10mm 이상
② 신적설 10mm 이상
③ 일 최대순간풍속 10.8m/sec 이상
④ 혹서기 일 최고기온 33℃ 이상
⑤ 동절기 일 최저기온 -12℃ 이하
⑥ 미세먼지 경보 발령시
⑦ 파고 1m 이상

주1 신적설(Fresh Snow Cover, 新積雪)은 지면 위나 오래된 설면 위에 새로 쌓인 눈을 말한다.

4) 공정계획 및 관리

(1) 공정관리의 적용 절차(시공 수행 단계)

① 공사계획은 공사의 공법 및 작업순서 등을 결정한다.
② 일정계획은 공정계획을 통하여 구성된 공정표를 토대로 각 작업의 착수 및 완료일정과 여유시간 등을 계산하고 공사기간들 산정하는 등 세분화된 작업계획을 수립한다.
③ 작업진도파악은 일정기간 공사를 수행한 후 작업의 진도를 파악한다.
④ 통제조정은 실적과 계획을 비교, 분석하여 통제조정하고 대책을 수립한다.

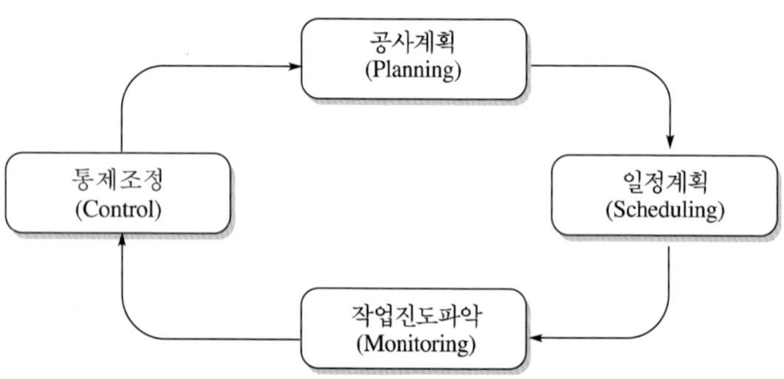

그림 1.1 공정관리의 적용 절차

(2) 공정표 작성에 따른 공정계획 순서

① 네트워크 작성준비
② 전체 프로젝트를 단위작업으로 분해
③ 네트워크의 작성
④ 각 작업의 작업시간 산정
⑤ 일정계산
⑥ 공사기일의 조정

2) 공공 건설공사의 공사기간 산정기준, 국토교통부령 제1140호, 2019. 1. 1.

⑦ 공정표 작성

(3) 공정계획 및 관리순서

표 1.2 공정계획 및 관리순서

구분		내 용
공정계획	수순계획	① 프로젝트를 단위작업으로 분해한다. ② 각 작업의 순서를 붙여서 네트워크로 표현한다. ③ 각 작업시간을 견적한다.
	일정계획	④ 시간계산을 실시한다. ⑤ 공기조정을 실시한다. ⑥ 공정표를 작성한다.
공정관리		⑦ 공정관리를 실시한다.

(4) 공정계획 수립 시 주의사항

① 공정표는 공사착수 전에 작성한다.
② 공정표 작성 시 가장 기본이 되는 것은 각 공사별 공사량이다.
③ 시공에 관련되는 조건을 파악한다.
④ 중요성이 큰 주요공종을 선정해서 공정계획을 우선적으로 검토한다.
⑤ 주요공종에 대해 시공이 집중적으로 될 수 있게 계획하고 연속, 반복 작업이 될 수 있도록 한다.
⑥ 가설장비의 사용기간을 단축하고, 공사용 용수와 전력 등에 대한 비용, 현장요원의 인건비 등 현장경비가 절감되게 한다.
⑦ 불확실 요소가 큰 작업 공종과 소요시간이 긴 작업은 조기에 착수할 수 있게 한다.
⑧ 준비작업의 변경이나 작업공정의 변경이 적게 한다.
⑨ 각 공종의 공정을 조정해서 인력, 자재, 장비 등의 수요가 최저수준 또는 동원가능 수준이 되게 한다.
⑩ 작업일수 계산 시 강우기, 한랭기 등의 작업불능일수를 계산한다.
⑪ 세부공사의 공정계획은 공정계획 수립 후 별도로 작성한다.
⑫ 노무, 재료, 시공기계는 필요한 때에 필요한 만큼 준비하도록 계획한다.

1.2 공정관리

1) 공정관리의 정의 및 목적

(1) 정의

① 공정관리(Progress Control)란 좋은 건축물을 지정된 공사기간 내에 정해진 공사비용에 맞추어 완성하기 위해 자재, 인력, 기계, 설비 등을 경제적으로 이용하고 총괄적으로 통제하는 관리 활동을 말한다.

② 즉, 공정관리는 프로젝트의 공정을 관리하는 것으로 계획과 실제를 비교 및 검토하고 필요한 조치를 취하는 것이다.

③ 공정표의 작성 시기는 공사 착수 전에 한다.

④ 공정표 작성 시에 가장 기본이 되는 사항은 각 공사별 공사량이다.

⑤ 작업일수 계산 시에는 비작업일을 계산해야 한다.

(2) 목적

① 지정공기 내 건축물 완성

② 소요 품질의 확보

③ 예산 내 공사완료 및 원가 절감

④ 안전성 확보 및 향상

⑤ 자원(5M)의 효율적 활용

2) 공종별 공정특성

표 1.3 공종별 공정특성

기초공사	① 옥외 작업으로 인해 공기는 천후에 좌우된다. ② 공정의 변경이 많고 공기지연의 우려가 많으므로 공기를 충분히 둔다. ③ 공기를 충분히 잡아야 하므로 공기단축은 어렵다.
골조공사	① 공기는 천후에 좌우되기는 하나 공장가공이 많고 공정단계가 적으며 반복 작업이 많다. ② 골조공사는 공사의 진척을 빠르게 할 수 있으며 공기단축이 가능하다.
마감공사	① 실내 작업으로 인해 천후에 좌우되는 경우는 적다. ② 천후에 좌우되는 경우는 적으나 공정단계(관련 직종)가 많아 공기를 충분히 잡아야 하므로 공기단축은 어렵다.

1.3 공정표

1) 개요

① 공정표는 공정계획에 따라 예정된 각 공정별 작업활동을 도표화하여 각 시점에 있어서의 공사의 진척도를 검토하는 척도가 된다.

② 공정표의 형태로는 횡선식 공정표, 사선식 공정표 및 네트워크 공정표가 있다.

2) 공정표의 종류

(1) 횡선식 공정표

(가) 정의

① 횡선식 공정표(Bar Chart, Gantt Chart, 막대그래프)는 가로축(횡축)에 공사기간을 표기하고, 세로축(종축)에 공사종목을 작업순서에 따라 배열한 다음, 공사명별 공사의 시작과 끝을 소요시간 만큼의 횡선의 길이로 대응시켜 단순하게 작도한 공정표이다.

② 횡선식 공정표의 경우 작업 상호 간의 관계를 나타낼 수 없으며 이를 일부 보완한 것이 간트도표(Gantt Chart)이다.

③ 공사의 공정이 일목요연하며 경험이 없는 사람도 쉽게 이해할 수 있다.

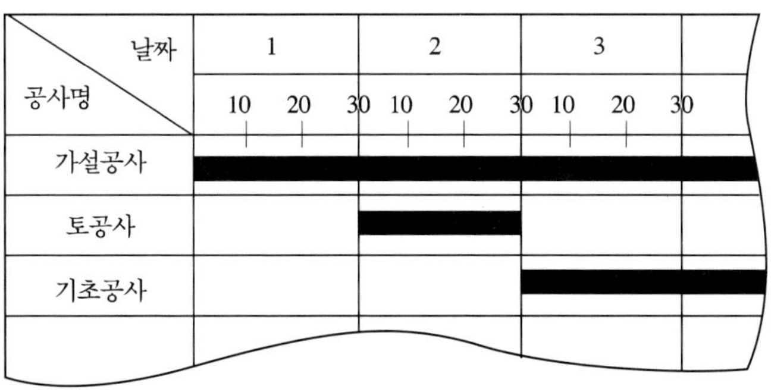

그림 1.2 횡선식 공정표

(나) 특징

표 1.4 횡선식 공정표의 특징

장점	① 각 공종별 공사와 전체의 공정시기가 일목요연하다. ② 각 공종별 공사의 착수 및 완료 일이 명시되어 판단이 용이하다. ③ 공정표가 단순하여 경험이 적은 사람도 이용하기 쉽다.
단점	① 작업 상호 간의 관계가 불분명하다. ② 주공정을 파악할 수 없으므로 관리통제가 어렵다. ③ 횡선의 길이에 따라 진척도를 개괄적으로 판단해야 한다. ④ 공사기일에 맞추는 단순한 작도를 하는 결점이 있다. ⑤ 공정계획 및 진도관리 측면에서 비과학적이다.

(2) 사선식 공정표

(가) 정의

① 가로축에 공사기간을 표기하고 세로축에 건물의 각 층수 혹은 공사량, 노무자수, 재료 반입량 등을 표시하여 일정한 사선 절선을 가지고 공사의 진행상태(기성고)를 수량적으로 나타낸 공정표이다.

② 기성고를 파악하는데 유리하고 공사지연에 대한 조속한 대처가 가능하다.

③ 실제 진행되는 공사의 기성고 곡선은 일반적으로 S-곡선(바나나 곡선)이 이상적이다.

주1 기성고(既成高, Completed Part) : 공사도중에 있어서의 공사 완료된 부분이다.

(나) S-Curve(바나나 곡선)

① 공정관리를 위하여 공정계획선의 상하에 허용한계선을 설정하여두고 실제 진행되는 공사가 이 한계선 내에 들도록 공정을 수정한다.

② 이러한 두 개의 관리한계선은 보통 바나나(Banana) 형으로 되는 경우가 많으므로 바나나 곡선이라 한다.

③ 일반적으로 다른 공정표와 통합하여 사용된다.

표 1.5 바나나 곡선의 작성 예와 분석내용

바나나 곡선의 작성 예	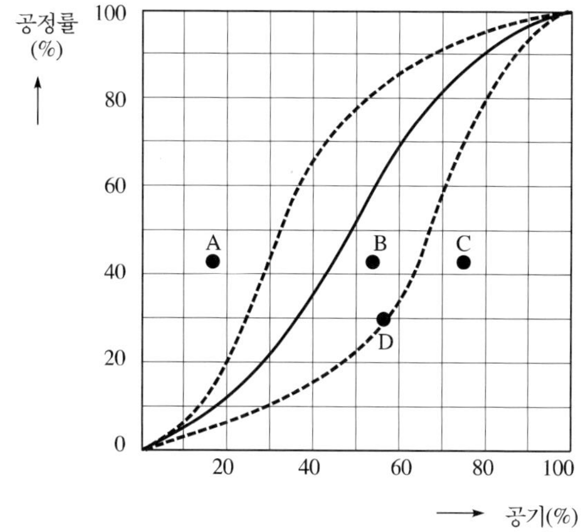
분석 내용	① 점 A : 공사를 급속하게 진행 시켰으며, 부실공사 우려 및 비경제적 공사가 예상된다. ② 점 B : 정상작업이므로 그 속도로 계속 시공한다. ③ 점 C : 공사가 지연되고 있으므로 공기를 촉진한다. ④ 점 D : 현재는 정상적으로 진행 중이나 공기지연의 우려가 있다.

(다) 특징

표 1.6 사선식 공정표의 특징

장점	① 각 부분공사의 상세를 나타내는 부분 공정표에 알맞다. ② 노무자와 재료의 수배에 알맞다. ③ 공사의 기성고를 표시하는데 편리하다. ④ 공사지연에 조속한 대처가 가능하다.
단점	① 작업의 상호관계를 나타낼 수 없다. ② 보조적 수단으로만 이용된다. ③ 개개의 작업을 조정할 수 없다.

(3) 네트워크 공정표

(가) 정의

① 전체 공사를 단위작업으로 분해하여, 각 작업의 상호관계를 원(○)과 화살표(→)로 표현한 망상도(네트워크)로서 작업명, 작업량, 공사기간, 공사비용 등 공정관리상 필요한 정보를 기입하여 공사수행에 관련하여 발생하는 공정상의 문제들을 도해나 수리적 모델로 해명하고 진척 관리하는 것이다.

② 네트워크 공정표는 화살형 네트워크(I-J식 네트워크), 프리시던스식 네트워크, 길버트식 네트워크 등이 있다.
③ 일반적으로 네트워크 공정표는 화살형 네트워크를 말하며, 화살형 네트워크는 PERT기법과 CPM기법에 의한 공정표가 있다.
④ 기업의 상부부터 공사실무담당자에 이르기까지 모든 관계자의 충분한 이해와 협조가 필요하다.
⑤ 네트워크 공정표는 경제적 시공속도 및 공사의 원활한 추진을 위해 사용된다.

주1 PERT는 Program Evaluation and Review Technique의 약어이고 CPM는 Critical Path Method의 약어이다.

(나) 특징

표 1.7 네트워크 공정표의 특징

장점	① 도해적이므로 공사의 전체적 내용 및 부분이 파악하기 쉽고 문제점의 발견이 용이하다. ② 작업 순서관계가 명확하므로 작업의 상호관계를 알 수 있다. ③ 주공정(CP) 또는 이에 따르는 과정에 주의한다면 다른 작업의 누락이 없는 한 공정관리가 편리하다. ④ 전자계산기를 이용할 수 있으므로 광범위한 공정계획 수립 및 수정계산이 용이하다. ⑤ 계획단계에서부터 공정상의 문제점이 파악되고 작업 전에 수정을 가할 수 있다. ⑥ 개개공사의 완급정도와 상호관계가 명료하므로 주공정의 일에는 현장 인원의 중점배치가 가능하다.
단점	① 다른 공정표에 비해 작성 시간이 오래 걸린다. ② 작성 및 검사에 특별한 기능이 요구된다. ③ 네트워크 표현의 제약으로 작업의 세분화에는 한계가 있다. ④ 실제 공사는 네트워크와 같이 구분하여 그대로 이행되지 못하므로 진척관리에 있어 특별한 연구가 필요하다.

(다) 네트워크에서 얻어지는 정보활용

① 주공정(CP)과 중점작업의 파악
② 작업순서와 상호관계의 파악
③ 여유시간 종류와 특성 파악
④ 공정계획단계에서 만든 데이터 수집
⑤ 공기조정 시 전체 공정의 영향 파악
⑥ 자료정리와 장래를 위한 피드백(Feed Back)

(라) 종류

① 화살형(I–J식) 네트워크(Arrow Diagram Method : ADM)

각 작업을 화살표로 표시한 네트워크 공정표이며, 화살표의 상부에는 공사명을 하부에는 공사기간 등을 표시한다. 화살형 네트워크의 종류로는 PERT기법과 CPM 기법에 의한 공정표가 있으며, 일반적으로 네트워크 공정표는 화살형 네트워크 공정표를 의미한다.

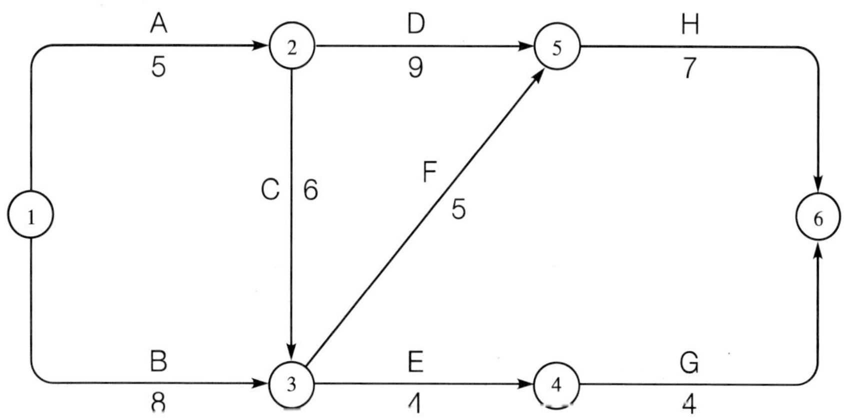

그림 1.3 화살형(I–J식) 네트워크

② 프리시던스식 네트워크(Precedence Diagram Method : PDM)

화살형 네트워크 공정표와는 반대로 각 작업을 결합점(Node)으로 표시하고 화살표는 단순히 작업의 선후관계만을 나타낸다.

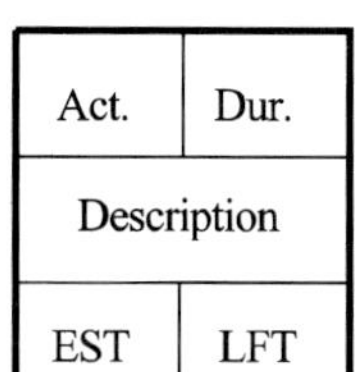

그림 1.4 프리시던스식의 표시

화살형 네트워크 공정표에서는 선행작업이 끝나고 후속작업을 시작하는 Finish–to–Start의 관계만 허용되나 프리시던스식에는 Finish–to–Start(FS), Start–to–Start (SS), Finish–to–Finish(FF), Start–to–Finish(SF)의 4가지 다양한 릴레이션쉽 (Relationship)을 사용할 수 있다.

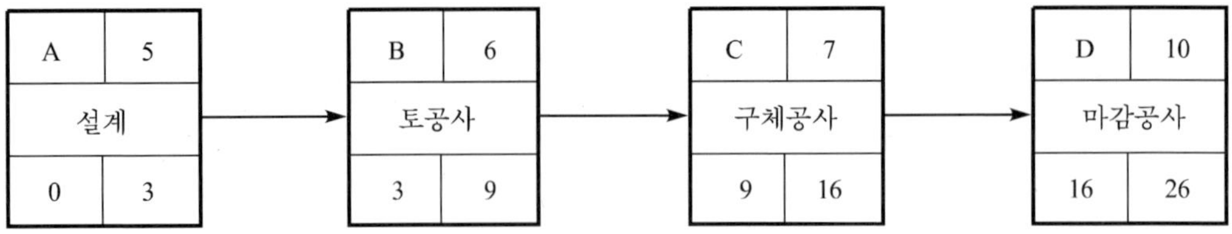

그림 1.5 프리시던스식 네트워크

③ 길버트식 네트워크(Gilbert Method Network)

길버트 엔지니어링 회사에서 개발하였으며, 화살형 네트워크 공정표와 프리시던스식 공정표를 복합한 것이다. 길버트식 네트워크의 경우 요소작업이 필요이상으로 분할되는 것을 방지할 수 있으나 다른 공정표들에 비해 네트워크가 복잡하고 독해가 어렵다. 길버트식 네트워크 공정표에서는 SS, FF, FS의 3가지 릴레이션쉽이 가능하다.

3) 화살형 네트워크 공정표

(1) 작성순서

그림 1.6 화살형 네트워크 공정표 작성순서

(2) 종류

(가) PERT 공정표

① PERT 공정표(Program Evaluation and Review Technique Scheduling)는 미국 해군(1958년)의 군수국 특별기획실에 의해 연구개발 되었다.

② 지정공기에 공사를 완성시킬 목적으로 자원, 시간, 기능 등을 조정하는 기법이다.

③ 경험이 없는 공사에 사용되며 전자계산기 이용이 가능하다.

(나) CPM 공정표

① CPM 공정표(Critical Path Method Scheduling)는 미국의 듀폰(Dupon, 1957년)사에 의해 연구개발 되었다.

② 작업시간과 공사비를 절감시킬 목적으로 최소비용 조건으로 최적공기를 산출하는 방법이다.

③ 기성고를 파악하는데 유리하고 공사지연에 대한 조속한 대처가 가능하다.

(3) PERT과 CPM 공정표의 비교

표 1.8 PERT과 CPM 공정표의 비교

구분	PERT 공정표	CPM 공정표
개발배경	1958년 미국 해군	1957년 미국의 Dupon사
개발응용	미사일 개발에 응용	플랜트 보전(保全)에 응용
목적	공기단축	공사비 절감
적용대상	신규사업, 비반복사업, 미경험사업	반복사업, 경험사업
작업시간 산정	3점 시간추정 ① 낙관시간(t_o) ② 정상시간(t_m) ③ 비관시간(t_p)	1점 시간추정 ① 정상시간(t_m)
소요시간	$t_e=\frac{t_o+4t_m+t_p}{6}$	$t_e=t_m$
일정계산	결합점(Event, 단계) 중심의 일정계산	작업(Activity) 중심의 일정계산
작업시간	① 가장 빠른 결합점 시각(ET 혹은 TE) ② 가장 늦은 결합점 시각(LT 혹은 TL)	① 가장 빠른 개시 시각(EST) ② 가장 빠른 종료 시각(EFT) ③ 가장 늦은 개시 시각(LST) ④ 가장 늦은 종료 시각(LFT)
여유시간	결합점이 갖는 여유시간(Slack) ① 정여유(PS : Positive Slack) ② 영여유(ZS : Zero Slack) ③ 부여유(NS : Negative Slack)	작업이 갖는 여유시간(Float) ① 총여유(TF : Total Float) ② 자유여유(FF : Free Float) ③ 간섭여유(DF : Dependent Float) ④ 독립여유(INDF : Independent Float)
주공정(CP)의 발견	TL−TE=0	TF=FF=0
MCX (최소 비용계획법)	이론이 없음	CPM의 핵심이론

주) MCX는 CPM의 핵심이론의 기법이며, Minimum Cost Expediting(최소 비용계획법)의 약어이다.

(4) 3점 시간추정

(가) 기대시간(t_e)의 계산

$$t_e = \frac{t_o + 4t_m + t_p}{6}$$

여기서, t_e : 기대시간(Expected Time)

t_o : 낙관시간(Optimistic Time)

t_m : 정상시간(Most Likely Time)

t_p : 비관시간(Pessimistic Time)

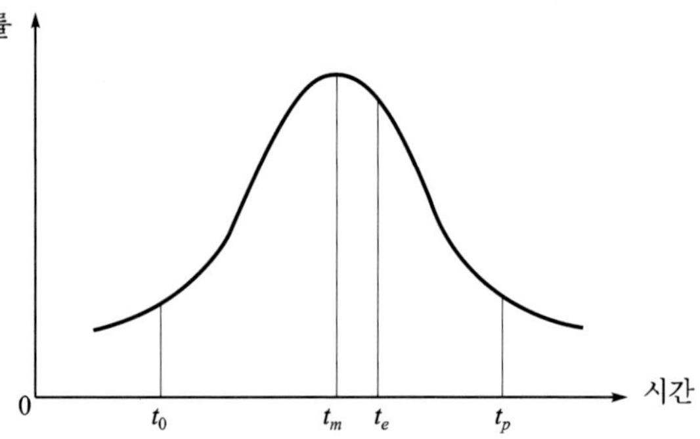

그림 1.7 기대시간

(나) 분산(σ^2)

동일한 작업에 대한 기대시간에 사람에 따라 다를 경우 아래와 같이 분산을 산정하여 분산이 가장 작은 것을 선택하여 기대시간으로 한다.

$$\sigma^2 = \left(\frac{t_p - t_o}{6}\right)^2$$

(다) 지정공기 내에 완료할 확률

$$Z = \frac{(t_p - t_e)}{\sqrt{\Sigma\,\sigma^2}}$$

기본 연습문제

01.

건축공사의 공정표 작성 시기는 어느 때가 가장 적당한가?

㉮ 공사 설계 전
㉯ 공사 설계 시
㉰ 공사 착수 전
㉱ 공사 중간

풀이 공정표의 작성 시기는 공사 착수 전에 하며, 공정표 작성시에 가장 기본이 되는 사항은 각 공사별 공사량이다.

답 ㉰

02.

공사 현장에서 공정표를 작성함에 있어서 가장 기본이 되는 사항은?

㉮ 날씨
㉯ 각 공사별 공사량
㉰ 실행예산
㉱ 재료반입 및 노무공급계획

풀이 공정표의 작성 시기는 공사 착수 전에 하며, 공정표 작성시에 가장 기본이 되는 사항은 각 공사별 공사량이다.

답 ㉯

03.

공정표를 작성할 때의 주의사항 중 틀린 것은?

㉮ 공정표에는 공사수량도 기입한다.
㉯ 공정표에는 재료의 발주시기를 명기(明記)한다.
㉰ 한 공사가 완전히 끝난 며칠 후 다음 공사가 시작하도록 작성한다.
㉱ 기초공사는 공정의 변동가능성이 많으므로 충분한 여유를 둔다.

풀이 공정표 작성에서 선행공사가 완료되면 다음 공사를 곧바로 시작할 수 있다.

답 ㉰

04.

공정계획 수립 시 주의사항으로 가장 부적당한 것은?

㉮ 작업일수를 계산할 때 강우기는 고려하나 한랭기는 무시한다.
㉯ 공기가 지연될 것을 감안하여 골조공사는 가능하면 공기를 앞당겨 계획한다.
㉰ 공정표 작성 시 자재의 제작기간 및 양생기간을 고려한다.
㉱ 마감공정은 관련되는 공종이 많으므로 공기단축이 어렵다.

풀이 공정계획의 작업일수 계산 시 강우기, 한랭기 등의 작업불능일수를 계산한다.

답 ㉮

05.

공정계획 작성 시 고려해야 할 사항 중 별로 중요하지 않은 것은 어느 것인가?

㉮ 생산속도의 향상
㉯ 각 작업원 및 공사기계의 작업능률
㉰ 자재, 작업원, 공사기계의 조달 가능성
㉱ 품질수준의 향상

풀이 ① 공정관리(공정계획)란 좋은 건축물을 지정된 공사기간 내에 정해진 공사비용에 맞추어 완성하기 위해 자재, 인력, 기계, 설비 등을 경제적으로 이용하고 총괄적으로 통제하는 관리 활동을 말한다.
② 품질수준의 향상은 품질관리와 관계가 있다.

답 ㉱

06.

공정계획을 작성할 경우의 주의사항으로 적당하지 아니한 것은 다음 중 어느 것인가?

㉮ 마감공사는 골조공사의 완료로부터 차례로 착공하고, 다른 공사기간과 중복시키는 것이 좋다.
㉯ 강우기 또는 한랭기의 공사에서는 작업 가능 일수가 한정된 것을 고려하는 것이 좋다.
㉰ 재료수배의 난이, 부품제작일수, 운반상황 등을 고려하여 발주시기를 조정한다.
㉱ 시공기자재는 사용 시기에 관계없이 공사 시작 시기에 그 전부를 현장에 반입하여 둔다.

풀이 시공기자재는 시공순서와 공사의 진척 상황에 맞추어 현장에 반입한다.

답 ㉱

07.

공정계획을 작성할 때 유의해야 할 사항 중 옳지 않은 것은?

㉮ 마감공사는 구체공사가 끝나는 대로 순서적으로 시작하여 다른 공사기간과 중복시키는 것이 좋다.

㉯ 재료입수의 난이, 부품제작 일수, 운반사정 등을 고려하여 발주시기를 조정하도록 한다.

㉰ 시공기계는 사용 시기에 불구하고 공사를 시작할 때 그 전부를 현장에 반입시켜 편의를 도모한다.

㉱ 방수공사, 도장공사, 미장공사와 같이 시공단계가 많은 공사는 충분한 공기를 고려하도록 한다.

풀이 시공기자재는 시공순서와 공사의 진척 상황에 맞추어 순차적으로 현장에 반입한다.

답 ㉰

08.

공정관리를 할 때, 가장 필요하지 않은 사항은 다음 중 어느 것인가?

㉮ 전체 공정계획을 세운다.

㉯ 각 부분공사의 작업공정표를 작성한다.

㉰ 현장의 자금배분계획을 세운다.

㉱ 공정표를 바탕으로 하여 적절한 잔토관리를 한다.

풀이 ① 현장의 자금배분계획은 공정관리와 관계없으며, 자금관리에 해당된다.
② 공정관리란 좋은 건축물을 지정된 공사기간 내에 정해진 공사비용에 맞추어 완성하기 위해 자재, 인력, 기계, 설비 등을 경제적으로 이용하고 총괄적으로 통제하는 관리 활동을 말한다.

답 ㉰

09.

다음은 공정계획 수립 시 고려하여야 할 사항을 기술한 것이다. 가장 부적당한 것은 어느 것인가?

㉮ 공정계획은 세부공사에 필요한 시간과 순서를 고려한다.
㉯ 공정계획은 자재, 노무 및 기계설비 등의 사항을 고려한다.
㉰ 공정계획은 공사기일 내에 완성하는 것을 목적으로 한다.
㉱ 공정계획은 지질 및 시공법 등을 고려한다.

풀이 공정계획에서 세부공사의 공정계획은 공정계획 수립 후 별도로 작성한다.

답 ㉮

10.

공정표에 관한 기술 중 적당하지 않은 것은?

㉮ 마감공정은 실내 작업이 많아 작업이 우천 등의 영향을 받지 않으므로 공기의 단축은 실내 마감공사에서 해야 한다.
㉯ 공정표 작성에 각 공정에 동원할 노무자는 특별한 사정이 없는 한 표준 동원인원에 약간의 여유가 있도록 한다.
㉰ 공기단축은 골조공사를 서둘러 하는 것이 효과적이다.
㉱ 공정표를 작성할 때는 재료의 준비기간 및 양생기간을 고려해야 한다.

풀이 마감공사는 실내 작업으로 인해 천후에 좌우되는 경우는 적으나 공정단계(관련 직종)가 많아 공기를 충분히 잡아야 하므로 공기단축은 어렵다.

답 ㉮

11.

예정진도곡선의 작성 시에 고려할 사항으로 가장 부적당한 것은?

㉮ 예정진도곡선은 S곡선의 형태가 일반적이다.
㉯ 시공품질 측면에서 볼 때 어느 정도의 여유시간을 고려하는 것이 좋다.
㉰ 가능한 한 투입자원은 평준화(Leveling) 시킨다.
㉱ 시공품질 측면에서 공사말기에는 시공 속도를 높이는 것이 좋다.

풀이 마감공사(공사말기)는 실내 작업으로 인해 천후에 좌우되는 경우는 적으나 공정단계(관련 직종)가 많아 공기를 충분히 잡아야 하므로 공기단축은 어렵다.

답 ㉱

12.

공사 기성고곡선(既成高曲線) 중 공사를 원활하게 진행하고자 할 때 어느 곡선이 가장 적절한가?

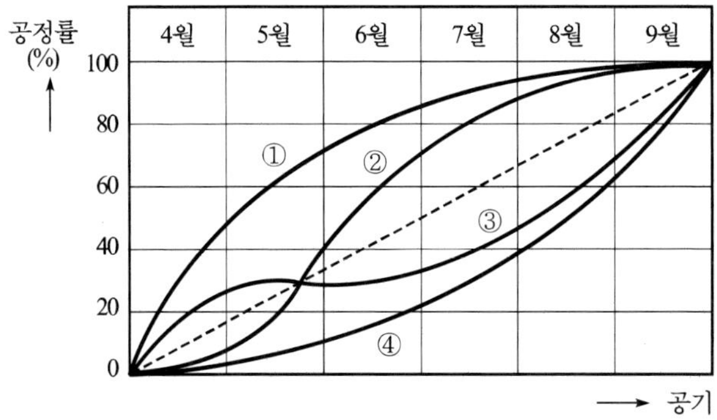

㉮ ①

㉯ ②

㉰ ③

㉱ ④

풀이 실제 진행되는 공사의 기성고 곡선은 일반적으로 S-곡선(바나나 곡선)이 이상적이다.

답 ㉯

13.

다음 공정표는 지하 1층 지상 6층, 건축연면적, 1,000m^3인 철근콘크리트구조 사무소 건축공사를 위한 것이다. 이 공정표 중에서 가장 부적당한 것은 어느 공정인가? (단, 대지 및 주위 상황에 특별한 문제가 없는 공사임.)

㉮ 흙막이공사

㉯ 흙파기공사

㉰ 철근콘크리트골조공사

㉱ 창호공사

풀이 철근콘크리트골조공사의 공기가 주요공사임에도 불구하고 다른 공사에 비해 너무 짧다.

답 ㉰

14.

다음이 설명하는 공정관리의 기법은?

> 반복공사에서 y축은 층수, x축은 공기로 하여 그 생산성을 기울기 직선으로 나타내는 방법으로 작업이 많은 공사에 적용되는 기법

㉮ 바챠트(Bar chart)
㉯ LOB(Line of Balance)
㉰ 매트릭스 공정(Matrix schedule)
㉱ PERT

풀이 LOB(Line of Balance)
① 고층건물이나 도로공사와 같이 반복 작업이 이루어지는 경우에 사용된다.
② 반복공사에서 y축은 층수, x축은 공기로 하여 그 생산성을 기울기 직선으로 나타내는 방법이다.
③ LSM(Linear Scheduling Method)기법이라고도 한다.

답 ㉯

15.

시공계획에 관한 다음 사항 중 가장 부적당한 것은 어느 것인가?

㉮ 외주할 부품의 제작은 시공도에 따라 제작하는 것이 일반적이다.
㉯ 시공계획시는 수급자가 수급한 공사에 실제로 시공할 내용을 구체적으로 나타낸 계획서이다.
㉰ 마감공사는 관련되는 직종이 많으므로 공기단축을 하는 것은 다른 종류의 공사에 비해 어렵다.
㉱ 많은 시공업자가 관련되는 공사에서는 네트워크 공정표보다는 바차트(막대식) 공정표가 공정을 조정하기 쉽다.

풀이 바차트 공정표는 작업 상호 간의 관계가 불분명하고, 주공정을 파악할 수 없으므로 관리통제 및 공기조정이 어렵다. 하지만 네트워크 공정표는 도해적이므로 공사의 전체적 내용 및 부분이 파악하기 쉽고 문제점의 발견이 용이하고, 전자계산기를 이용할 수 있으므로 광범위한 공정계획 수립 및 수정계산이 용이하고 공기조정이 쉽다.

답 ㉱

16.

공정표의 종류로서 가장 부적당한 것은 다음 중 어느 것인가?

㉮ 횡선 공정표　　㉯ 네트워크 공정표　　㉰ 사선 공정표　　㉱ CM 공정표

풀이 CM 공정표라는 것은 없으며 CM(공사관리방식, 건설사업관리)이란 발주자의 이익확보 측면에서 발주자의 대리인으로 실시설계단계에서부터 시공단계에 걸쳐 필요한 기술과 경험을 개인 또는 조직이 발주자에게 제공하는 설계와 시공의 통합관리 시스템이다.

답 ㉱

17.

공정내용에 의하여 공정표를 분류 설명한 것으로 옳지 못한 것은?

㉮ 기본공정표는 공사 전반에 걸쳐 공정을 도시(圖示)하고 개략적인 상황을 나타낸다.
㉯ 부분공정표는 전체 공사를 각 부분공사로 나누어 공정의 세부(細部)를 작성한다.
㉰ 실시공정표는 작성된 예정공정표에 공사의 실시 경과를 실선으로 기입하며, 그 진행 상황을 검토한다.
㉱ 횡선식 공정표는 기본공정표로서 작업과 전체 공사명을 세로축(종축)에, 공사기간을 가로축(횡축)에 잡아 막대그래프로 표시한다.

풀이 ① 기본공정표(전체공정표)는 착공에서 준공까지 전체 공사기간 중 전체 공사종목에 대한 공정을 나타낸 것이다.
② 사선식 공정표는 사선 절선을 가지고 공사의 진행상태(기성고)를 수량적으로 나타낸 공정표이다.

답 ㉰

18.

기성고와 공사의 진척 상황을 기입하여 예정과 실제를 비교하면서 공정을 관리해 나가는 공정표는?

㉮ 열기식 공정표　　㉯ 횡선식 공정표　　㉰ 절선식 공정표　　㉱ 구간 공정표

풀이 사선식 공정표(절선식 공정표)는 가로축(횡축)에 공사기간을 표기하고 세로축(종축)에 건물의 각 층수 혹은 공사량, 노무자수, 재료 반입량 등을 표시하여 일정한 사선 절선을 가지고 공사의 진행상태(기성고)를 수량적으로 나타낸 공정표이다.

답 ㉰

19.

네트워크 공정표에 관한 기술 중 적당치 않은 것은 어느 것인가?

㉮ 전체 공사의 파악을 용이하게 할 수 있다.
㉯ 계획단계에서 공정상의 문제점이 명확하게 되어 작업 전에 적절히 수정할 수 있다.
㉰ 주공정(CP)은 전체 공기를 규제하는 작업 과정이다.
㉱ 작성 및 검사가 용이하다.

풀이 네트워크 공정표는 작성 및 검사에 특별한 기능이 요구된다.

답 ㉱

20.

네트워크 공정표의 특징 중 잘못된 것은?

㉮ 전체 공사의 파악을 용이하게 할 수 있다.
㉯ 계획단계에서 공정상의 문제점이 명확하게 되어 사전에 적절히 수정할 수 있다.
㉰ 작업의 상호관계가 명확하게 나타난다.
㉱ 공사의 진척 상황은 복잡하여 쉽게 알아볼 수 없다.

풀이 네트워크 공정표는 도해적(圖解的)이므로 공사의 전체적 내용 및 부분이 파악하기 쉽고 문제점의 발견이 용이하고 공사의 진척 상황이 누구에게나 알려지게 된다.

답 ㉱

21.

공정의 계획 및 관리에 관한 기술 중 옳지 않은 것은?

㉮ 네트워크 기법은 관리자가 판단하는데 필요한 정보를 제공하는 것이다.
㉯ 네트워크 기법은 주로 노무관리를 주요 대상으로 하여 적용하고 있는 것이 현 실정이다.
㉰ 네트워크 기법은 계획 및 관리의 대상과 목적을 명확히 한 후에 적용해야 충분한 효과를 얻을 수 있다.
㉱ 네트워크 기법은 공정의 계획단계에서 어려움이 많다.

풀이 네트워크 공정표는 주로 공정관리에 사용된다.

답 ㉯

22.

네트워크 공정표에 관한 다음 설명 중 틀린 것은?

㉮ 개개의 작업관리를 알기 쉽다.

㉯ 공정관리가 편리하다.

㉰ 계획관리의 측면에서 신뢰도가 높으며 컴퓨터의 이용이 가능하다.

㉱ 실제 공사도 네트워크와 같이 구분 이행하므로 진척관리를 하지 않아도 된다.

풀이 실제 공사는 네트워크 공정표와 같이 구분 이행되지 않으므로 진척관리(진도관리)가 필요하다.

답 ㉱

23.

공정관리기법설명으로 가장 부적당한 것은 다음 중 어느 것인가?

㉮ PERT기법은 공정에 주안점을 두고 비용에 대해서는 융통성 있게 조절 할 수 있도록 개발되었으며, 주로 신규사업에 활용되고 있다.

㉯ CPM기법은 비용관리는 엄격한데 반하여 공기에 융통성을 들 수 있도록 개발되었으며, 주로 반복사업에 활용된다.

㉰ PDM(Precedence Diagram Method)은 바차트의 일종이다.

㉱ 자원배당(Resource Allocation)은 주공정이 아닌 여유공정 내에서 각종 자원들의 소요량을 평준화하는 것을 말한다.

풀이 네트워크 공정표의 종류

① 화살형(I-J식) 네트워크(ADM)

② 프리시던스식 네트워크(PDM)

③ 길버트식 네트워크

답 ㉰

24.

다음은 PERT기법과 CPM기법에 관한 기술이다. 가장 부적당한 것은 어느 것인가?

㉮ PERT는 공기단축, CPM은 공사비 절감에 주목적이 있다.
㉯ PERT는 작업 중심의 일정계산을 산출하고, CPM은 결합점 중심의 일정계산을 산출한다.
㉰ PERT는 3점 추정을, CPM은 1점 추정을 한다.
㉱ PERT는 경험이 없는 사업 등에 이용하고, CPM은 반복사업 등에 이용한다.

풀이 PERT는 결합점(단계) 중심의 일정계산을 산출하고, CPM은 작업 중심의 일정계산을 산출한다.

답 ㉯

25.

PERT와 CPM의 특징으로 가장 부적당한 것은?

㉮ PERT는 경험이 없는 건설공사나 비반복사업에 유리하다.
㉯ 두 공정 모두 전체 공사의 파악을 용이하게 한다.
㉰ CPM은 일정계산이 자세하고 작업 간 조정이 가능하다.
㉱ PERT는 소요시간 추정을 위하여 1점 추정을 한다.

풀이 ① PERT는 소요시간 추정을 위하여 3점 추정을 한다.
② CPM은 소요시간 추정을 위하여 1점 추정을 한다.

답 ㉱

26.

PERT와 CPM 도입에 따른 이점이 아닌 것은?

㉮ 효과적인 예산통제가 가능하다.
㉯ 요소작업 상호 간의 관련성이 명확해진다.
㉰ 최저비용으로 공기단축이 가능하다.
㉱ 경제적인 면에서 과학적인 의사전달이 가능하다.

풀이 PERT와 CPM은 공정관리기법이므로 예산통제와는 관계가 없다.

답 ㉮

27.

네트워크 공정표에 관한 설명으로 가장 부적당한 것은 다음 중 어느 것인가?

㉮ PERT는 신규사업을 대상으로 한다.
㉯ CPM은 한 번의 소요시간 추정으로 그친다.
㉰ 최소 비용계획법(MCX)은 PERT의 핵심이론이다.
㉱ 네트워크 용어 중 자유여유시간(FF)은 작업을 EST로 시작하고 후속작업도 EST로 시작하여도 존재하는 여유시간이다.

풀이 MCX(최소 비용계획법)은 CPM의 핵심이론이다.

답 ㉰

28.

아래 네트워크 공정표의 설명에 관한 내용 중 틀린 것은?

㉮ 계획단계에서부터 공정상의 문제점이 파악되고 작업 전에 수정을 가할 수 있다.
㉯ 네트워크 기법의 표시상 작업의 세분화 정도가 매우 쉽다.
㉰ 다른 공정표에 비하여 작성시간이 보다 더 필요하다.
㉱ 개개공사의 완급 정도와 상호 관계가 명료하므로 주공정의 일에는 현장 인원의 중점배치가 가능하다.

풀이 네트워크 표현의 제약으로 작업의 세분화에는 한계가 있다.

답 ㉯

29.

네트워크 공정표에 관한 다음 기술 중 틀린 것은 어느 것인가?

㉮ 공사계획의 전모나 전체 공사의 파악을 용이하게 할 수 있고 공사의 진척 상황이 누구에게나 알려지게 된다.
㉯ 각 작업의 흐름과 공정이 분해됨과 동시에 작업의 상호관계가 명확하게 표시된다.
㉰ 계획단계에서 공정상의 문제점이 명확히 되고 작업 전에 수정을 가할 수 있다.
㉱ 작업의 종류, 작업에 요하는 시간을 표시하고 개개 작업 간에 관련성이나 문제점이 있는가 등을 표현할 수 없으나 신뢰도가 높다.

풀이 개개공사의 완급 정도와 상호관계가 명료하므로 주공정의 일에는 현장 인원의 중점배치가 가능하다.

답 ㉱

30.

네트워크 공정표의 장점이라고 볼 수 없는 것은?

㉮ 작업 상호 간의 관련성을 알기 쉽다.
㉯ 공정계획의 작성시간이 단축된다.
㉰ 공사의 진척관리를 정확히 실시할 수 있다.
㉱ 공기단축 가능 요소의 발견이 용이하다.

풀이 네트워크 공정표는 다른 공정표에 비해 작성시간이 오래 걸리고 작성 및 검사에 특별한 기능이 요구된다.

답 ㉯

31.

네트워크 공정표의 특성에 관한 설명으로 잘못된 것은?

㉮ 개개의 작업 관련이 도시되어 있어 내용이 알기 쉽다.
㉯ 작업순서 관계가 명확하여 공사담당자 간의 정보전달이 원활하다.
㉰ 네트워크 기법의 표시상 제약으로 작업의 세분화 정도에는 한계가 있다.
㉱ 공정표 작성 및 검사에 특별한 기능이 필요치 않으며, 작성시간이 짧으며, 단순하다.

풀이 공정표 작성 및 검사에 특별한 기능이 필요하며, 작성시간이 오래 걸린다.

답 ㉱

32.

네트워크 공정표의 특성에 관한 설명 중 관계가 먼 것은?

㉮ 개개의 작업 관련이 도시되어 있어 프로젝트 전체 및 부분 파악이 쉽다.
㉯ 작업순서 관계가 명확하여 공사담당자 간의 정보전달이 원칙이다.
㉰ 네트워크 기법의 표시상 제약으로 작업의 세분화 정도에는 한계가 있다.
㉱ 공정표가 단순하여 경험이 적은 사람도 이용하기 쉽다.

풀이 네트워크 공정표는 작성 및 검사에 특별한 기능이 요구된다.

답 ㉱

33.

네트워크에 의한 공정표의 작성 및 관리에 있어서의 주의사항으로서 적절하지 않은 것은 다음 중 어느 것인가?

㉮ 공사 현장 담당자의 공정계획 회의를 거쳐 작성하다.

㉯ 공정을 단축할 때는 보조 주공정(Sub-Critical Path)과의 관계를 고려한다.

㉰ 공사에 관계되는 설계자, 감리자, 도급자 등이 수시로 회의를 통해 진도관리(Follow Up)를 결정한다.

㉱ 최초의 일정계산에 사용할 각 작업의 일정은 무리가 없는 일정을 잡아야 한다.

풀이 기업의 상부부터 공사 실무담당자에 이르기까지 모든 관계자의 충분한 이해와 협조가 필요하다.

답 ㉮

34.

공정의 계획 및 관리에 관한 다음 기술 중 가장 부적당한 것은 어느 것인가?

㉮ 네트워크 기법은 관리자가 판단하는데 필요한 정보를 제공하는 것이다.

㉯ 네트워크 기법은 주로 노무관리를 주 대상으로 하여 적용하고 있는 것이 현 실정이다.

㉰ 네트워크 기법의 실시는 기업의 상부부터 공사 실무담당자에 이르기까지 모든 관계자의 충분한 이해와 협조가 필요하다.

㉱ 네트워크 기법은 계획 및 관리의 대상과 목적을 명확히 한 후에 적용해야 충분한 효과를 얻을 수 있다.

풀이 네트워크 공정표는 경제적 시공속도 및 공사의 원활한 추진을 위해 사용되는 공정관리의 하나이다.

답 ㉯

35.

네트워크 공정표에 관한 기술 중 옳은 것은?

㉮ 네트워크에서 쓰이는 소요시간은 작업에 필요한 최소한의 시간으로 휴일, 우천 등의 휴업을 포함하지 않는다.
㉯ 네트워크는 공정계획에는 편리하지만 관리의 목적에는 적당하지 않다.
㉰ 네트워크가 완성되면 부품이나 재료의 납품 시기가 명확하게 된다.
㉱ 주공정(CP)은 CPM이나 PERT에도 쓰인다.

풀이 ① 네트워크에서 쓰이는 소요시간은 작업에 필요한 최소한의 시간으로 휴일, 우천 등의 휴업을 포함한다.
② 네트워크는 공정계획에 편리하고 관리의 목적에 적당하다.

답 ㉱

36.

다음 중 PERT와 CPM에 대한 설명으로 적당하지 않은 것은?

㉮ PERT는 명확하지 않은 사항이 많은 조건 아래에서 수행되는 신규사업에 많이 이용된다.
㉯ CPM은 작업시간이 확립되지 않은 사업에 통상 활용된다.
㉰ PERT는 공기단축을 목적으로 한다.
㉱ CPM은 공비절감을 목적으로 한다.

풀이 CPM은 반복사업 또는 경험사업에 적합한 것으로 작업시간이 확립된 사업에 통상 활용된다.

답 ㉯

37.

PERT와 CPM의 특성이 아닌 것은?

㉮ PERT는 소요시간 추정을 위하여 1점 추정을 한다.
㉯ CPM은 일정계산이 자세하고 작업 간 조정이 가능하다.
㉰ PERT는 최소비용에 대한 이론 도입이 없다.
㉱ PERT는 경험이 없는 건설공사나 비반복작업에 유리하다.

풀이 ① PERT는 소요시간 추정을 위하여 3점 추정을 한다.
② CPM은 소요시간 추정을 위하여 1점 추정을 한다.

답 ㉮

38.

PERT와 CPM 공정표의 차이점으로 옳은 것은?

㉮ CPM은 더미(Dummy)를 사용하나, PERT는 사용하지 않는다.
㉯ CPM은 신규 및 경험이 없는 건설공사 이용되나 PERT는 경험이 있는 공사에 이용된다.
㉰ CPM은 소요시간 추정에서 1점 추정인 반면 PERT는 3점 추정으로 한다.
㉱ CPM은 화살표로 작업을 표시하나 PERT는 원으로 작업을 표시한다.

풀이 CPM은 소요시간 추정에서 3점 추정인 반면 PERT는 1점 추정으로 한다.

답 ㉰

39.

PERT기법에 의한 공정관리 방법에서 낙관시간이 4일, 정상시간이 8일, 비관시간이 12일일 때 공정상의 평균 기대시간(Expected Time)으로 적당한 것은?

㉮ 4일　　㉯ 6일　　㉰ 8일　　㉱ 10일

풀이 PERT 공정표에 따른 기대시간

$$t_e = \frac{t_o + 4t_m + t_p}{6} = \frac{4 + 4 \times 8 + 12}{6} = 8.00\text{일}$$

여기서, t_e : 기대시간(Expected Time)
t_o : 낙관시간(Optimistic Time)=4일
t_m : 정상시간(Most Likely Time)=8일
t_p : 비관시간(Pessimistic Time)=12일

답 ㉰

40.

PERT기법에 의한 공정관리 방법에서 낙관시간이 4일, 정상시간이 7일, 비관시간이 9일일 때 공정상의 평균 기대시간(Expected Time)으로 적당한 것은?

㉮ 4.53일　　㉯ 6.83일　　㉰ 8.47일　　㉱ 10.38일

풀이 PERT 공정표에 따른 기대시간

$$t_e = \frac{t_o + 4t_m + t_p}{6} = \frac{4 + 4 \times 7 + 9}{6} = 6.83\text{일}$$

여기서, $t_o = 4$일, $t_m = 7$일, $t_p = 9$일

답 ㉯

심화 연습문제

문제 1

공정계획의 요소를 5가지만 쓰시오.

① ____________________ ② ____________________

③ ____________________ ④ ____________________

⑤ ____________________

정답 ① 공사시기 ② 공사규모 ③ 공사내용 ④ 재료수배 ⑤ 노무수배 ⑥ 장비수배

문제 2

다음은 공정계획 시 기후 요소에 대한 작업 불가능일수의 일반적인 산정기준이다. 빈칸을 채우시오.

㉮ 강우가 일 강우량 (①)mm 이상이면 옥외도장작업 등은 작업불가능 일수로 산정한다.
㉯ 눈이 일 신적설 (②)mm 이상이면 옥상방수작업 등은 작업불가능 일수로 산정한다.
㉰ 바람이 일 최대순간풍속 (③)m/sec 이상이면 강구조 부재 조립작업 등은 작업 불가능일수로 산정한다.
㉱ 혹서기 일 최고기온 (④)℃ 이하이면 콘크리트공사 등은 작업불가능 일수로 산정한다.
㉲ 동절기 일 최저기온 (⑤)℃ 이하이면 콘크리트공사 등은 작업불가능 일수로 산정한다.

① ____________________ ② ____________________

③ ____________________ ④ ____________________

⑤ ____________________

정답 ① 10 ② 10 ③ 10.8 ④ 33 ⑤ −12

문제 3

공정관리 진행 과정의 적용 절차 4단계를 쓰시오.

① ____________　　② ____________

③ ____________　　④ ____________

정답 ① 공사계획　② 일정계획　③ 작업진도파악　④ 통제조정

문제 4

다음 공정계획 순서를 [보기]에서 골라 기호로 쓰시오.

[보기]

① 각 작업의 작업시간 산정
② 전체 프로젝트를 단위작업으로 분해
③ 네트워크의 작성
④ 일정계산
⑤ 공정표 작성
⑥ 공사기일의 조정
⑦ 네트워크 작성준비

____

정답 ⑦ → ② → ③ → ① → ④ → ⑥ → ⑤

문제 5

다음 설명 중 [보기]에서 알맞은 말을 기호로 쓰시오.

[보기]

① PERT 공정표	② C.P.M 공정표	③ 사선식 공정표
④ 횡선식 공정표	⑤ 전체공정표	⑥ 세부공정표

㉮ 경험이 있는 공사에 사용되며 전자계산기 이용이 가능하다.
㉯ 기성고를 파악하는데 유리하고 공사지연에 대한 조속한 대처가 가능하다.
㉰ 공사의 공정이 일목요연하며 경험이 없는 사람도 쉽게 이해한다.
㉱ 경험이 없는 공사에 사용되며 전자계산기 이용이 가능하다.

㉮ ____________ ㉯ ____________
㉰ ____________ ㉱ ____________

정답 ㉮ ②, ㉯ ③, ㉰ ④, ㉱ ①

문제 6

횡선식 공정표의 장점을 3가지 쓰시오.

① ____________________

② ____________________

③ ____________________

정답 ① 각 공종별 공사와 전체의 공정시기가 일목요연하다.
② 각 공종별 공사의 착수 및 완료 일이 명시되어 판단이 용이하다.
③ 공정표가 단순하여 경험이 적은 사람도 이용하기 쉽다.

문제 7

횡선식 공정표의 단점 3가지를 쓰시오.

① ______________________________

② ______________________________

③ ______________________________

정답 ① 작업 상호 간의 관계가 불분명하다.
② 주공정을 파악할 수 없으므로 관리통제가 어렵다.
③ 횡선의 길이에 따라 진척도를 개괄적으로 판단해야 한다.
④ 공사기일에 맞추는 단순한 작도를 하는 결점이 있다.
⑤ 공정계획 및 진도관리 측면에서 비과학적이다.

문제 8

공정관리기법 중 횡선식 공정표(막대그래프)의 용도를 3가지만 쓰시오.

① ______________________________

② ______________________________

③ ______________________________

정답 ① 간단한 공사
② 긴급한 공사
③ 개략적인 공정표

문제 9

공정관리 등 진도관리에 사용되는 S-Curve(바나나 곡선)는 주로 무엇을 표시하는데 활용되는 지를 설명하시오

> **정답** 공정관리를 위하여 공정계획선의 상하에 허용한계선을 설정하여두고 실제 진행되는 공사가 이 한계선 내에 들도록 공정을 수정하는데 활용한다.

문제 10

다음과 같은 기성고 공정곡선(Banana 곡선)에서 점 A, B, C, D는 각각 어떠한 상태인가?

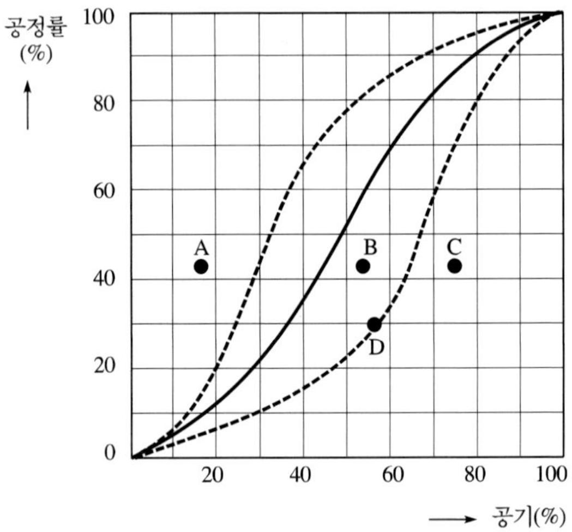

① 점 A : ______________________

② 점 B : ______________________

③ 점 C : ______________________

④ 점 D : ______________________

> **정답**
> ① 점 A : 공사를 급속하게 진행 시켰으며, 부실공사 우려 및 비경제적 공사가 예상된다.
> ② 점 B : 정상작업이므로 그 속도로 계속 시공한다.
> ③ 점 C : 공사가 지연되고 있으므로 공기를 촉진한다.
> ④ 점 D : 현재는 정상적으로 진행 중이나 공기지연의 우려가 있다.

문제 11

네트워크에서 얻어지는 정보활용 4가지를 쓰시오

① ____________________

② ____________________

③ ____________________

④ ____________________

정답	① 주공정(CP)과 중점작업의 파악 ② 작업순서와 상호관계의 파악 ③ 여유시간 종류와 특성 파악 ④ 공정계획단계에서 만든 데이터 수집 ⑤ 공기조정 시 전체공정의 영향 파악 ⑥ 자료정리와 장래를 위한 피드백(Feed Back)

문제 12

다음 (   ) 안에 알맞은 말을 쓰시오.

> 네트워크 공정표에 의한 공정관리 방법 중 PERT기법은 (①)은(는) 신규사업, CPM기법은 비용 문제를 포함한 (②)은(는) 반복사업에 적합하다.

① ____________ ② ____________

정답	① 경험이 없는 ② 경험이 있는

문제 13

네트워크 공정표 중 PERT와 CPM의 차이점을 아래 표의 구분을 기준으로 완성하시오.

구분	PERT	CPM
목적		
적용대상		
작업시간 산정		
일정계산의 중심		
작업시간		
여유시간		

정답

구분	PERT	CPM
목적	공기단축	공사비 절감
적용대상	신규사업, 비반복사업, 미경험사업	반복사업, 경험사업
작업시간 산정	3점 시간추정	1점 시간추정
일정계산의 중심	결합점(Event, 단계) 중심의 일정계산	작업(Activity) 중심의 일정계산
작업시간	① 가장 빠른 결합점 시각 (ET 혹은 TE) ② 가장 늦은 결합점 시각 (LT 혹은 TL)	① 가장 빠른 개시 시각(EST) ② 가장 빠른 종료 시각(EFT) ③ 가장 늦은 개시 시각(LST) ④ 가장 늦은 종료 시각(LFT)
여유시간	결합점이 갖는 여유시간(Slack) ① 정여유(PS : Positive Slack) ② 영여유(ZS : Zero Slack) ③ 부여유(NS : Negative Slack)	작업이 갖는 여유시간(Float) ① 총여유(TF : Total Float) ② 자유여유(FF : Free Float) ③ 간섭여유(DF : Dependent Float) ④ 독립여유(INDF : Independent Float)

문제 14

PERT에 사용되는 3가지 시간 견적값을 쓰고, 기대값(t_e)을 구하는 식을 쓰시오.

㉮ 시간 견적값

① ______________ ② ______________ ③ ______________

㉯ 기댓값

____

정답 ㉮ 시간 견적값

① t_o : 낙관시간

② t_m : 정상시간

③ t_p : 비관시간

㉯ 기댓값

$$t_e = \frac{t_o + 4t_m + t_p}{6}$$

문제 15

PERT기법에서 낙관시간(t_o) 4일, 정상시간(t_m) 5일, 비관시간(t_p) 6일 일 때 기대시간(t_e)을 구하시오.

정답 $t_e = \dfrac{t_o + 4t_m + t_p}{6} = \dfrac{4+4\times5+6}{6} = 5.00$일

문제 16

PERT기법에 의한 기대시간(Expected Time)을 구하시오.

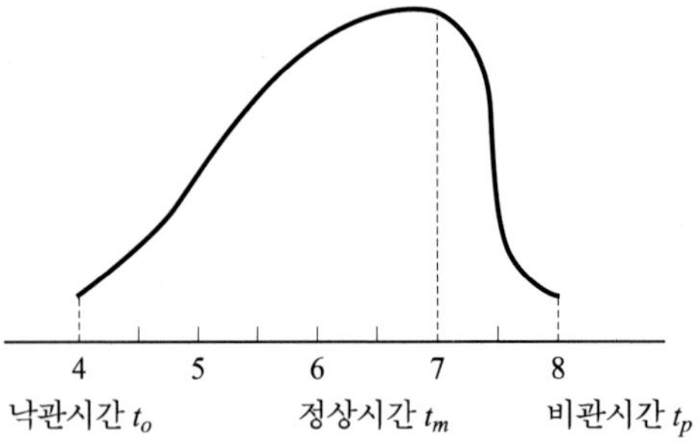

정답 PERT 공정표에 따른 기대시간

$$t_e = \frac{t_o + 4t_m + t_p}{6} = \frac{4+4\times7+8}{6} = 6.67\text{일}$$

문제 17

PERT기법에 의한 공정관리 기법에서 정상시간은 11일, 비관시간은 14일, 낙관시간은 8일이라면 공정상의 기대시간과 분산은 각각 얼마인가?

① 기대시간 : ______________________

② 분산 : ______________________

> **정답**
>
> ① 기대시간 : $t_e = \dfrac{t_o + 4t_m + t_p}{6} = \dfrac{8 + 4 \times 11 + 14}{6} = 11.00$일
>
> ② 분산 : $\sigma^2 = \left(\dfrac{t_p - t_o}{6}\right)^2 = \left(\dfrac{14 - 8}{6}\right)^2 = 1.00$

문제 18

어느 작업의 정상 소요일수는 15일이며, 가장 빨리 끝낼 경우 12일이 소요되고, 아무리 늦어도 20일 이내에는 끝낼 수 있다. 이 작업이 기대되는 소요일수를 계산하고, 이때의 분산을 구하시오.

① 기대소요일수 : ______________________

② 분산 : ______________________

> **정답**
>
> ① 기대소요일수 : $t_e = \dfrac{t_o + 4t_m + t_p}{6} = \dfrac{12 + 4 \times 15 + 20}{6} = 15.33$일
>
> ② 분산 : $\sigma^2 = \left(\dfrac{t_p - t_o}{6}\right)^2 = \left(\dfrac{20 - 12}{6}\right)^2 = 1.78$

문제 19

다음은 세 사람이 동일한 작업에 대해 추정한 작업시간이다. 이때 이 작업의 기대시간을 산정하시오.

구분	낙관시간(t_o)	정상시간(t_m)	비관시간(t_p)
A	5	9	15
B	4	8	12
C	6	10	17

정답

㉮ 세 사람에 대한 분산 : $\sigma^2 = \left(\dfrac{t_p - t_o}{6}\right)^2$

① A의 경우 $\sigma^2 = \left(\dfrac{15-5}{6}\right)^2 = 2.78$

② B의 경우 $\sigma^2 = \left(\dfrac{12-4}{6}\right)^2 = 1.78$

③ C의 경우 $\sigma^2 = \left(\dfrac{17-6}{6}\right)^2 = 3.36$

㉯ 기대시간 : 기대시간은 분산이 가장 작은 B의 경우에 대해 산정한다.

$t_e = \dfrac{t_o + 4t_m + t_p}{6} = \dfrac{4+4\times 8+12}{6} = 8.00$일

Ⅰ-2

네트워크 공정표

CHAPTER 02

네트워크 공정표의 작성

2.1 네트워크 용어와 기호

표 2.1 네트워크 용어

번호	용어	기호	내용
1	프로젝트 (Project)	–	네트워크에 표현하고자 하는 대상 공사이다.
2	공정망 (Network, 네트워크)	–	작업의 순서관계를 화살표(→)와 원(○)으로 표현하는 망상도이다.
3	화살형 네트워크 (Arrow Type Network)	–	화살표로 작업을 나타내는 네트워크로서 I-J식 네트워크라고도 한다.
4	공정계획 (Planning of Progress)	–	공정을 계획하는 것으로서 순서계획과 일정계획이 있다.
5	순서계획(Planning)	–	작업순서, 시간 및 자원 등을 정하는 계획이다.
6	일정계획(Scheduling)	–	지정공기, 소유자원의 계획 달성에 필요한 계획이다.
7	공정관리 (Progress Control)	–	프로젝트의 공정을 관리하는 것으로 계획과 실제를 비교 검토하고 필요한 조치를 하는 것이다.
8	공정도	–	네트워크에 의한 공정관리용의 도표이다.
9	작업 (Job, Activity, 활동)	–	프로젝트를 구성하는 개별 단위작업을 표시하며, 작업시간과 자원을 필요로 한다.
10	선행작업	–	프로젝트에서 고려하는 작업의 전방(앞)에 있는 작업이다.
11	후속작업	–	프로젝트에서 고려하는 작업의 후방(뒤)에 있는 작업이다.
12	더미 (Dummy)	–	네트워크에서 정상표현으로 할 수 없는 화살표로 네트워크에서 작업의 상호관계를 나타내는 점선화살표이다.
13	모의작업, 더미 (Dummy Activity)	–	화살형 네트워크에서 작업의 중복을 피하거나 작업의 선후관계를 규정하기 위한 명목상의 작업으로 점선화살표로 표시한다.
14	결합점 (Node, Event)	–	네트워크의 작업과 작업이 결합하는 점 및 프로젝트의 시작점 혹은 종료점이다.
15	소요시간 (Duration)	D	작업을 수행하는데 필요한 시간이다.

번호	용어	기호	내용
16	시간계산	–	작업 시각, 결합점 시각, 공기 플로트 등을 계산하는 것이다.
17	가장 빠른 개시 시각 (Earliest Starting Time)	EST	작업을 시작하는 가장 빠른 시각이다.
18	가장 빠른 종료 시각 (Earliest Finishing Time)	EFT	작업을 종료할 수 있는 가장 빠른 시각이다.
19	가장 늦은 개시 시각 (Latest Starting Time)	LST	공기에 영향이 없는 범위에서 작업을 가장 늦게 시작하여도 좋은 시각이다.
20	가장 늦은 종료 시각 (Latest Finishing Time)	LFT	공기에 영향이 없는 범위에서 작업을 가장 늦게 종료하여도 좋은 시각이다.
21	결합점 시각 (Node Time)	–	화살형 네트워크에서 시간계산이 된 결합점 시각이다.
22	가장 빠른 결합점 시각 (Earliest Node Time)	ET	최초의 결합점에서 대상의 결합점에 이르는 가장 긴 경로를 통하여 가장 빨리 도달되는 결합점 시각이다.
23	가장 늦은 결합점 시각 (Latest Node Time)	LT	최종 결합점에 이르는 경로 중 가장 긴 경로를 통과하여 종료 시각에 알맞은 여유가 전혀 없는 결합점 시각이다.
24	공기(Duration)	D	프로젝트를 수행하기 위하여 필요한 시각이다.
25	지정공기	T_0	미리 지정된 공사기간이다.
26	계산공기	T	네트워크 시간 계산에 의하여 얻은 공사기간이다.
27	간공기	–	결합점에서 종료 결합점에 이르는 최장패스의 소요시간이다.
28	경로 (Path, 공정)	–	네트워크 상에서 둘 이상의 작업이 연결된 작업의 경로이다.
29	최장패스(Longest Path)	LP	임의의 두 결합점 간의 패스 중 가장 긴 경로이다.
30	주공정 (Critical Path, 크리티컬패스)	CP	시작 결합점에서 종료 결합점에 이르는 가장 긴 경로이다.
31	플로트 (Float)	–	공사의 전체 공기에 영향을 주지 않는 범위 내에서 작업이 갖는 여유시간이다.
32	토탈플로트 (Total Float)	TF	가장 빠른 개시 시각(EST)에 시작하여 가장 늦은 종료 시각(LFT)으로 완료할 때 생기는 여유시간이다.
33	프리플로트 (Free Float)	FF	가장 빠른 개시 시각(EST)에 시작하여 후속하는 작업도 가장 빠른 개시 시각(EST)에 시작하여도 존재하는 여유시간이다.
34	디펜던트플로트 (Dependent Float)	DF	후속작업의 TF에 영향을 미치는 여유시간(플로트)이다.
35	슬랙 (Slack)	SL	공사의 전체 공기에 영향을 주지 않는 범위 내에서 결합점이 가지는 여유시간이다.

2.2 네트워크 공정표의 구성요소

1) 네트워크

건설공사에서의 네트워크란 원(○)과 화살표(→)로 구성 되어져 있는 도형이다. 즉, 화살표(작업 : Activity 혹은 Job)와 동그라미(결합점 : Event 혹은 Node)로 이루어진 망상도(網狀圖)이다.

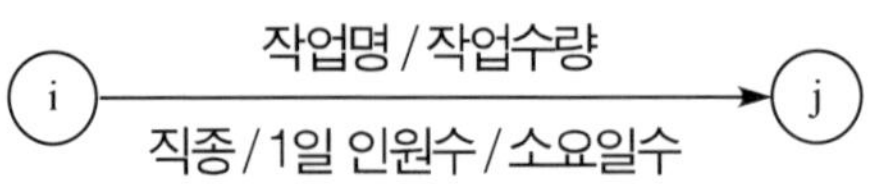

그림 2.1 네트워크의 표시 예

2) 결합점

(1) 개요

① 결합점(Event, Node, 단계)은 화살형 네트워크에서 작업과 작업을 연결하는 단계이다.

② 동그라미(원 ; ○)로 표시한다.

③ 각 작업의 시작점과 종료점을 나타낸다.

④ 각 결합점마다 번호를 부여하며, 후속 결합점의 번호는 선행 결합점의 번호보다 크게 순서대로 부여한다. 병렬단계의 번호는 일반적으로 위에서 아래로 순서대로 부여한다.

⑤ 네트워크의 시작 및 종료 결합점은 각기 하나씩이어야 한다.

⑥ CPM에서는 Event라고 하며, PERT에서는 Node라 한다.

(2) 표시 예

표 2.2 결합점의 표시 예

CPM기법	PERT기법
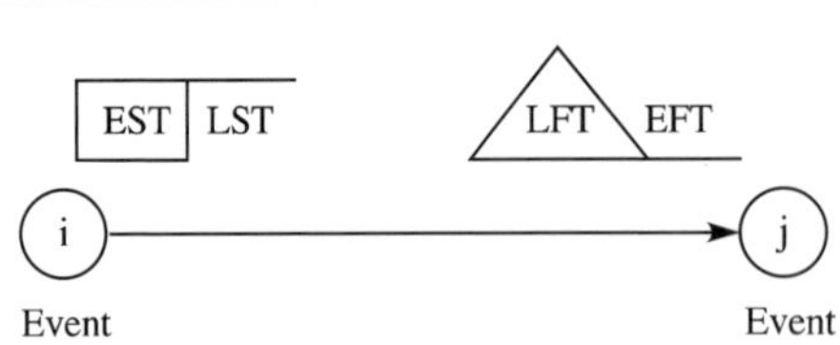	

3) 작업

(1) 개요

① 작업(Activity, Job)은 화살형 네트워크에서 전체 공사를 구성하는 개별 단위작업이다.

② 각 작업은 화살표(→)로 표시하고, 화살표의 꼬리 부분(처음 부분)은 작업의 시작을 의미하고 머리 부분(끝 부분)은 작업의 끝을 의미하며, 화살표의 방향은 작업의 진행 방향을 표시한다.

③ 각 작업에는 작업명, 작업수량, 직종, 1일당 출력 인원수 및 소요일수가 필요하며, 일반적으로 화살표 위에는 작업명을 기입하고 아래는 소요일수를 기입한다.

④ 화살표의 꼬리(처음 부분)는 작업의 시작을 나타내고 화살표의 머리(선단)는 작업의 끝을 나타낸다.

⑤ 화살표의 방향이 작업의 진행 방향을 나타낸다.

⑥ 화살표의 길이는 시간에 관계없이 표시한다.

⑦ CPM에서는 Activity라고 하며, PERT에서는 Job이라 한다.

(2) 표시 예

표 2.3 작업의 표시 예

CPM과 PERT
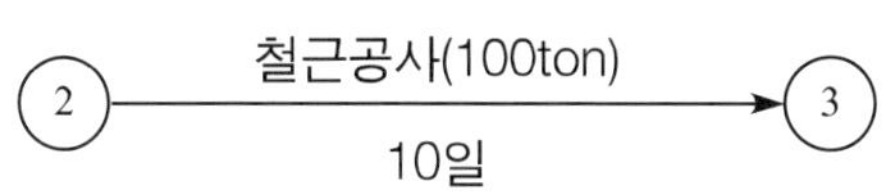

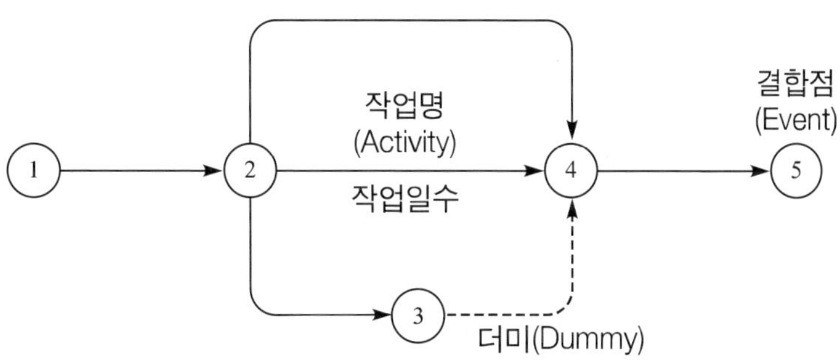

그림 2.2 결합점(Event)과 작업(Activity)

4) 명목상 작업

(1) 개요

① 명목상 작업(Dummy Activity, 모의작업)은 작업의 중복을 피하거나 작업의 선후 관계를 규정하기 위한 명목상의 작업이다.

② 점선화살표(--------➤)로 표시한다.

③ 명목상의 작업이므로 소요시간은 0이다.

④ 명목상 작업(Dummy Activity)도 CP(Critical Path)가 될 수 있다.

⑤ 명목상 작업(Dummy Activity)은 일반적으로 공기가 작은 쪽의 후미에 위치시킨다.

(2) 종류

(가) 넘버링 더미

① 넘버링 더미(Numbering Dummy)는 논리적 순서와 관계없이 요소작업의 중복을 피하기 위한 더미이다.

② 시작점과 종료점이 동일한 작업(Activity)은 2개 이상 될 수 없으며, 이때 공기가 작은 쪽의 후미에 명목상 작업(Dummy Activity)을 생성시킨다.

③ 예, 작업 A, B가 ①번 결합점(Event)에서 시작하여 ②번 결합점(Event)에서 종료될 경우의 공정표이다.

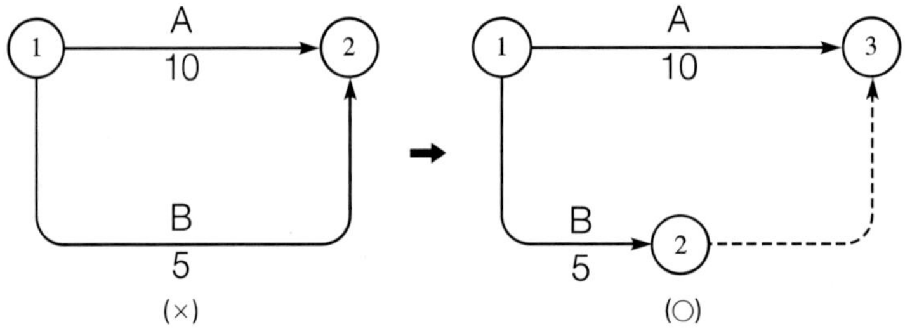

그림 2.3 넘버링 더미

(나) 로지컬 더미

① 로지컬 더미(Logical Dummy)는 요소작업의 선후관계를 규정하거나 연결관계의 제약을 나타내기 위한 더미이다.

② 예, 작업 A의 후속작업이 작업 C이고 B의 후속작업이 C, D인 경우의 공정표이다.

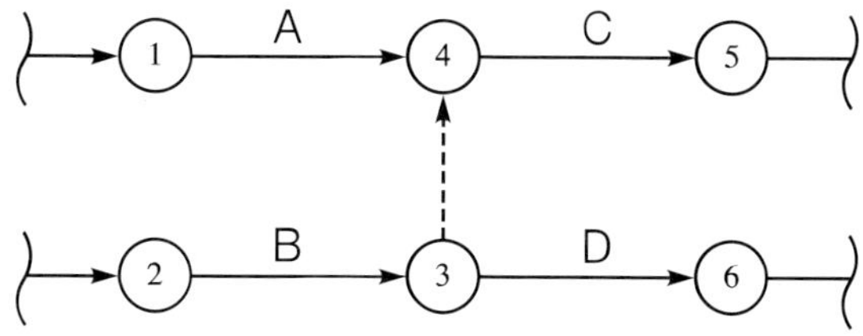

그림 2.4 로지컬 더미

(다) 릴레이션쉽 더미

① 릴레이션쉽 더미(Relationship Dummy)는 길버트(Gilbert) 네트워크에서 나타나는 작업연결 더미이다.

② 작업의 상관관계를 SS, FF, FS 등의 3가지 릴레이션쉽 더미를 나타내는데 이용된다.

③ 예, 작업 A는 최초 작업이며, 작업 A를 완료한 후 작업 B가 착수되며, 작업 A가 착수된지 6일 후 작업 C는 착수되고, 작업 C가 최종 작업일 경우의 공정표이다.

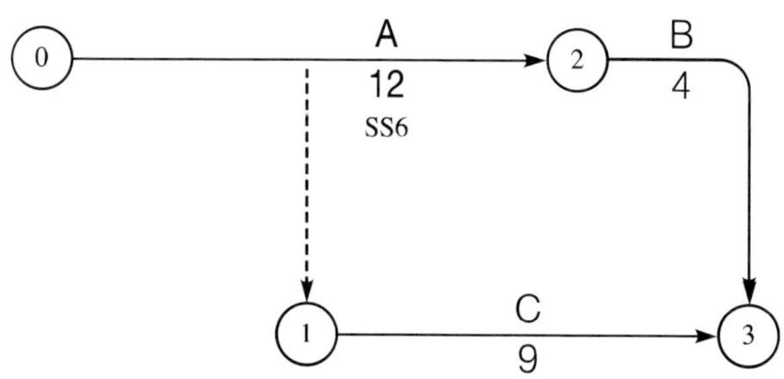

그림 2.5 릴레이션쉽 더미

(라) 커넥션 더미

① 커넥션 더미(Connection Dummy)는 작업과 작업 간에 연결 의미만 가지고 있는 더미이다.

② 일반적으로 삭제하는 것이 바람직하다.

③ 예, 그림 2.6 (a)의 더미를 삭제시키면 그림 2.6 (b)가 된다.

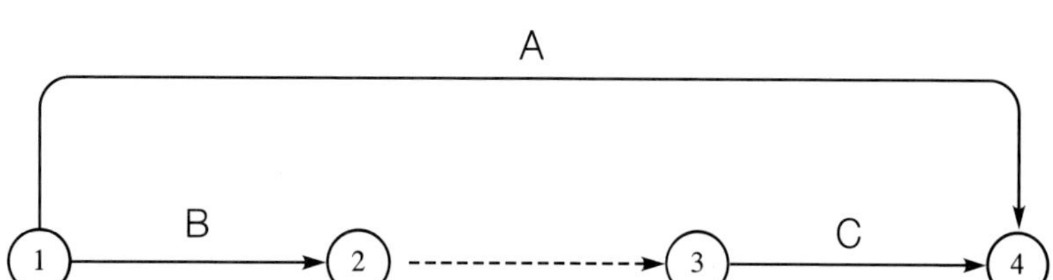

(a)

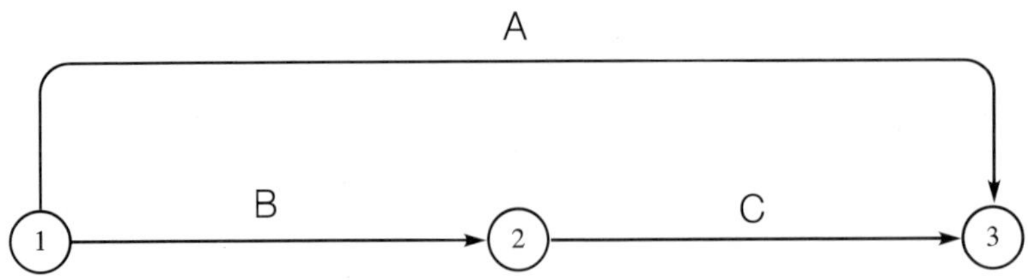

(b)

그림 2.6 커넥션 더미

(마) 타임 랙 더미

① 타임 랙 더미(Time Lag Dummy)는 연결더미에 작업시간을 표시한 경우이다.

② 별도의 작업은 없지만 작업시간이 존재하는 경우(예, 콘크리트 타설 후 양생에 필요한 시간 등)이다.

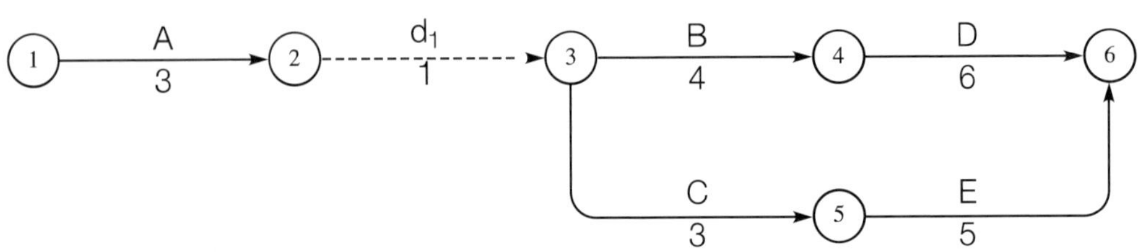

그림 2.7 타임 랙 더미

2.3 네트워크의 작성

1) 네트워크의 작성 기본원칙

(1) 공정원칙

① 모든 작업은 작업 순서에 따라 독립된 공정으로 배열되어야 한다.

② 모든 공정은 독립된 공정으로 수행 완료되어야 한다.

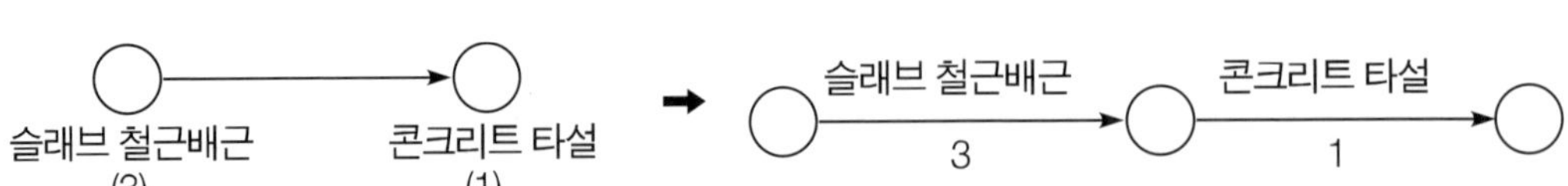

(×) (□)

그림 2.8 네트워크 작성의 기본원칙에서 공정원칙

(2) 단계원칙

① 작업의 시작점과 종료점은 결합점(Event, 단계)로 연결되어야 한다.

② 결합점은 이전의 모든 선행작업이 완료되어야만 후속작업을 시작할 수 있는 단계를 표시한다.

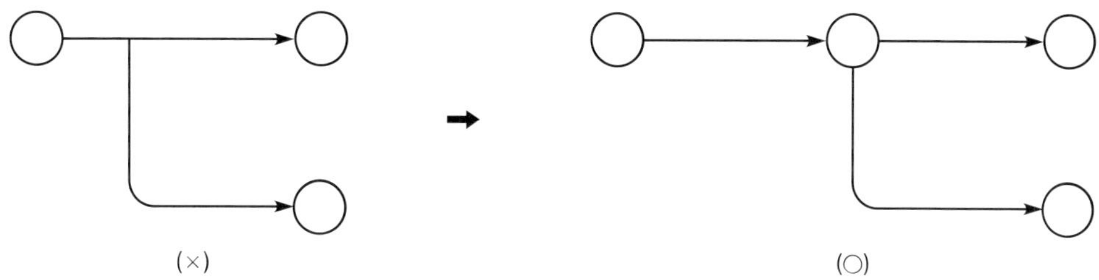

그림 2.9 네트워크 작성의 기본원칙에서 단계원칙

(3) 활동원칙

① 결합점(Event)과 결합점 사이에는 반드시 1개의 작업(Activity)만 존재하여야 한다.

② 논리적 관계 및 유기적 관계를 확보하기 위하여 명목상 작업(Dummy Activity)을 사용한다.

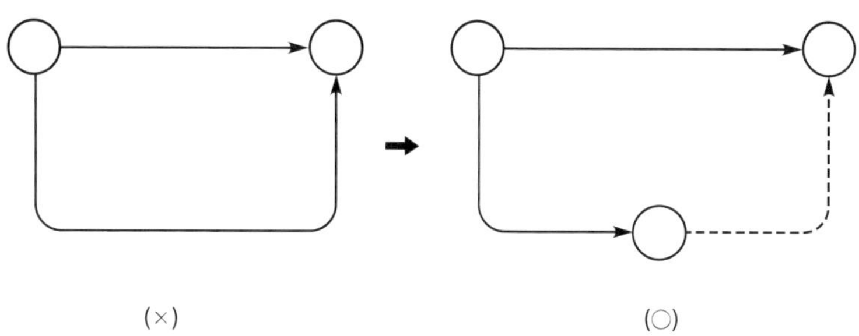

그림 2.10 네트워크 작성의 기본원칙에서 활동원칙

(4) 연결원칙

① 각 결합점은 작업(Activity, 활동)들 간의 관계로서 공정망이 구성되며, 모두 연결되어 있어야 한다.

② 각 작업은 한쪽 방향의 화살표로만 표시하여야 한다.

③ 역진(후진) 또는 회송되어서는 안 되며, 일반적으로 좌측에서 우측으로 표시한다.

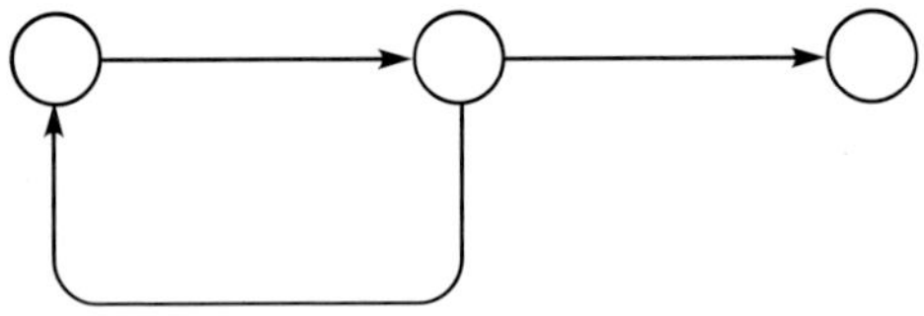

(×)

그림 2.11 네트워크 작성의 기본원칙에서 연결원칙

2) 네트워크의 작성에서 일반원칙

① 시작 및 종료 결합점은 반드시 하나로 되어야 한다.

② 요소작업 상호 간에는 교차할 수도 있다.

③ ⓘ 이벤트에서 ⓙ 이벤트로 연결되는 작업은 반드시 하나이어야 한다.

④ 시작에서 종료 결합점에 이르는 주공정(CP)은 하나 이상이다.

⑤ 네트워크 공정표에서 어느 경우라도 역진 또는 회송되어서는 안 된다.

⑥ 무의미한 더미는 없앤다.

⑦ 공정표에서 작업 간에는 예각을 피하고 알아보기 쉽고, 자료기입이 편리하도록 한다.

3) 네트워크의 표시 방법

(1) 종속관계 및 독립관계

작업 A, B가 있을 경우, 작업 A완료 후 작업 B을 시작해야 한다고 하면, 작업 B는 작업 A에 종속되었다고 한다. 이때 작업 A는 작업 B의 선행작업이라 하고, 작업 B는 작업 A의 후속작업이라 한다.

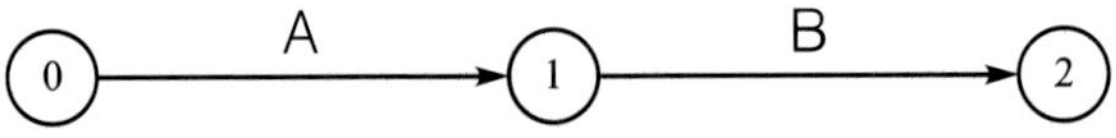

그림 2.12 종속 및 독립관계

(2) 공정표의 작도방법

네트워크 공정표의 작도방법으로는 랜덤 라인(Random Line) 방법, 스위핑 커브(Sweeping Curve) 방법, 호리존탈 포맷(Horizontal Format) 방법 등이 있으며, 일반적으로 호리존탈 포맷 방법이 가장 편리하며, 가장 많이 이용된다.

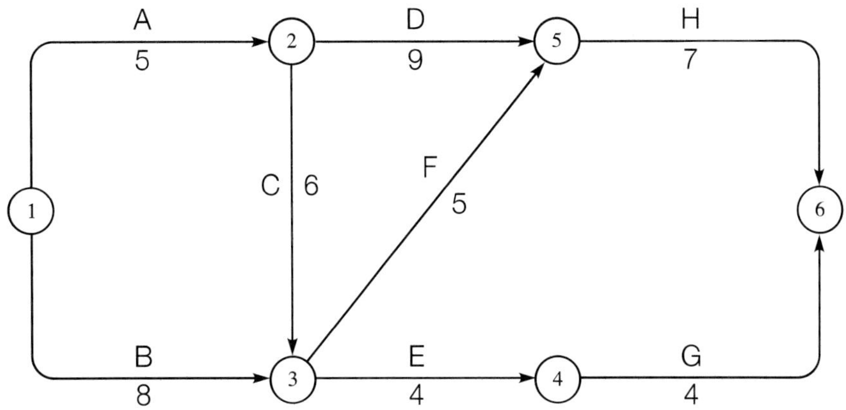

그림 2.13 네트워크 공정표에서 호리존탈 포맷의 작도

(3) 결합점의 번호 붙이기

① 결합점 번호가 주어져 있지 않을 경우라도 네트워크 공정표 작성 시에 각 결합점의 번호를 부여하여야 한다.

② 시작 결합점의 번호는 0 혹은 1에서부터 시작한다.

③ 선행 결합짐의 번호는 후속 결합점의 번호보다 작아야 한다.

④ 병렬단계의 번호는 작업의 순서에 의하며 보통 위에서부터 아래로 번호를 증가시키는 것이 일반적이다.

(4) 교차작업의 표시 방법

네트워크 공정표의 작성에 있어 요소작업의 상호 간의 교차는 가능한 한 피한다. 부득이 교차할 수밖에 없을 경우는 일반적으로 다음과 같이 표시한다.

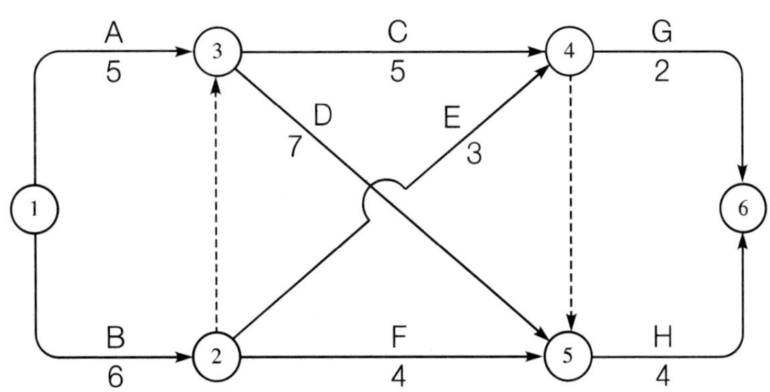

그림 2.14 네트워크 공정표에서 교차작업의 표시 방법

4) 네트워크 공정표의 작성요령

(1) 예제 프로젝트 1

표 2.4 예제 프로젝트 1에서 작업의 선후관계

작업명	선행작업	작업일수	작업의 선후관계
A	없음	7	① 선행작업이 없는 작업 A가 이 프로젝트의 최초 작업이다. ② 작업 A가 완료된 후 작업 B, C를 착수한다. ③ 작업 B, C가 완료된 후 후속작업이 없으므로 이 프로젝트의 최종 작업이 된다.
B	A	5	
C	A	2	

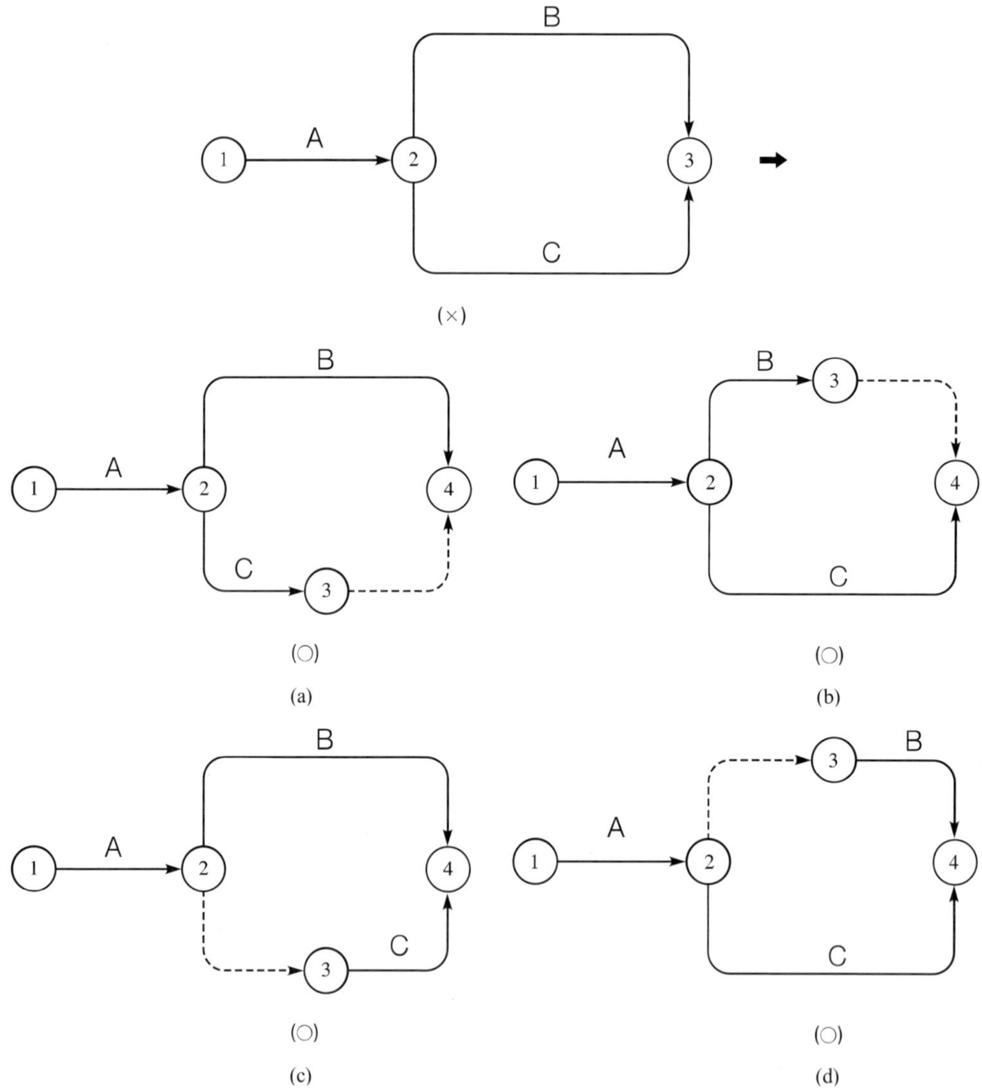

그림 2.15 예제 프로젝트 1에서 네트워크 공정표의 작성

주1 예제 프로젝트 1의 경우 4가지 모두 가능하며, 일반적으로 공기(작업일수)가 적은 쪽의 후미에 명목상 작업(Dummy Activity)을 두므로 그림 2.15 (a)의 경우를 사용하는 것이 바람직하다.

주2 예제 프로젝트 1~3에서 생기는 더미는 넘버링 더미이다.

(2) 예제 프로젝트 2

표 2.5 예제 프로젝트 2에서 작업의 선후관계

<table>
<tr><th>작업명</th><th>선행작업</th><th>작업일수</th><th>작업의 선후관계</th></tr>
<tr><td>A</td><td>없음</td><td>7</td><td rowspan="4">① 선행작업이 없는 작업 A, B, C가 최초 작업이다.
② 후속작업이 없는 작업 D가 최종 작업이다.
③ 선행작업이 없는 작업 A, B, C 중 작업일수가 가장 긴 작업 A를 중앙에 위치시킨다.
④ ①번 결합점(Event)에서 작업 A, B, C가 시작하여 ④번 결합점(Event)에서 동시에 완료할 수 없으므로 명목상 작업(Dummy Activity)이 필요하며, 일반적으로 소요일수가 적은 곳의 후미에 둔다.</td></tr>
<tr><td>B</td><td>없음</td><td>5</td></tr>
<tr><td>C</td><td>없음</td><td>2</td></tr>
<tr><td>D</td><td>A, B, C</td><td>4</td></tr>
</table>

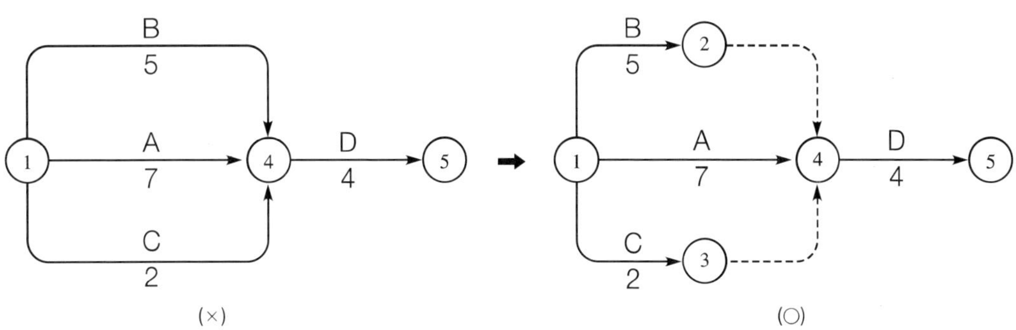

그림 2.16 예제 프로젝트 2에서 네트워크 공정표의 작성

(3) 예제 프로젝트 3

표 2.6 예제 프로젝트 3에서 작업의 선후관계

작업명	선행작업	작업일수	작업의 선후관계
A	없음	5	① 선행작업이 없는 작업 A, B, C가 최초 작업이다. ② 후속작업이 없는 작업 D, E, F가 최종 작업이다. ③ 작업 A, B, C 중에서 작업일수가 가장 긴 작업 A를 중앙에, 작업 D, E, F 중에서 작업일수가 가장 긴 작업 D를 중앙에 위치시킨다. ④ 작업 A 및 D가 중앙에 위치되고 나면 나머지 작업들은 작업(알파벳)의 순서에 따라 위에서 아래로 정렬한다.
B	없음	2	
C	없음	4	
D	A, B, C	4	
E	A, B, C	3	
F	A, B, C	2	

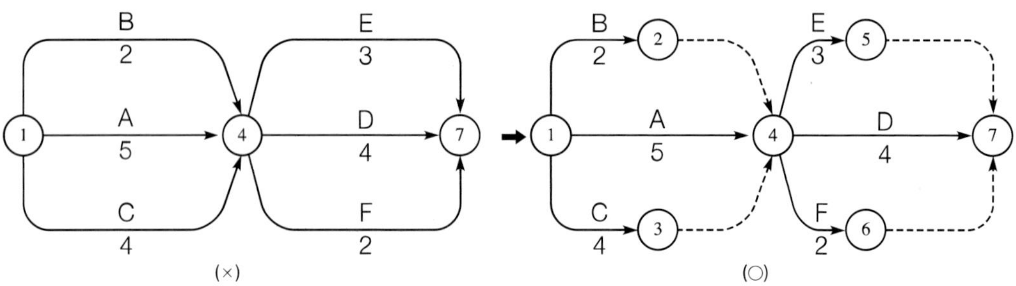

그림 2.17 예제 프로젝트 3에서 네트워크 공정표의 작성

(4) 예제 프로젝트 4

표 2.7 예제 프로젝트 4에서 작업의 선후관계

작업명	선행작업	작업의 선후관계
A	없음	① 선행작업이 없는 작업 A, B가 최초 작업이다. ② 작업 A가 완료된 후 작업 C를 착수한다. ③ 작업 B가 완료된 후 작업 C, D를 착수한다. ④ 후속작업이 없는 작업 C, D가 최종 작업이다.
B	없음	
C	A, B	
D	B	

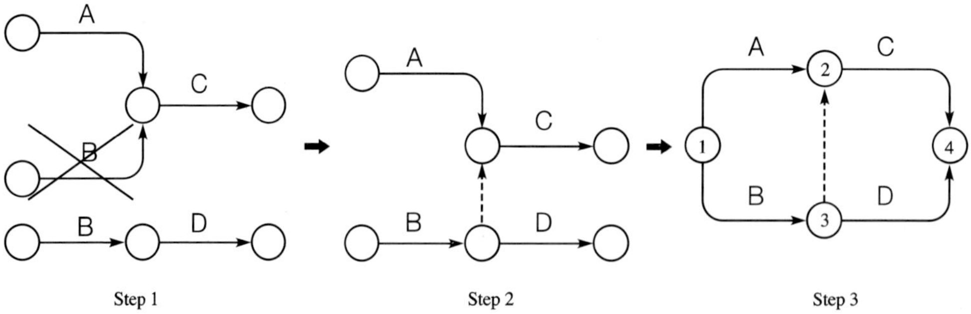

그림 2.18 예제 프로젝트 4에서 네트워크 공정표의 작성

주1 결합점(Event)을 중심으로 작업(Activity)의 개수가 많은 쪽을 없애고 명목상 작업(Dummy Activity)을 설치한다.

주2 예제 프로젝트 4 이후에 생기는 더미는 로지컬 더미이다.

(5) 예제 프로젝트 5

표 2.8 예제 프로젝트 5에서 작업의 선후관계

<table>
<tr><th>작업명</th><th>선행작업</th><th>작업의 선후관계</th></tr>
<tr><td>A</td><td>없음</td><td rowspan="6">① 선행작업이 없는 작업 A, B, C가 최초 작업이다.
② 작업 A가 완료된 후 작업 D를 착수한다.
③ 작업 B가 완료된 후 작업 D, E를 착수한다.
④ 작업 C가 완료된 후 작업 D, E, F를 착수한다.
⑤ 후속작업이 없는 작업 D, E, F가 최종 작업이다.</td></tr>
<tr><td>B</td><td>없음</td></tr>
<tr><td>C</td><td>없음</td></tr>
<tr><td>D</td><td>A, B, C</td></tr>
<tr><td>E</td><td>B, C</td></tr>
<tr><td>F</td><td>C</td></tr>
</table>

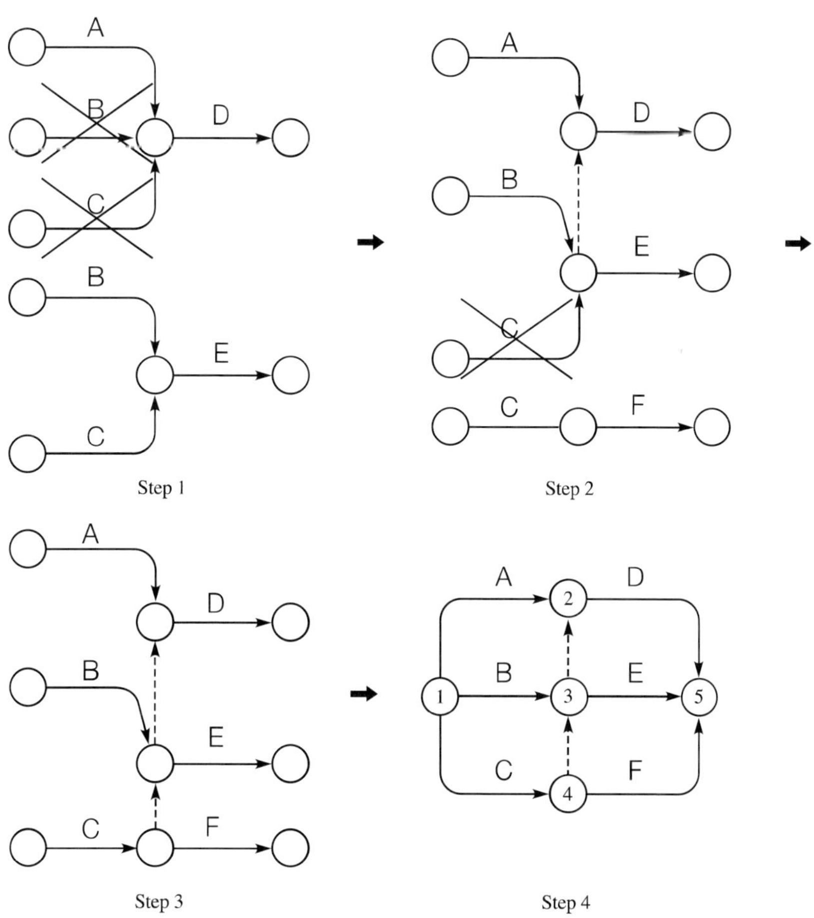

그림 2.19 예제 프로젝트 5에서 네트워크 공정표의 작성

(6) 예제 프로젝트 6

표 2.9 예제 프로젝트 6에서 작업의 선후관계

작업명	선행작업	작업의 선후관계
A	없음	① 선행작업이 없는 작업 A, B, C가 최초 작업이다. ② 작업 A가 완료된 후 작업 D, E를 착수한다. ③ 작업 B가 완료된 후 작업 E를 착수한다. ④ 작업 C가 완료된 후 작업 E, F를 착수한다. ⑤ 후속작업이 없는 작업 D, E, F가 최종 작업이다.
B	없음	
C	없음	
D	A	
E	A, B, C	
F	C	

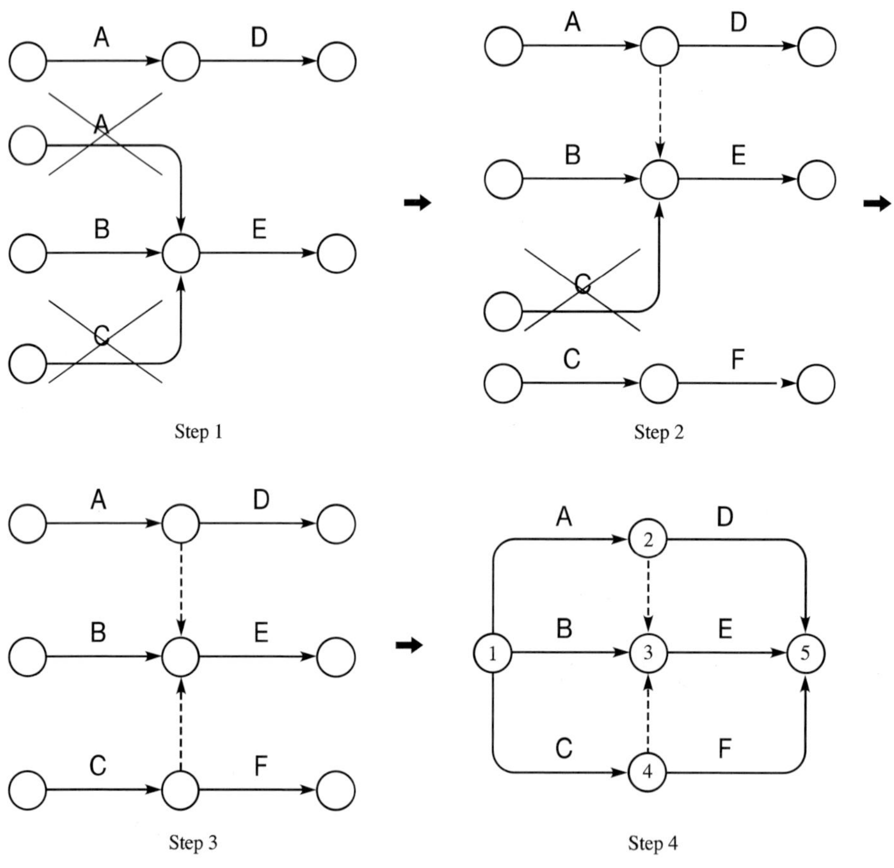

그림 2.20 예제 프로젝트 6에서 네트워크 공정표의 작성

(7) 예제 프로젝트 7

표 2.10 예제 프로젝트 7에서 작업의 선후관계

작업명	선행작업	작업의 선후관계
A	없음	① 선행작업이 없는 작업 A, B, C가 최초 작업이다. ② 작업 A가 완료된 후 작업 D를 착수한다. ③ 작업 B가 완료된 후 작업 D, E, F를 착수한다. ④ 작업 C가 완료된 후 작업 F를 착수한다. ⑤ 후속작업이 없는 작업 D, E, F가 최종 작업이다.
B	없음	
C	없음	
D	A, B	
E	B	
F	B, C	

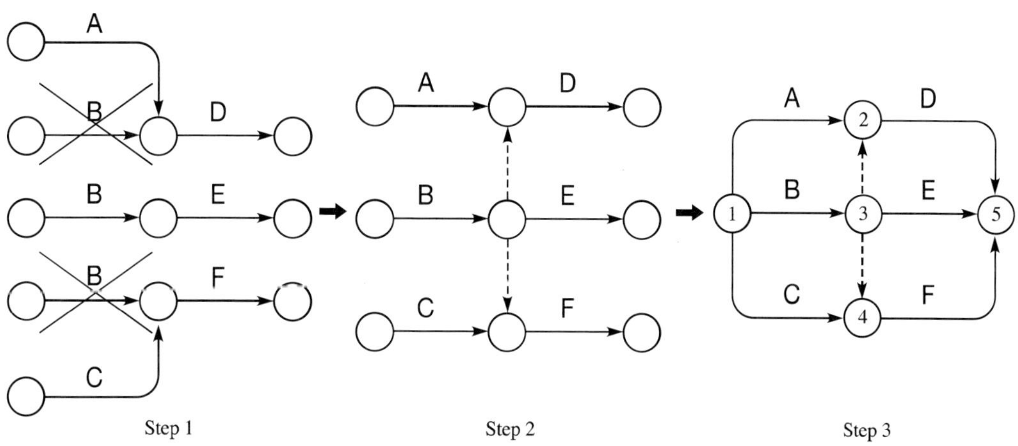

그림 2.21 예제 프로젝트 7에서 네트워크 공정표의 작성

(8) 예제 프로젝트 8

표 2.11 예제 프로젝트 8에서 작업의 선후관계

작업명	선행작업	작업의 선후관계
A	없음	① 선행작업이 없는 작업 A, B, C가 최초 작업이다. ② 작업 A가 완료된 후 작업 D, E, F를 착수한다. ③ 작업 B가 완료된 후 작업 D, E를 착수한다. ④ 작업 C가 완료된 후 작업 E, F를 착수한다. ⑤ 후속작업이 없는 작업 D, E, F가 최종 작업이다.
B	없음	
C	없음	
D	A, B	
E	A, B, C	
F	A, C	

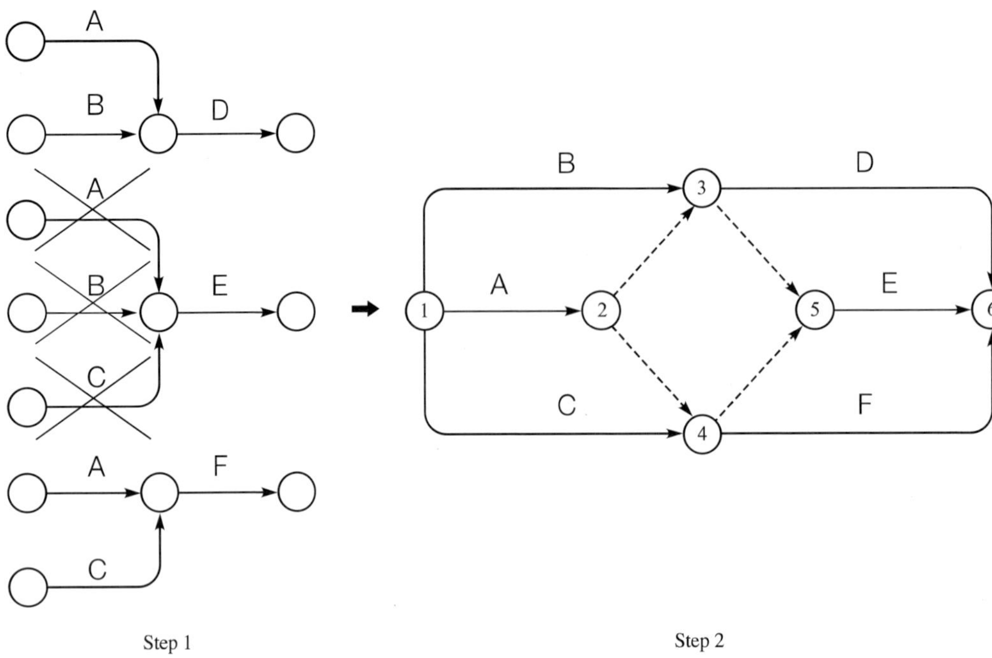

그림 2.22 예제 프로젝트 8에서 네트워크 공정표의 작성

(9) 예제 프로젝트 9

표 2.12 예제 프로젝트 9에서 작업의 선후관계

작업명	선행작업	작업의 선후관계
A	없음	① 선행작업이 없는 작업 A, B, C가 최초 작업이다. ② 작업 A가 완료된 후 작업 D, E를 착수한다. ③ 작업 B가 완료된 후 작업 D, E, F, G를 착수한다. ④ 작업 C가 완료된 후 작업 F, G를 착수한다. ⑤ 후속작업이 없는 작업 D, E, F, G가 최종 작업이다.
B	없음	
C	없음	
D	A, B	
E	A, B	
F	B, C	
G	B, C	

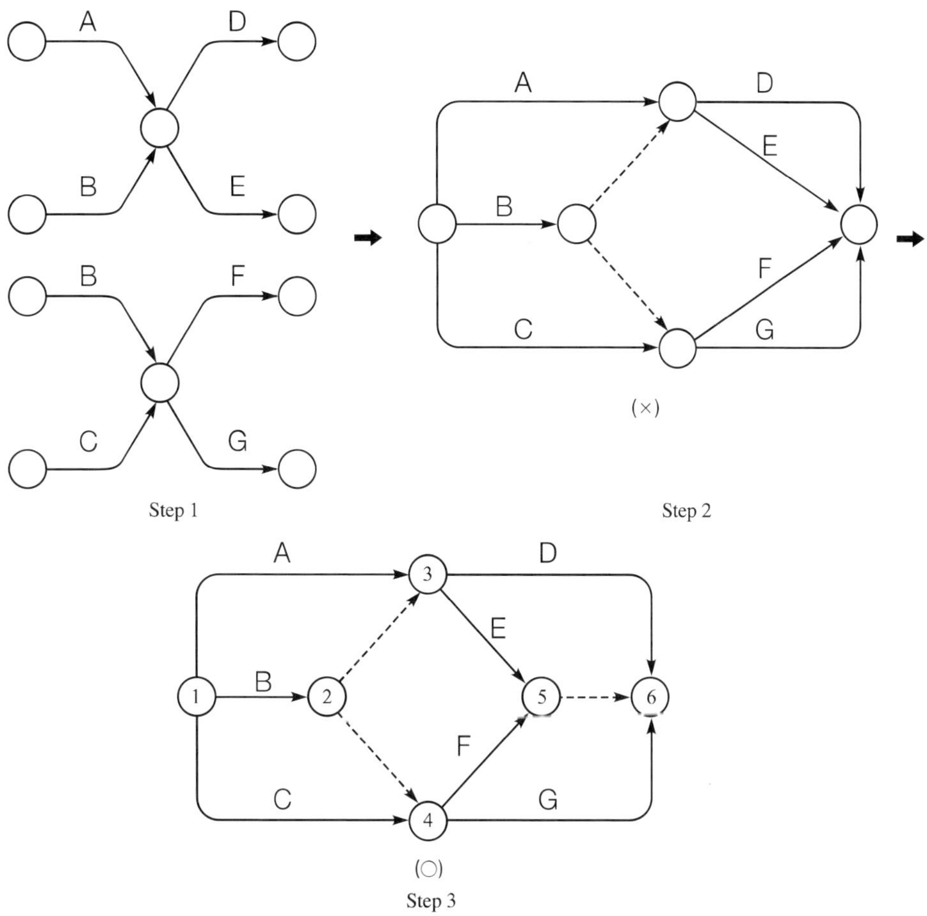

그림 2.23 예제 프로젝트 9에서 네트워크 공정표의 작성

(10) 예제 프로젝트 10

표 2.13 예제 프로젝트 10에서 작업의 선후관계

<table>
<tr><th>작업명</th><th>선행작업</th><th>작업의 선후관계</th></tr>
<tr><td>A</td><td>없음</td><td rowspan="8">① 선행작업이 없는 작업 A, B가 최초 작업이다.
② 작업 A가 완료된 후 작업 C, D를 착수한다.
③ 작업 B가 완료된 후 작업 C, D, E, F를 착수한다.
④ 작업 C가 완료된 후 작업 G, H를 착수한다.
⑤ 작업 D가 완료된 후 작업 H를 착수한다.
⑥ 작업 E가 완료된 후 작업 G, H를 착수한다.
⑦ 작업 F가 완료된 후 작업 H를 착수한다.
⑧ 후속작업이 없는 작업 G, H가 최종 작업이다.</td></tr>
<tr><td>B</td><td>없음</td></tr>
<tr><td>C</td><td>A, B</td></tr>
<tr><td>D</td><td>A, B</td></tr>
<tr><td>E</td><td>B</td></tr>
<tr><td>F</td><td>B</td></tr>
<tr><td>G</td><td>C, E</td></tr>
<tr><td>H</td><td>C, D, E, F</td></tr>
</table>

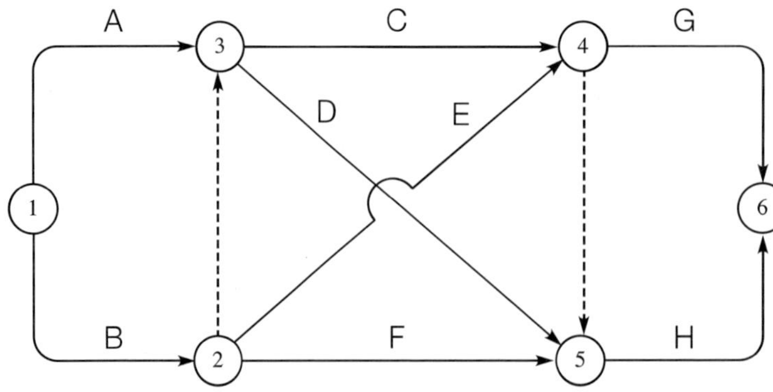

그림 2.24 예제 프로젝트 10에서 네트워크 공정표의 작성

2.4 네트워크 공정표의 일정계산

1) CPM기법에 의한 일정계산

(1) 개요

① 일반적인 일정계산이다.

② 작업(Activity) 중심의 일정계산이다.

③ 작업 시각(Activity Time)이라고도 한다.

(2) 작업 시각(Activity Time)

표 2.14 CPM기법에 의한 일정계산에서의 작업 시각

일정종류	기호	내용
가장 빠른 개시 시각 (Earliest Start Time)	EST	① 작업을 시작할 수 있는 가장 빠른 시각이다. ② EST는 전진 계산 후 최대값이다.
가장 빠른 완료 시각 (Earliest Finish Time)	EFT	① 작업을 종료할 수 있는 가장 빠른 시각이다. ② EFT=EST+D
가장 늦은 개시 시각 (Latest Start Time)	LST	① 작업을 시작할 수 있는 가장 늦은 시각이다. ② LST=LFT-D
가장 늦은 완료 시각 (Latest Finish Time)	LFT	① 작업을 종료할 수 있는 가장 늦은 시각이다. ② LFT는 후진 계산 후 최소값이다.

(3) 표시 방법

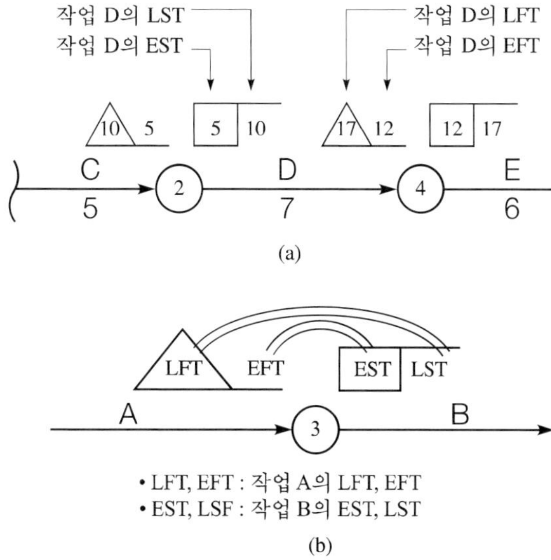

그림 2.25 CPM기법에 의한 일정계산에서 작업 시각의 표시 방법

(4) 일정계산

(가) EST, EFT의 계산

① 작업 진행방향으로 전진 계산한다.

② 시작 결합점에서 나오는 작업의 EST는 0이다.

③ 각 결합점에서 선행작업이 완료되어야 후속작업을 시작할 수 있다.

④ 전진 계산 후 최대값이 EST이다. 즉, 어떤 작업의 EST는 그 선행작업들에 대한 EFT의 최대값이다.

⑤ 어떤 작업의 EFT는 그 작업의 EST에 공기(D)를 더하여 구한다(EFT=EST+D).

⑥ 종료 결합점에서 끝나는 작업의 EFT의 최대값이 계산공기가 되며, 최종 결합점의 LFT가 된다.

(나) LFT, LST의 계산

① 작업 진행방향의 반대방향으로 후진 계산한다.

② 종료 결합점에서 나가는 작업의 LFT가 그 프로젝트의 계산공기(전체 공기)가 된다.

③ 후진 계산 후 최소값이 LFT이다. 즉, 어떤 작업의 LFT는 그 후속작업에 대한 LST의 최소값이다.

④ 어떤 작업의 LST는 그 작업의 LFT에 공기(D)를 감하여 구한다(LST=LFT−D).

2) PERT기법에 의한 일정계산

(1) 개요

① 공정표를 의미한다.

② 결합점(Event) 중심의 일정계산이다.

③ 결합점 시각(Node Time)이라고도 한다.

(2) 결합점 시각(Node Time)

표 2.15 PERT기법에 의한 일정계산에서의 작업 시각

일정종류	기호	내용
가장 빠른 결합점 시각 (Earliest Node Time)	ET 혹은 TE	최초의 결합점에서 대상의 결합점에 이르는 가장 긴 경로를 통과하여 가장 빨리 도달되는 결합점 시각이다.
가장 늦은 결합점 시각 (Latest Node Time)	LT 혹은 TL	임의의 결합점에서 최종 결합점에 이르는 경로 중 가장 긴 경로를 통과하여 종료 시각에 맞출 수 있는 시작 시각이다.

(3) 표시 방법

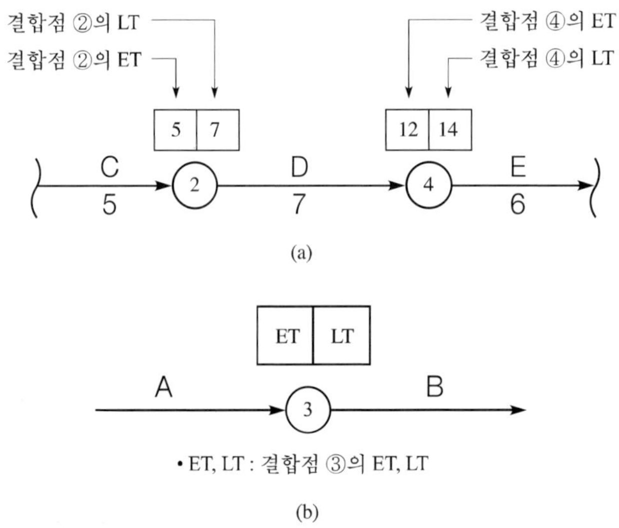

그림 2.26 PERT기법에 의한 일정계산에서 작업 시각의 표시 방법

주1 CPM기법과 PERT기법의 표시 관계

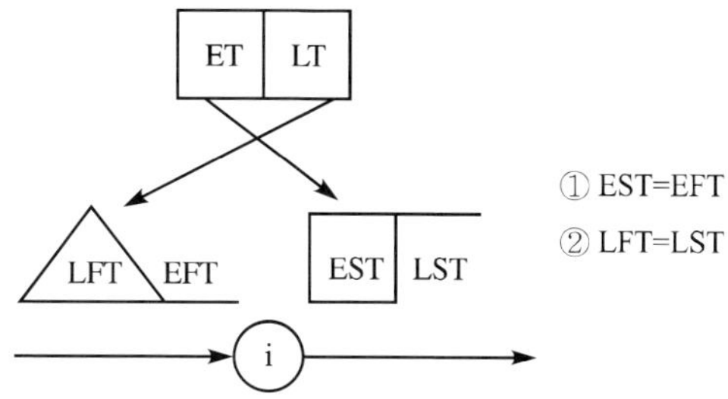

그림 2.27 CPM기법과 PERT기법의 표시 관계

(4) 일정계산

(가) ET의 계산

CPM에 의한 일정계산의 EST와 동일하게 계산한다.

(나) LT의 계산

CPM에 의한 일정계산의 LFT와 동일하게 계산한다.

2.5 네트워크 공정표의 여유시간

1) CPM기법에 의한 여유시간

(1) 종류 및 계산 방법

표 2.16 CPM기법에 의한 여유시간의 종류 및 계산 방법

종류	내용 및 계산 방법
TF (총여유 : Total Float)	① 작업을 EST로 시작하고 LFT로 완료할 때 발생하는 여유시간이다. ② TF=LFT−EFT(=EST+D) ③ TF=△−(□+ D)
FF (자유여유 : Free Float)	① 작업을 EST로 시작하고 후속작업도 EST로 시작하여도 발생하는 여유시간이다. ② FF=후속작업의 EST−그 작업의 EFT(=EST+D) ③ FF=후속작업의 □−(□+ D)

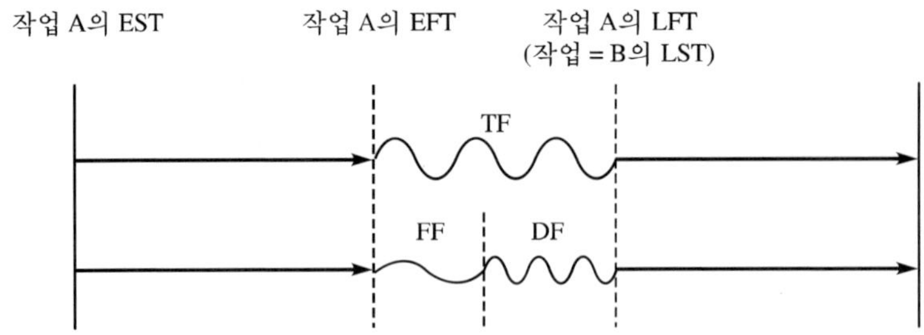

그림 2.28 CPM기법에 의한 여유시간

(2) 표시 방법

아래와 같은 두 가지 방법이 대표적으로 사용되나, 일반적으로 그림 2.29 (a) 방법으로 주로 표현된다. 그러나 문제의 조건이 표로 구할 경우는 표에서 계산하면 된다.

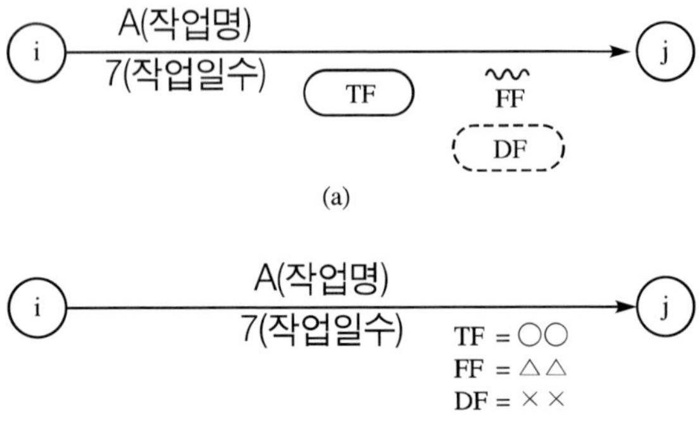

그림 2.29 CPM기법에 의한 여유시간의 표시 방법

2) PERT기법에 의한 여유시간(Slack)

(1) 종류 및 계산 방법

표 2.17 PERT기법에 의한 여유시간의 종류 및 계산 방법

종류	계산 방법
PS (정여유 : Positive Slack)	LT−ET > 0
ZS (영여유 : Zero Slack)	LT−ET = 0
NS (부여유 : Negative Slack)	LT−ET < 0

(2) 표현 방법

결합점 상부에 다음과 같이 표시한다.

<table>
<tr><td colspan="2">SL</td></tr>
<tr><td>ET</td><td>LT</td></tr>
</table>

그림 2.30 CPM기법에 의한 여유시간의 표현 방법

2.6 경로 및 주공정

1) 경로

경로(Path, 공정)는 CPM기법 및 PERT기법에 의한 네트워크 공정표에서 두 개 이상의 작업(Activity)이 화살표 방향으로 연결되어 이어지는 것이다.

2) 최장경로

최장경로(Longest Path; LP)는 임의의 결합점 경로 중에서 소요시간의 합계가 최대인 경로이다.

3) 주공정

① 주공정(Critical Path; CP)은 최초 시작점에서 최종 종료점까지 연결되는 경로 중에서 가장 긴 경로이다.

② 즉, 시작점에서 종료점까지 여유시간을 포함하지 않는 최장 경로를 말한다.

③ TF=0인 작업이다.

④ 주공정(CP)은 2개 이상의 복수가 될 수 있다.

⑤ 주공정(CP)에 의하여 공기가 결정된다.

⑥ 명목상 작업(Dummy Activity)도 주공정이 될 수 있다.

⑦ 일정계획 수립의 기준이 된다.

⑧ 굵은 선 또는 이중선으로 표시한다.

예제 2.1

다음 조건의 네트워크 공정표를 작성하고 여유시간 계산 및 바차트(Bar Chart)를 완성하시오. [단, 주공정(CP)은 굵게 표시하고, 각 결합점에서 표시는 다음과 같이 하시오.]

표 2.18 작업의 공정관계, 공기, 선행작업 및 후속작업

작업명 (Act.)	공정관계	공기	선행작업	후속작업	EST	LST	EFT	LFT	TF	FF	DF	CP
A	①→②	5	None	C, D								
B	①→③	8	None	E, F								
C	②→③	6	A	E, F								
D	②→⑤	9	A	H								
E	③→④	4	B, C	G								
F	③→⑤	5	B, C	H								
G	④→⑥	4	E	None								
H	⑤→⑥	7	D, F	None								

주1 위의 표에서 공정관계, 선행작업, 후속작업 중 하나만 알면 공정표가 작성가능하다.

주2 공정관계를 이용한 네트워크 공정표 작성이 가장 쉬우나 Dummy Activity가 나타나지 않으므로 주의한다.

주3 일반적으로 후속작업에 의한 공정표 작성이 가장 편하다.

풀이

1. 네트워크 공정표
   1) CPM기법에 의한 일정계산
      ① CPM기법에 의한 일정계산에서 결합점은 다음과 같이 표시한다.

그림 2.31 CPM기법에 의한 일정계산에서 결합점 표시

② 결합점 ①번에서 시작, 결합점 ⑥번에서 종료한다.

③ 작업의 선후관계가 없으므로 공정관계에 따라 다음과 같은 순서로 공정표를 작성한다.

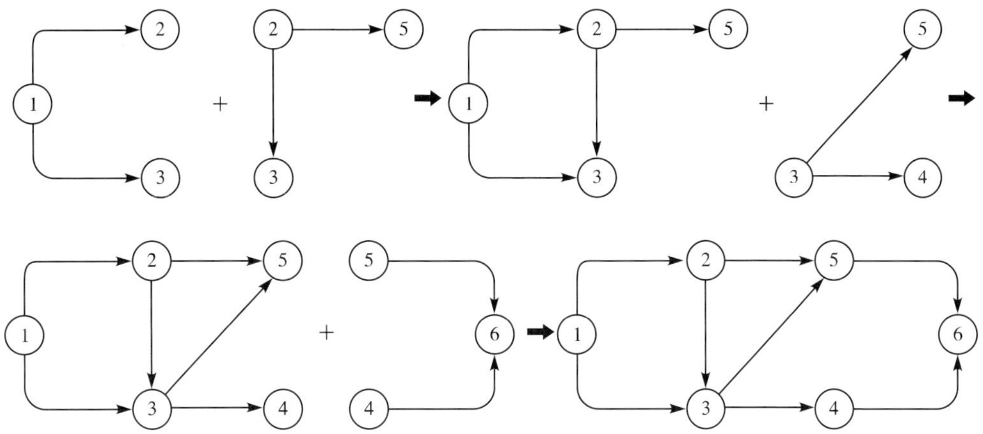

그림 2.32 CPM기법에 의한 공정표 작성 과정

④ 최종적으로 다음과 같이 작업명과 작업일수를 표시한다.

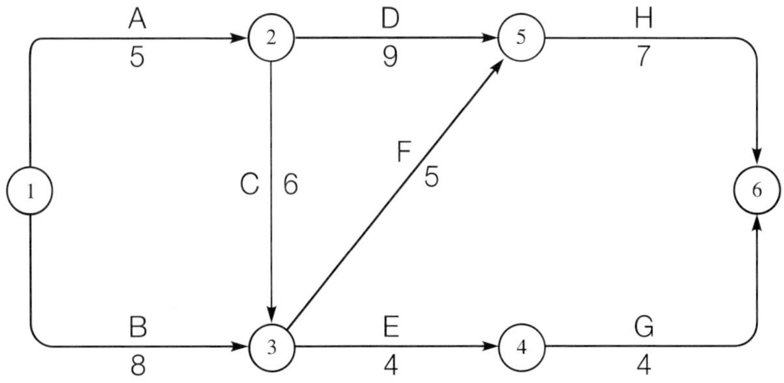

그림 2.33 CPM기법에 의한 공정표에서 작업명과 작업일수 표시

⑤ Event를 중심으로 △__과 □‾‾을 그림과 같이 나타낸다.

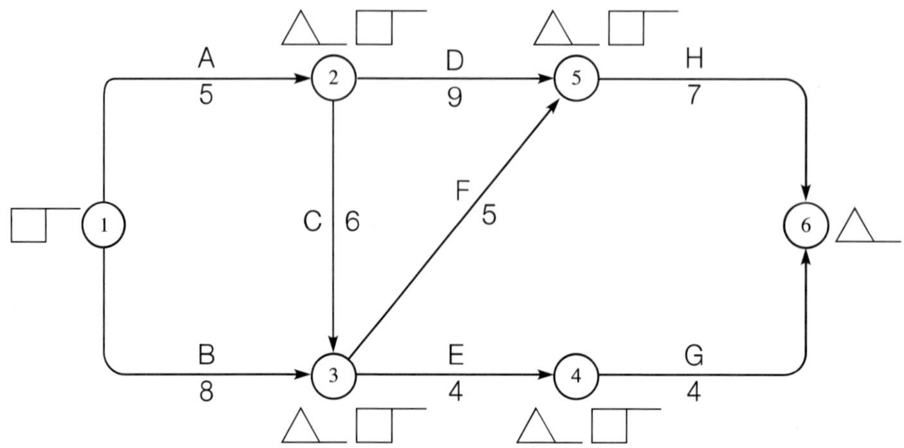

그림 2.34 CPM기법에 의한 공정표에서 EST와 LFT 등의 표시

⑥ 최초 작업의 □(EST)는 0으로 한다.

⑦ □(EST)를 먼저 산정하며, 산정방법은 전진 계산하여 선행작업의 □(EST)+D중 최대값을 사용한다.

⑧ 종료 작업의 △(LFT)가 전체 공기가 된다.

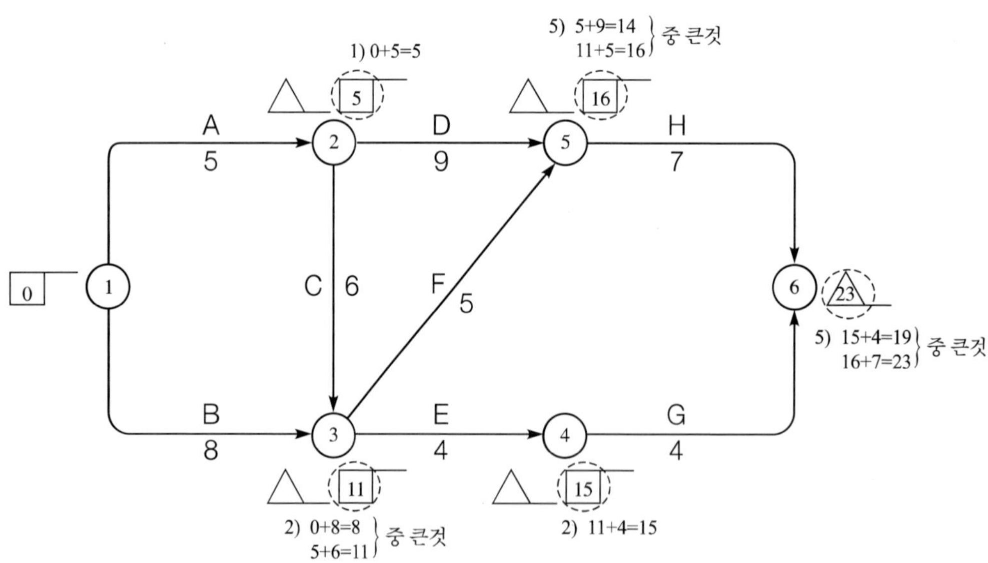

그림 2.35 CPM기법에 의한 공정표에서 EST의 계산

⑨ 완료작업의 △(LFT)를 시작점으로 하여 △(LFT)를 산정한다.

⑩ △(LFT)는 후진 계산하여 후속작업의 △(LFT)−D중 최소값을 사용한다.

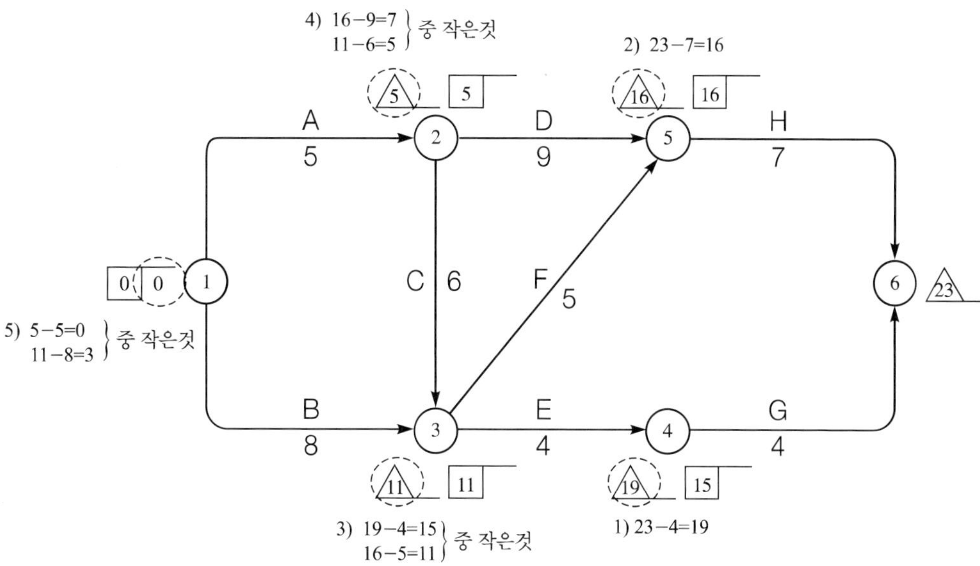

그림 2.36 CPM기법에 의한 공정표에서 LFT의 계산

⑪ 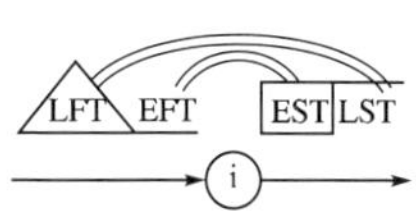

를 이용하여 아래와 같이 공정표를 완성하고, △=□인 곳이 주공정(CP)이 되며 굵은 선으로 표시한다.

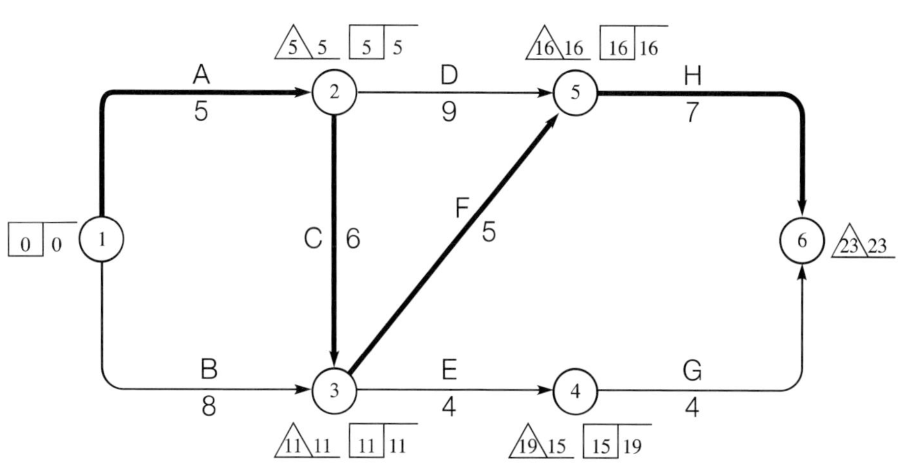

그림 2.37 CPM기법에 의한 네트워크 공정표의 완성

2) PERT기법에 의한 일정계산

① PERT기법에 의한 일정계산에서 결합점은 다음과 같이 표시한다.

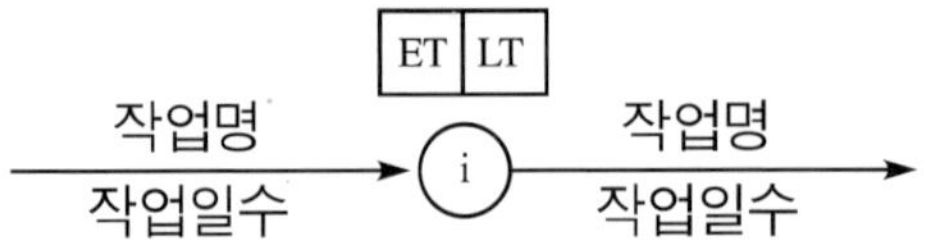

그림 2.38 PERT기법에 의한 결합점의 표시

② CPM기법과 PERT기법을 비교하면 EST=ET, LFT=LT와 같이 되며 각 기법에 따른 표기 위치에 주의한다.

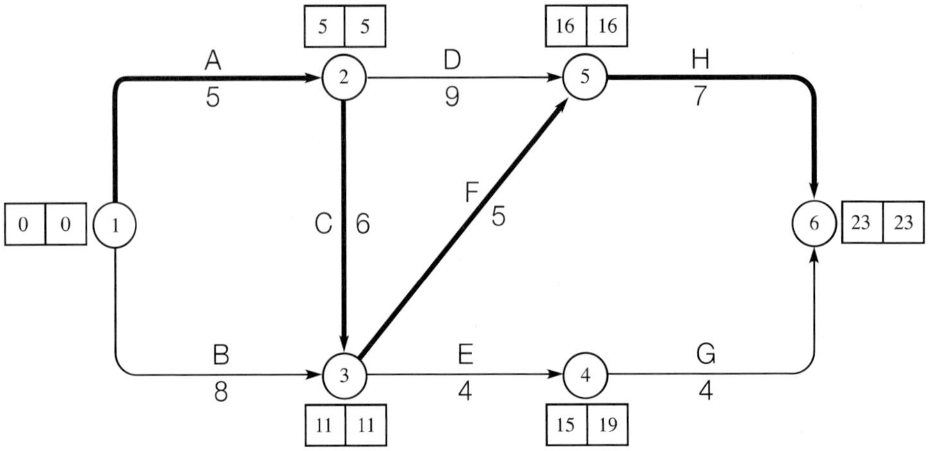

그림 2.39 PERT기법에서 ET와 LT의 계산

2. 여유시간

1) CPM기법에 의한 여유시간(Float)

① 작업(Activity) 혹은 결합점(Event)을 중심으로 □(EST)와 △(LFT)를 확인하여 아래 표의 "① EST"와 "② LFT"와 같이 산정한다.

③ EFT=EST+D로 하여 아래 표의 "③ EFT"와 같이 계산한다.

④ LST=LFT−D로 하여 아래 표의 "④ LST"와 같이 계산한다.

⑤ TF, FF, DF는 공정표 상에서 다음과 같이 계산하는 것이 편리하다.

⑥ TF=△−(□+D)

⑦ FF=후속작업 □−(□+D)

⑧ DF=TF−FF

⑨ TF=0인 것이 주공정(CP)이 되며 *로 표시한다.

표 2.19 CPM기법에 의한 여유시간

작업명 (Act.)	공정 관계	공기 (D)	② EST	③ EFT	④ LST	② LFT	⑤ TF	⑥ FF	⑦ DF	⑧ CP
A	①→②	5	0	5	0	5	△5−(□0+5)=0	□5−(□0+5)=0	0−0=0	*
B	①→③	8	0	8	3	11	△11−(□0+8)=3	□11−(□0+8)=3	3−3=0	
C	②→③	6	5	11	5	11	△11−(□5+6)=0	□11−(□5+6)=0	0−0=0	*
D	②→⑤	9	5	14	7	16	△16−(□5+9)=2	□16−(□5+9)=2	2−2=0	
E	③→④	4	11	15	15	19	△19−(□11+4)=4	□15−(□11+4)=0	4−0=4	
F	③→⑤	5	11	16	11	16	△16−(□11+5)=0	□16−(□11+5)=0	0−0=0	*
G	④→⑥	4	15	19	19	23	△23−(□15+4)=4	□23−(□15+4)=4	4−4=0	
H	⑤→⑥	7	16	23	16	23	△23−(□16+7)=0	□23−(□16+7)=0	0−0=0	*

2) PERT기법에 의한 여유시간(Slack)

표 2.20 PERT기법에 의한 여유시간

결합점(Event)	ET	LT	SL
①	0	0	0−0=0
②	5	5	5−5=0
③	11	11	11−11=0
④	15	19	19−15=4
⑤	16	16	16−16=0
⑥	23	23	23−23=0

기본 연습문제

01.

네트워크 공정표에 사용되는 용어의 설명으로 가장 부적당한 것은?

㉮ Float : 작업의 여유시간
㉯ Node : 작업의 결합점, 시작점 또는 종료점
㉰ Dummy : 작업의 상호관계를 표시
㉱ Critical Path : 최단시간이 소요되는 경로

풀이 주공정(CP)은 시작 결합점에서 종료 결합점에 이르는 가장 긴 경로(패스)이다.

답 ㉱

02.

다음 중 네트워크 공정표의 용어가 아닌 것은?

㉮ EST ㉯ Critical Path ㉰ Connector ㉱ Dummy

풀이
① EST는 작업을 시작하는 가장 빠른 시각이다.
② Critical Path(CP)는 시작 결합점에서 종료 결합점에 이르는 가장 긴 경로(패스)이다.
③ Dummy는 화살형 네트워크에서 작업의 중복을 피하거나 작업의 선후관계를 규정하기 위한 명목상의 작업이다.

답 ㉰

03.

네트워크 공정표에 관한 용어로서 관계없는 것은?

㉮ 커넥터(Connector)
㉯ 주공정(Critical Path)
㉰ 더미(Dummy)
㉱ 플로트(Float)

풀이
① Critical Path(CP)는 시작 결합점에서 종료 결합점에 이르는 가장 긴 경로(패스)이다.
② Dummy는 화살형 네트워크에서 작업의 중복을 피하거나 작업의 선후관계를 규정하기 위한 명목상의 작업이다.
③ 플로트(Float)는 공사의 전체 공기에 영향을 주지 않는 범위 내에서 작업이 갖는 여유시간이다.

답 ㉮

04.

다음 중 네트워크 공정표에 사용되는 용어가 아닌 것은?

㉮ ET(Earliest Time) ㉯ LT(Latest Time)

㉰ TF(Total Float) ㉱ EF(Earliest Float)

풀이 네트워크 공정표에서 EF라는 용어는 없다.

답 ㉱

05.

네트워크 공정표와 관계가 없는 것은?

㉮ 슬랙(Slack) ㉯ 이벤트(Event) 또는 노드(Node)

㉰ 더미(Dummy) ㉱ 커넥터(Connector)

풀이 ① 슬랙(Slack)은 공사의 전체 공기에 영향을 주지 않는 범위 내에서 결합점이 가지는 여유시간이다.
② 결합점(Node, Event)은 네트워크의 작업과 작업이 결합하는 점 및 프로젝트의 시작점 혹은 종료점이다.
③ Dummy는 네트워크에서 정상표현으로 할 수 없는 화살표로 네트워크에서 작업의 상호관계를 나타내는 점선화살표이다.

답 ㉱

06.

다음 용어의 설명 중 옳지 않은 것은?

㉮ 이벤트(Event) : 작업과 작업을 결합하는 점 및 시점, 종료점

㉯ 패스(Path) : 네트워크 중 둘 이상의 작업이 이어짐

㉰ 플로트(Float) : 작업의 여유시간

㉱ 액티비티(Activity) : 작업을 수행하는데 필요한 시간

풀이 ① 작업(Job, Activity)은 프로젝트를 구성하는 개별 단위작업을 표시하며, 작업시간과 자원을 필요로 한다.
② 소요시간(Duration)은 작업을 수행하는데 필요한 시간이다.

답 ㉱

07.

다음 공정계획에 관련된 용어의 설명 중 틀린 것은?

㉮ 작업(Activity) : 프로젝트를 구성하는 작업 단위
㉯ 결합점(Node) : 네트워크의 결합점 및 시작점, 종료점
㉰ 소요시간(Duration) : 작업을 수행하는데 필요한 시간
㉱ 플로트(Float) : 결합점이 가지는 전체 여유시간

풀이 ① 플로트(Float)는 공사의 전체 공기에 영향을 주지 않는 범위 내에서 작업이 갖는 여유시간이다.
② 슬랙(Slack)은 공사의 전체 공기에 영향을 주지 않는 범위 내에서 결합점이 가지는 여유시간이다.

답 ㉱

08.

CPM방식에서 네트워크 공정표의 용어 설명이 맞지 않는 것은?

㉮ 작업(Activity) : 프로젝트를 구성하는 작업 단위
㉯ 플로트(Float) : 작업의 여유시간
㉰ 주공정(Critical Path) : 시작 결합점에서 종료 결합점에 이르는 가장 긴 경로
㉱ 슬랙(slack) : 작업을 수행하는데 필요한 시간

풀이 ① 플로트(Float)는 공사의 전체 공기에 영향을 주지 않는 범위 내에서 작업이 갖는 여유시간이다.
② 슬랙(Slack)은 공사의 전체 공기에 영향을 주지 않는 범위 내에서 결합점이 가지는 여유시간이다.

답 ㉱

09.

다음 용어 중 공정관리와 관계가 없는 것은?

㉮ 이벤트 ㉯ 히스토그램 ㉰ 프리플로트 ㉱ 노드타임

풀이 ① 히스토그램은 품질관리의 7가지 도구 중 하나이다.
② 히스토그램은 계량치의 데이터가 어떠한 분포를 하고 있는지 알아보기 위하여 작성하는 그림이다.

답 ㉯

10.

네트워크 수법에 관한 용어의 설명으로 틀린 것은 다음 중 어느 것인가?

㉮ 계산공기 : 네트워크의 시간계산에 의해 구한 공기
㉯ 크리티컬패스 : 공사의 시작로부터 종료까지 연결되어 있는 패스 중 소요시간이 가장 긴 패스를 말하고 여유가 전혀 없는 패스
㉰ 더미 : 네트워크에서 정확하게 표현할 수 있는 작업을 도시하기 위한 화살표
㉱ 슬랙 : 결합점이 갖는 여유시간

풀이 더미는 네트워크에서 작업의 상호관계를 나타내는 점선화살표이다.

답 ㉰

11.

네트워크 관리공정에 관한 용어의 의미설명으로 가장 부적당한 것은 다음 중 어느 것인가?

㉮ TF(Total Float) : 작업을 EST로 시작하고 LFT로 완료 할 때에 생기는 여유
㉯ DF(Dependent Float) : TF와 FF의 차
㉰ CP(Critical Path) : 시작 결합점에서 종료 결합점에 이르는 가장 짧은 경로
㉱ LT(Latest Starting Time) : 프로젝트의 지연 없이 시작될 수 있는 가장 늦은 시간

풀이 CP(주공정, 크리티컬패스, Critical Path)는 시작 결합점에서 종료 결합점에 이르는 가장 긴 경로(패스)이다.

답 ㉰

12.

다음은 네트워크 공정관리에서 활용되는 용어를 설명한 것 중 옳은 것은?

㉮ DF(Dependent Float) : 후속 작업의 TF에 영향을 주는 여유시간을 말한다.
㉯ FF(Free Float) : 가장 빠른 개시 시각에 시작하여 가장 늦은 종료 시각으로 완료할 때 생기는 여유시간이다.
㉰ TF(Total Float) : 가장 빠른 개시 시각에 시작하고 후속하는 작업도 가장 빠른 개시 시각에 시작하여도 발생하는 여유시간을 말한다.
㉱ SL(Slack) : 총여유는 자유여유와의 차이를 말한다.

풀이 ① FF(Free Float) : 가장 빠른 개시 시각(EST)에 시작하여 후속하는 작업도 가장 빠른 개시 시각(EST)에 시작하여도 존재하는 여유시간
② TF(Total Float) : 가장 빠른 개시 시각(EST)에 시작하여 가장 늦은 종료 시각(LFT)으로 완료할 때 생기는 여유시간
③ SL(Slack) : 공사의 전체 공기에 영향을 주지 않는 범위 내에서 결합점이 가지는 여유시간

답 ㉮

13.

공정관리 용어로서 전체 공사과정 중 관리상 특히 중요한 몇몇 작업의 시작과 종료를 의미하는 특정시점을 무엇이라 하는가?

㉮ 중간관리일(Milestone)
㉯ 절점(Node)
㉰ 표준점(Normal Point)
㉱ 비작업일

풀이 중간관리일(Milestone)
① 전체 공사과정 중 관리상 특히 중요한 몇몇 작업의 시작과 종료를 의미하는 특정시점이다.
② 특정 기간 동안 진행된 프로젝트 상황과 작업 내용을 확인하여 현재의 상태를 파악하기 위한 용도이다.

답 ㉮

14.

네트워크 공정표의 더미(Dummy)에 관한 설명으로 가장 부적당한 것은 다음 중 어느 것인가?

㉮ 점선으로 표시한다.
㉯ 작업명은 없고 작업시간만 있다.
㉰ 이벤트형 네트워크에서는 사용하지 않는다.
㉱ 종속관계를 나타낸다.

풀이 명목상의 작업이므로 소요시간은 0이다.

답 ㉯

15.

네트워크 공정표를 작성할 경우 주의사항으로 적합하지 아니한 것은 다음 중 어느 것인가?

㉮ 작업에 대응하는 결합점이 표시되고, 그 작업은 하나로 한다.
㉯ 네트워크의 종료 결합점은 하나이어야 한다.
㉰ 결합점에 들어오는 작업군이 전부 종료되지 않으면, 그 결합점에서 나가는 작업은 시작할 수 없다.
㉱ 화살표로 표시할 수 없는 상호관계는 더미(Dummy)를 사용한다.

풀이 작업에 대응하는 결합점이 표시되고, 그 작업은 하나 이상으로 한다.

답 ㉮

16.

화살표형 네트워크 작성 시의 기본규칙으로 옳지 않은 것은?

㉮ 무의미한 더미를 피한다.
㉯ 네트워크상 작업을 표시하는 화살표가 회송되어서는 아니 된다.
㉰ 결합점에서 들어오는 작업군중 일부라도 완료되면 그 결합점에서 나가는 작업을 시작할 수 있다.
㉱ 네트워크의 시작와 종료 결합점은 각기 반드시 하나씩이어야 한다.

풀이 ① 작업의 시작점과 종료점은 Event(결합점, 단계)로 연결되어야 한다.
② 결합점은 이전의 모든 선행작업이 완료되어야만 후속작업을 시작할 수 있는 단계를 표시한다.

답 ㉰

17.

건축공사 공정관리에 관한 사항 중 가장 부적당한 것은?

㉮ 네트워크 공정표에서 TF(Total Float)가 최대인 경로를 CP(Critical Path)라고 한다.
㉯ 전체 공정표의 작성에 있어서 구체공사는 우천, 공휴일 및 계절에 따른 노동력의 감소에 대한 여유를 고려한다.
㉰ 공정표를 작성할 때는 기후, 풍토, 습관 등의 영향을 고려한다.
㉱ 마감공사는 관련 작업이 많으므로 일반적으로 작업원을 많이 투입하여도 공기단축을 하기 힘들다.

풀이 네트워크 공정표에서 주공정(CP)은 시작 결합점에서 종료 결합점에 이르는 가장 긴 패스이다. 주공정(CP)은 TF가 영(0)인 작업이다.

답 ㉮

18.

다음 그림과 같은 공정표에서 종속관계의 설명으로 옳지 않은 것은?

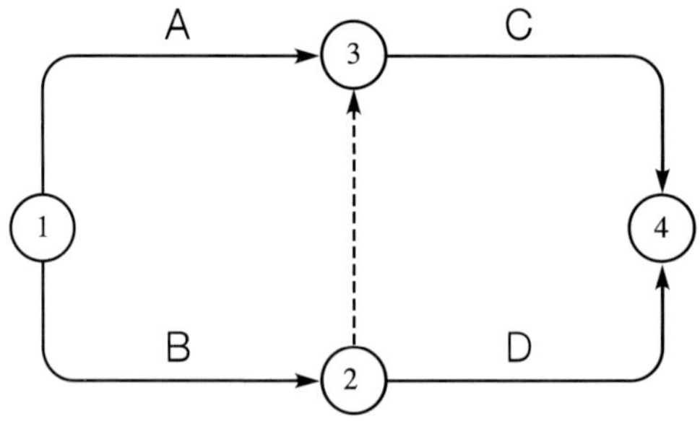

㉮ 작업 C는 작업 A에 종속된다.
㉯ 작업 C는 작업 B에 종속된다.
㉰ 작업 D는 작업 A에 종속된다.
㉱ 작업 D는 작업 B에 종속된다.

풀이 작업 D와 작업 A는 무관하다.

답 ㉰

19.

그림과 같은 네트워크 공정표에 대한 다음 기술 중 가장 부적당한 것은 어느 것인가?

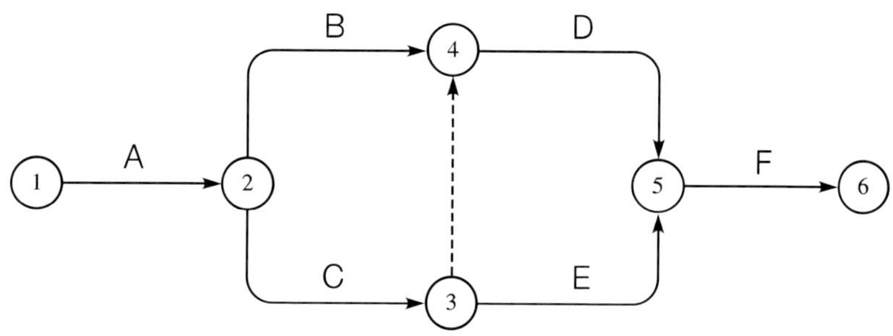

㉮ 작업 A는 작업 B, C의 선행작업이다.
㉯ 작업 D는 작업 B, C가 완료되어야 시작될 수 있다.
㉰ 작업 F는 작업 D, E의 후속작업이다.
㉱ 작업 E는 작업 B, C가 완료되어야 시작될 수 있다.

풀이 작업 E는 작업 C가 완료되어야 시작될 수 있고, 작업 B, C가 완료되면 작업 D가 시작될 수 있다.

답 ㉱

20.

네트워크 기법에 대한 다음 기술 중 적당한 것은 어느 것인가?

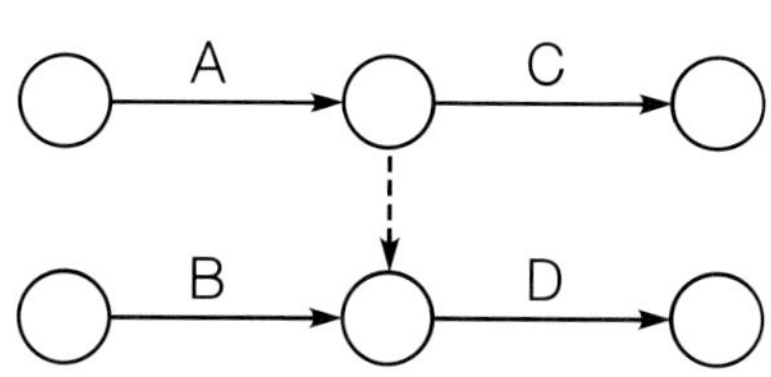

㉮ 작업 A만 완료되어도 작업 D를 작업할 수 있다.
㉯ 작업 A와 B가 완료되어야 작업 C를 작업할 수 있다.
㉰ 작업 B만 완료되어도 작업 D를 작업할 수 있다.
㉱ 작업 A와 B가 완료되어야 작업 D를 작업할 수 있다.

풀이 ① 작업 A만 완료되어도 작업 C를 작업할 수 있다.
② 작업 A와 B가 완료되어야 작업 D를 작업할 수 있다.

답 ㉱

21.

네트워크(Network) 공정관리에서 작업 D에 종속되어 있는 공사는?

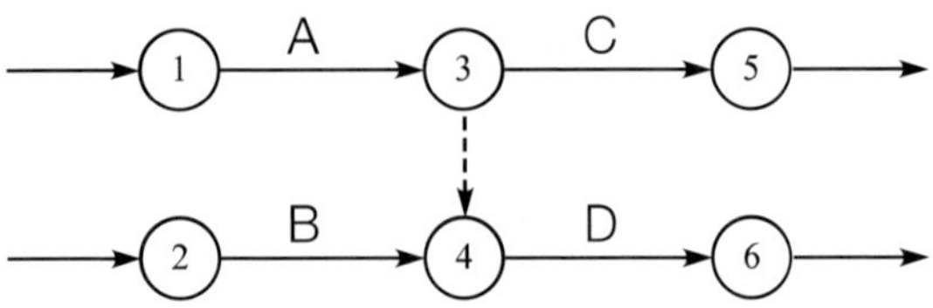

㉮ A ㉯ B ㉰ A, B ㉱ C, D

풀이 ① 작업 A, B의 후속작업은 작업 D이다.
② 작업 D의 선행작업은 작업 A, B이다.

답 ㉰

22.

CPM 및 PERT 공정표 작성 시에 EST와 EFT의 계산 방법 중 옳지 않은 것은?

㉮ 작업의 흐름에 따라 전진 계산한다.
㉯ 시작 결합점에서 나간 작업의 EST=0으로 한다.
㉰ 어느 작업의 EFT는 그 작업의 EST에 소요일수를 가하여 구한다.
㉱ 복수의 작업에 종속되는 작업의 EST는 선행 작업 중 EFT의 최소값으로 한다.

풀이 복수의 작업에 종속되는 작업의 EST는 선행작업 중 EFT의 최대값으로 한다(전진 계산 후 최대값으로 한다).

답 ㉱

23.

네트워크에서 일정계산에 계산되지 않는 것은?

㉮ 시작결합점 ㉯ 단위원가 ㉰ 여유시간 ㉱ 작업시간

풀이 단위원가는 네트워크의 일정계산과는 무관하며 견적과정에서 필요하다.

답 ㉯

24.

네트워크 공정에 관한 설명 중 틀린 것은?

㉮ 작업을 EST에서 시작하고 LFT로 완료할 때 생기는 여유를 토탈플로트(TF)라 한다.
㉯ 작업을 EST로 시작하고 후속작업도 EST로 시작하여도 존재하는 여유시간을 프리플로트(FF)라 한다.
㉰ 크리티컬패스 상에서 디펜던트플로트(DF)는 0(zero)이다.
㉱ 플로트(Float)는 공기에 영향을 미친다.

풀이 플로트는 공사의 전체 공기에 영향을 주지 않는 범위 내에서 작업이 갖는 여유시간이므로 공기에는 영향을 미치지 않는다.

답 ㉱

25.

네트워크 공정표의 계산에 대한 다음 기술 중 부적당한 것은 어느 것인가?

㉮ LST는 EST보다 크다.
㉯ DF는 TF보다 크다.
㉰ EFT는 EST보다 크다.
㉱ FF는 TF보다 작다.

풀이 ① EFT=EST+D(공기) ② LST=LFT−D(공기)
③ DF=TF−FF ④ FF=TF−DF
따라서 DF는 TF보다 같거나 작다.

답 ㉯

26.

다음 네트워크 공정표에서 작업 E의 LF값으로 옳은 것은 다음 중 어느 것인가? (단위, 일)

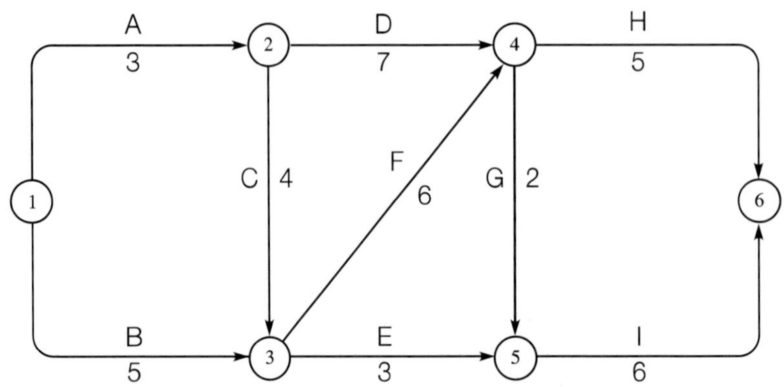

㉮ 10일　　㉯ 12일　　㉰ 13일　　㉱ 15일

풀이

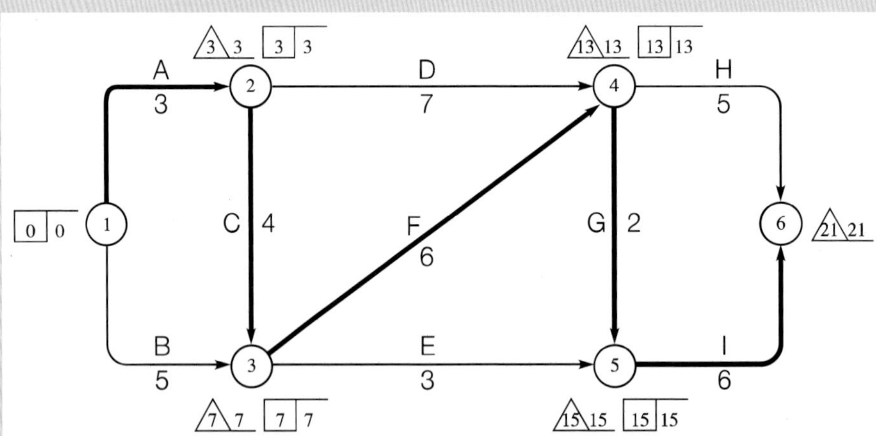

① ES는 EST를 의미하며 가장 빠른 개시 시각은 전진 계산 후 최대값이다.
② LF는 LFT를 의미하며 가장 늦은 종료 시각은 후진 계산 후 최소값이다.
③ CP는 ①→②→③→④→⑤→⑥으로 21일이다.
따라서 작업 E의 ES(EST)는 7일이고 LF(LFT)는 15일이다.

답 ㉱

27.

아래 네트워크 공정표에 대한 기술로서 틀린 것은 다음 중 어느 것인가? (단위 : 일)

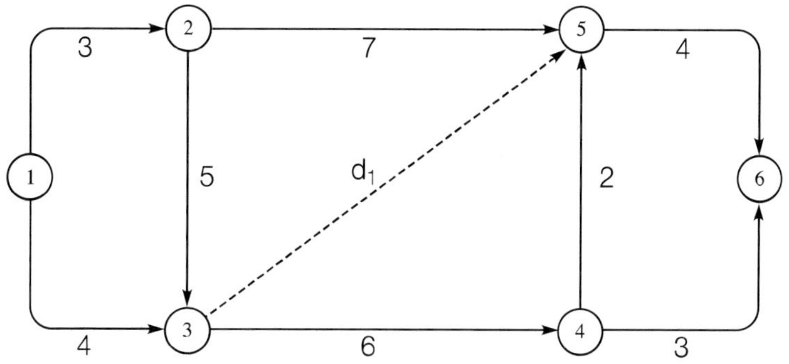

㉮ 전체 공기는 20일이다.
㉯ 작업 ② → ⑤의 TF(총여유)는 6일이다.
㉰ 작업 ③ → ⑤의 작업 소요일수는 0일이다.
㉱ 결합점 ③에서의 LST는 4일이다.

풀이

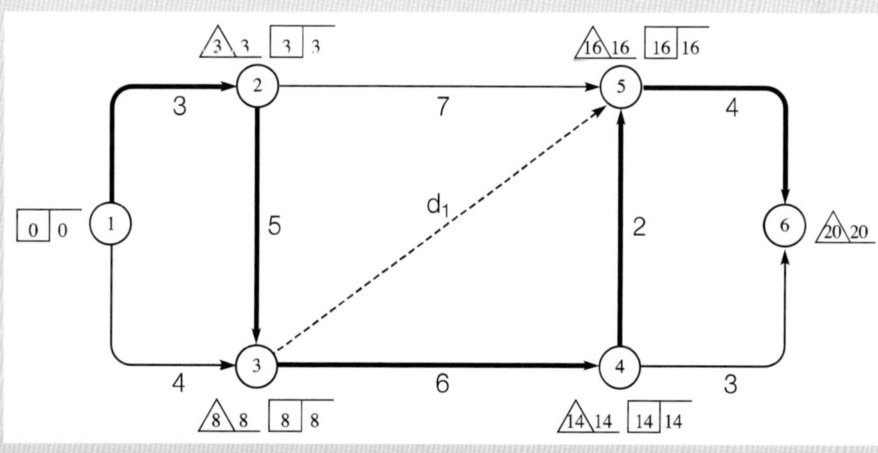

㉮ 전체 공기는 20일이다.
㉯ 작업 ②→⑤의 TF는 TF=LFT−EFT(=EST+D)=16−(3+7)=6일이다.
㉰ 작업 ③→⑤는 더미이므로 작업 소요일수는 0일이다.
㉱ 결합점 ③의 LST는 8일이다.

답 ㉱

28.

다음 네트워크에 대한 사항 중 틀린 것은?

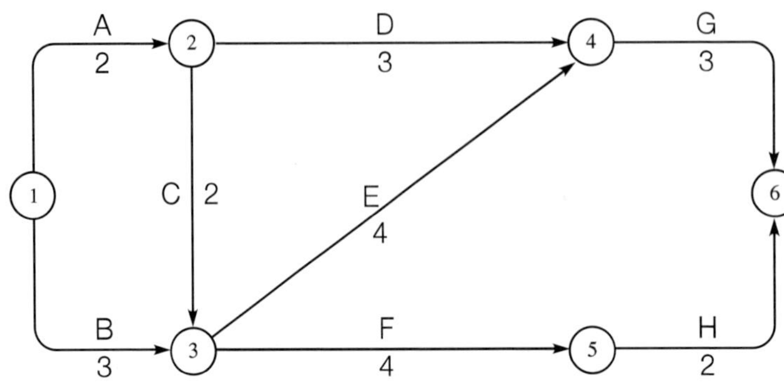

㉮ 주공정(CP) : A → C → E → G　　　　㉯ 작업 D의 EST : 2일

㉰ 전체 공정의 작업 일수 : 11일　　　　㉱ 작업 B의 여유(Float) : 간섭여유1일

풀이

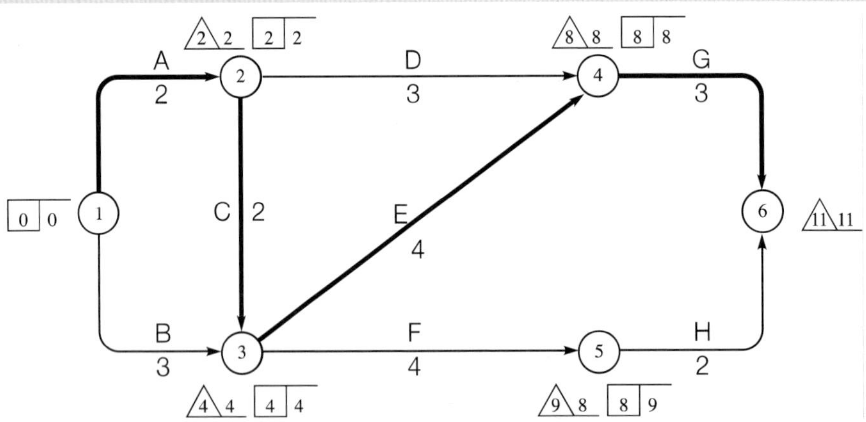

작업 B의 여유시간

① TF(총여유)=LFT−EFT(=EST+D)=△−(□+D)=4−(0+3)=1일

② FF(자유여유)=후속작업의 EST−그 작업의 EFT

=후속작업의 □−(□ + D)=4−(0+3)=1일

③ DF(간섭여유)=TF−FF=1−1=0일

답 ㉱

29.

다음 네트워크 공정표에서 작업(Activity) ②→③의 디펜던트플로트(Dependant Float)는?

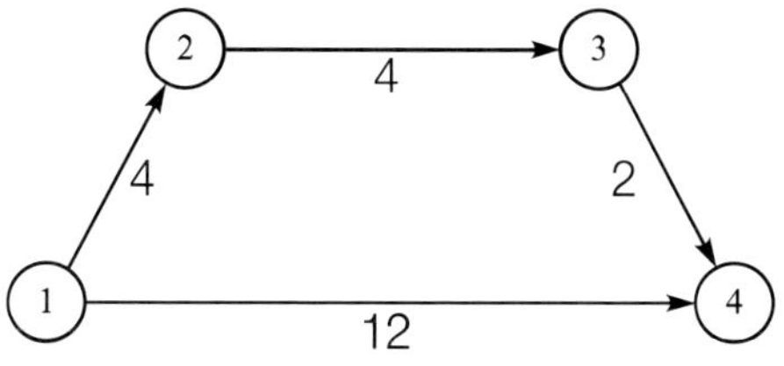

㉮ 0일　　㉯ 2일　　㉰ 4일　　㉱ 8일

풀이

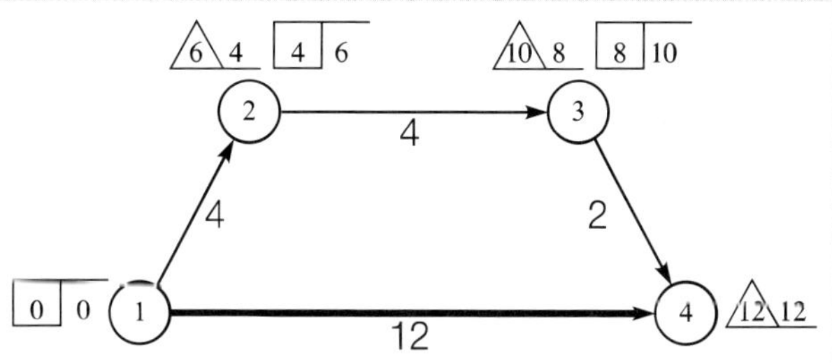

작업 ②→③의 여유시간

① TF(총여유)=LFT−EFT(=EST+D)=△−(□+D)=10−(4+4)=2일

② FF(자유여유)=후속작업의 EST− 그 작업의 EFT

=후속작업의 □−(□+D)=8−(4+4)=0일

③ DF(간섭여유)=TF−FF=2−0=2일

답 ㉯

30.

다음과 같은 네트워크에서 작업 ② → ④가 갖는 총여유(TF)는 얼마인가?

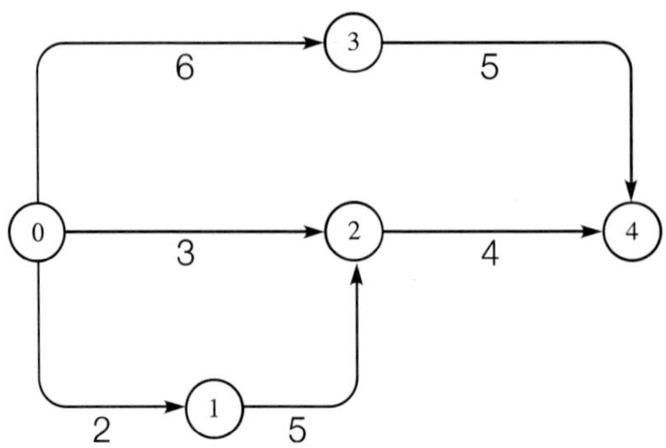

㉮ 4일 ㉯ 5일 ㉰ 2일 ㉱ 0일

풀이

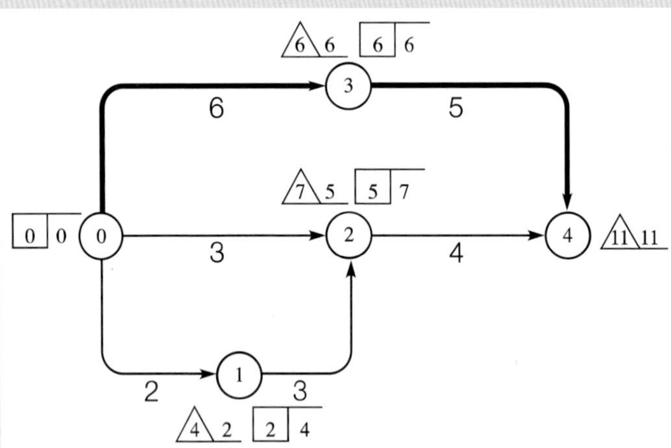

작업 ②→④의 총여유=LFT−EFT(=EST+D)=△−(□+D)=11−(5+4)=2일

답 ㉰

31.

다음 네트워크 공정표에서 작업 A가 실질적으로 갖는 디펜던트플로트(Dependent Float)는 며칠인가?

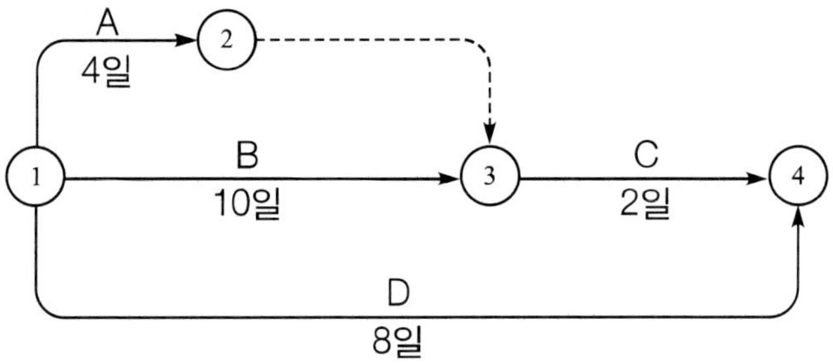

㉮ 0일 ㉯ 2일 ㉰ 4일 ㉱ 6일

풀이

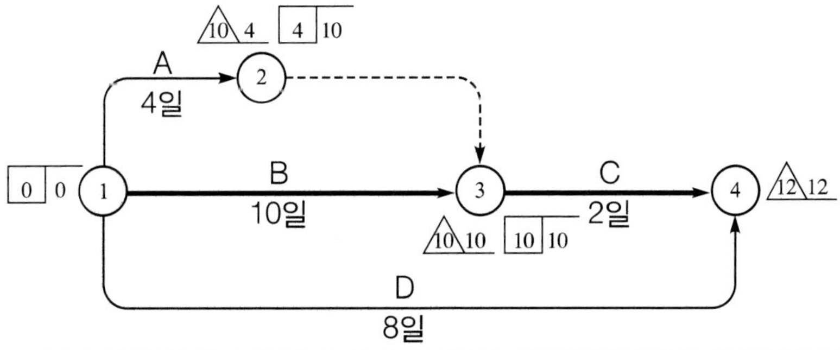

작업의 여유시간

① TF(총여유)=LFT−EFT(=EST+D)=△−(□+D)=10−(0+4)=6일

② FF(자유여유)=후속작업의 EST−그 작업의 EFT

=후속작업의 □−(□ + D)=10−(0+4)=6일

③ DF(간섭여유)=TF−FF=6−6=0일

답 ㉮

32.

다음 네트워크에서 작업 ④ → ⑥의 총여유(Total Float)는 얼마인가?

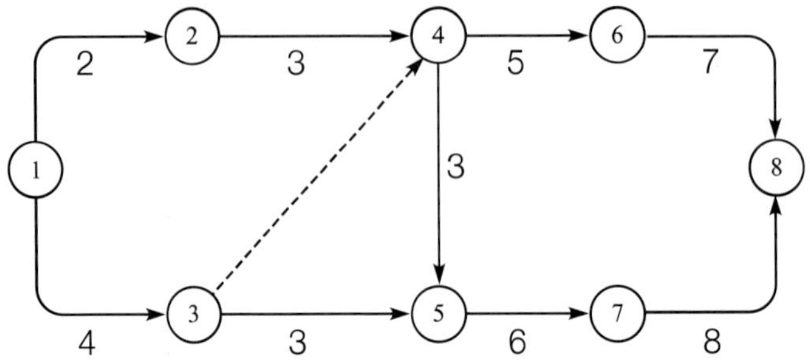

㉮ 0일　　㉯ 5일　　㉰ 10일　　㉱ 15일

풀이

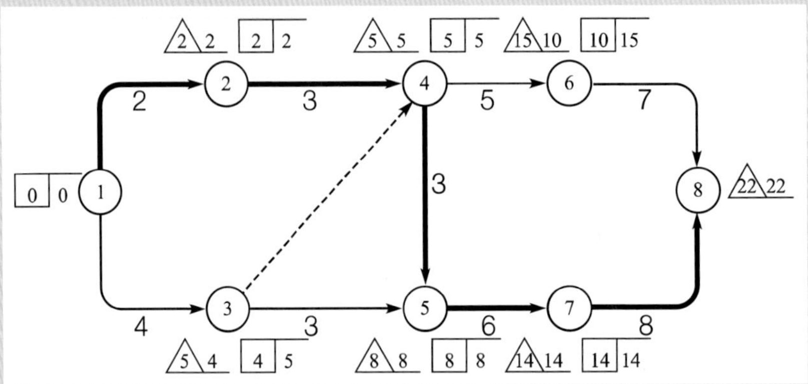

작업 ④→⑥의 총여유=LFT−EFT(=EST+D)=△−(□+D)=15−(5+5)=5일

답 ㉯

33.

다음 네트워크 공정표에서 가장 빠른 개시 시각(EST)과 가장 늦은 종료 시각(LFT)의 빈칸의 숫자에 관한 기술 중 틀리는 것은? (단, 액티비티 상의 숫자는 작업일수임)

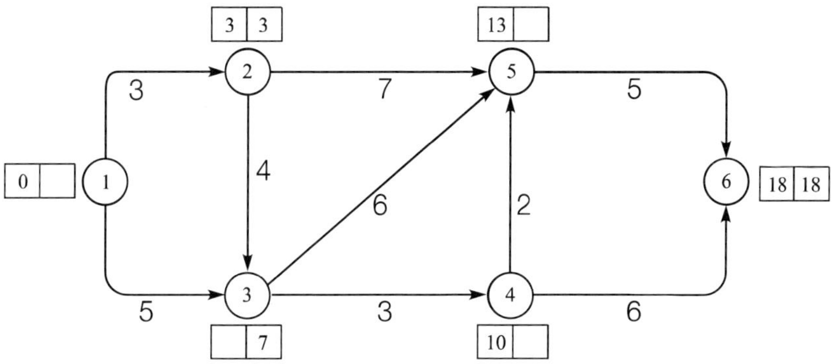

㉮ 결합점 ③의 가장 빠른 개시 시각은 7일이다.

㉯ 결합점 ④의 가장 늦은 종료 시각은 14일이다.

㉰ 결합점 ①의 가장 늦은 종료 시각은 0(Zero)이다.

㉱ 결합점 ⑤의 가장 늦은 시각은 13일이다.

풀이

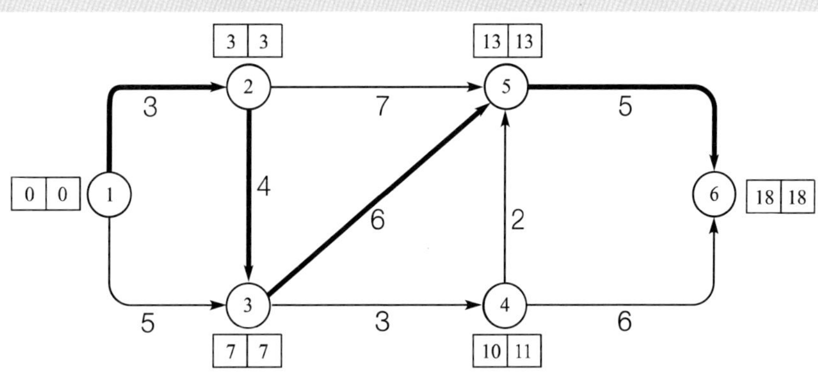

① PERT에 의한 결합점 시각표시는 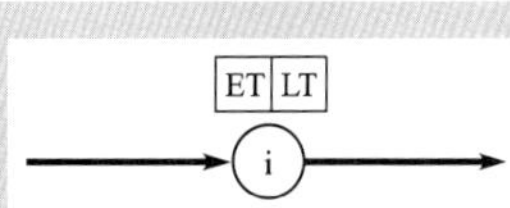 이다.

② 전체 공기는 18일이므로 결합점 ④의 가장 늦은 종료 시각(LFT)은 11일이 된다.

답 ㉯

34.

다음 네트워크 공정표에서 결합점(Event) ④의 LFT의 값으로 옳은 것은 어느 것인가?

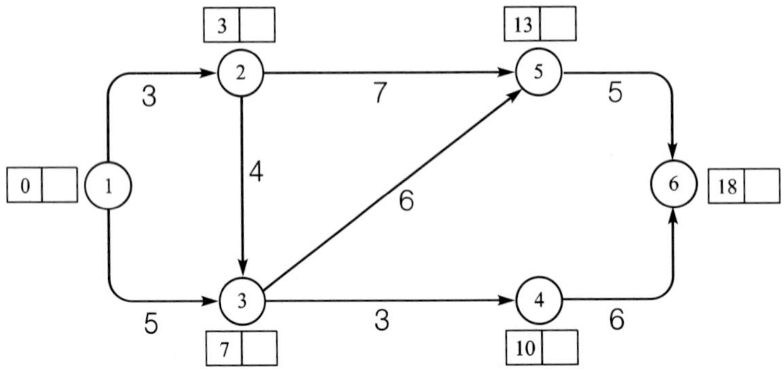

㉮ 11일 ㉯ 12일 ㉰ 13일 ㉱ 14일

풀이 전체 공기는 18일이므로 결합점(Event) ④의 LFT=18−6=12일

답 ㉯

35.

그림은 모공사의 네트워크 공정표이다. 이 공사의 최단공기가 늦어지지 않는 범위 안에서 결합점(Event) ③에서의 슬랙(Slack, 시간적 여유)은 다음 중 어느 것인가? (단 Slack=Float)

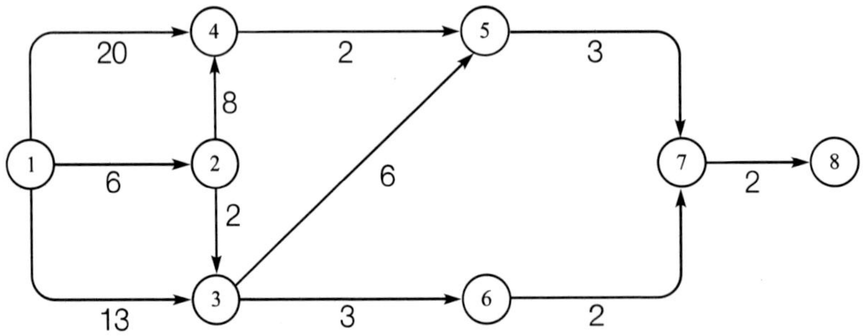

㉮ 3일 ㉯ 5일 ㉰ 7일 ㉱ 10일

풀이

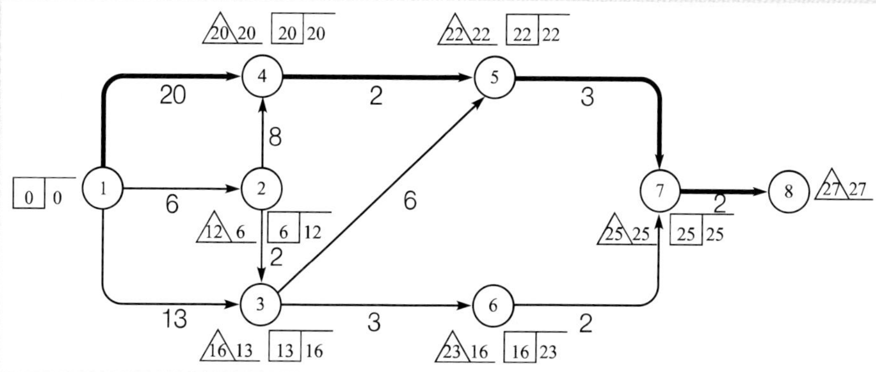

결합점(Event) ③에서의 슬랙(Slack)=LT−ET=16−13=3일

답 ㉮

36.

다음 네트워크 공정표에 관한 기술 중 틀린 것은? [단, 액티비티(Activity) 상의 숫자는 공사 소요 일수임]

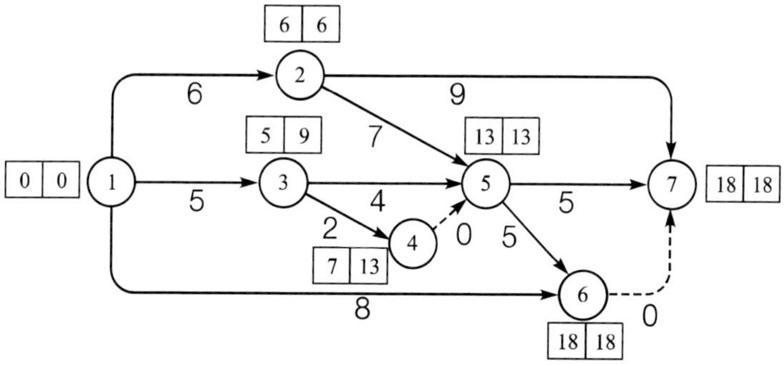

㉮ 작업 ③ → ⑤의 가장 늦은 종료 시각(LFT)은 9일이다.

㉯ 작업 ③ → ⑤의 가장 빠른 개시 시각(EST)은 5일이다.

㉰ 작업 ③ → ⑤의 총여유(TF)는 4일이다.

㉱ 이 네트워크의 주공정(Critical Path)은 ① → ③ → ⑤ → ⑦이다.

풀이 주공정(CP)은 ① → ② → ⑤ → ⑥ → ⑦과 ① → ② → ⑤ → ⑦이며, 전체 공기는 18일이다.

답 ㉱

37.

다음 네트워크의 공사 소요일수로서 옳은 것은?

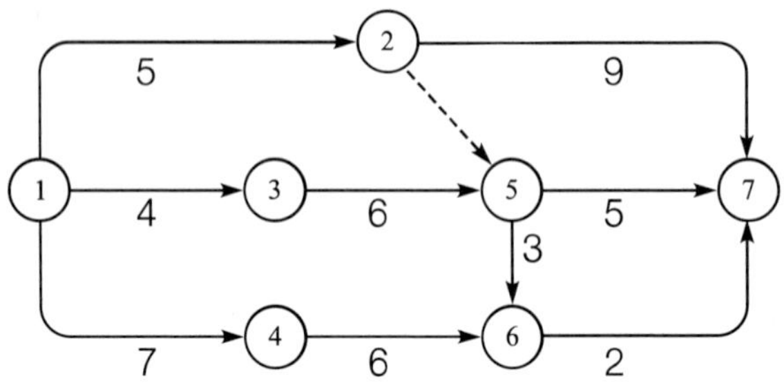

㉮ 10일　　㉯ 14일　　㉰ 15일　　㉱ 16일

풀이 ①→②→⑦ : 14일　　①→②→⑤→⑦ : 10일
①→③→⑤→⑦ : 15일　　①→③→⑤→⑥→⑦ : 16일
①→④→⑥→⑦ : 15일
∴ 네트워크의 전체 공사의 소요일수는 16일이다.

답 ㉱

38.

다음 네트워크의 공사 소요일수로서 가장 옳은 것은?

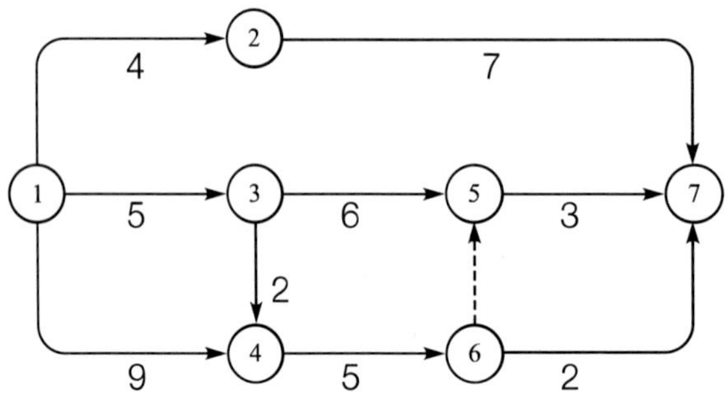

㉮ ①-②-⑦　　㉯ ①-③-⑤-⑦
㉰ ①-③-④-⑥-⑦　　㉱ ①-④-⑥-⑤-⑦

풀이 ㉮ ①-②-⑦ : 4+7=11일　　㉯ ①-③-⑤-⑦ : 5+6+3=14일
㉰ ①-③-④-⑥-⑦ : 5+2+5+2=14일　　㉱ ①-④-⑥-⑤-⑦ : 9+5+3=17일
∴ 네트워크의 전체 공사의 소요일수는 17일이다.

답 ㉱

39.

다음 데이터를 네트워크 공정표로 작성하면 공사기일은 며칠인가?

작업기호	선행작업	소요일수
A	없음	2
B	없음	3
C	B	2
D	B	5
E	A, C	4

㉮ 16일
㉯ 12일
㉰ 9일
㉱ 8일

풀이

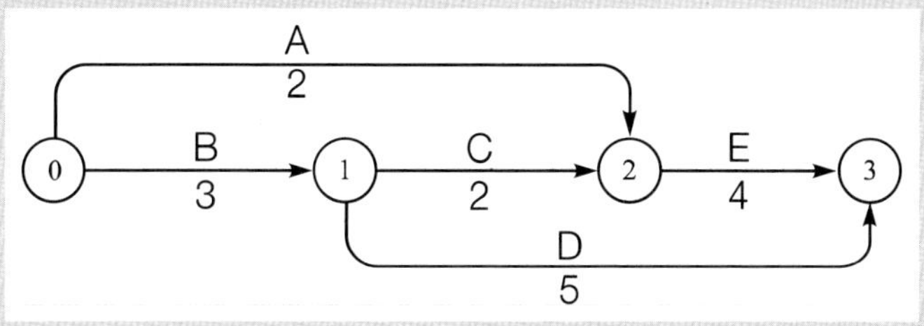

⓪→②→③ : 6일　　⓪→①→②→③ : 9일　　⓪→①→③ : 8일
∴ 네트워크의 전체 공사의 소요일수는 9일이다.

답 ㉰

40.

도면과 같은 화살표 다이어그램(Arrow Diagram)에서 주공정(CP)은?

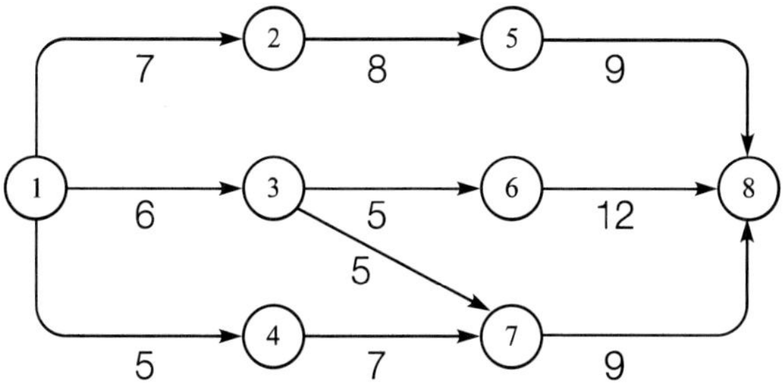

㉮ ①→②→⑤→⑧　　㉯ ①→③→⑥→⑧
㉰ ①→③→⑦→⑧　　㉱ ①→④→⑦→⑧

풀이 ㉮ ①→②→⑤→⑧ : 7+8+9=24일　　㉯ ①→③→⑥→⑧ : 6+5+12=23일
㉰ ①→③→⑦→⑧ : 6+5+9=20일　　㉱ ①→④→⑦→⑧ : 5+7+9=21일
∴ 네트워크의 주공정(CP)은 24일인 ㉮ ①→②→⑤→⑧이다.

답 ㉮

41.

다음 네트워크 공정표에서 주공정(CP)으로 옳은 것은?

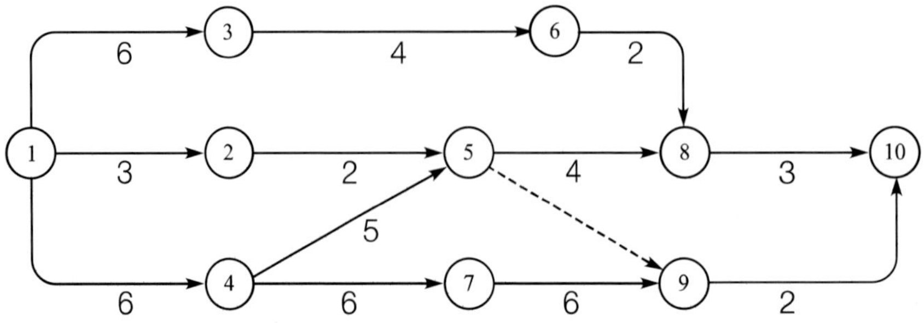

㉮ ①→③→⑥→⑧→⑩

㉯ ①→④→⑤→⑧→⑩

㉰ ①→②→⑤→⑨→⑩

㉱ ①→④→⑤→⑨→⑩

풀이 ㉮ ①→③→⑥→⑧→⑩ : 6+4+2+3=15일

㉯ ①→④→⑤→⑧→⑩ : 6+5+4+3=18일

㉰ ①→②→⑤→⑨→⑩ : 3+2+2=7일

㉱ ①→④→⑤→⑨→⑩ : 6+5+2=13일

∴ 네트워크의 주공정(CP)은 18일인 ㉯ ①→④→⑤→⑧→⑩이다.

답 ㉯

42.

그림과 같은 네트워크 공정표에서 주공정(CP)은?

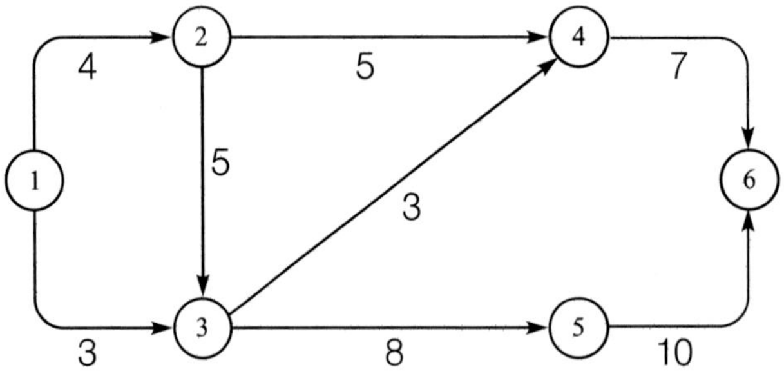

㉮ ①→③→⑤→⑥

㉯ ①→②→④→⑥

㉰ ①→②→③→④→⑥

㉱ ①→②→③→⑤→⑥

풀이 ㉮ ①→③→⑤→⑥ : 3+8+10=21일
㉯ ①→②→④→⑥ : 4+5+7=16일
㉰ ①→②→③→④→⑥ : 4+5+3+7=19일
㉱ ①→②→③→⑤→⑥ : 4+5+8+10=27일
∴ 네트워크의 주공정(CP)은 27일인 ㉱ ①→②→③→⑤→⑥이다.

답 ㉱

43.

다음 네트워크 공정표에서 주공정(CP)은 어느 것인가?

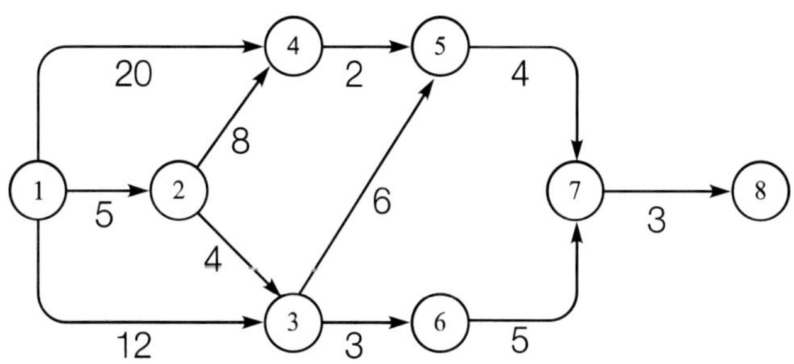

㉮ ①→②→③→⑥→⑦→⑧　　　㉯ ①→③→⑥→⑦→⑧
㉰ ①→④→⑤→⑦→⑧　　　㉱ ①→②→④→⑤→⑦→⑧

풀이 ㉮ ①→②→③→⑥→⑦→⑧ : 5+4+6+4+3=22일
㉯ ①→③→⑥→⑦→⑧ : 12+3+5+3=23일
㉰ ①→④→⑤→⑦→⑧ : 20+2+4+3=29일
㉱ ①→②→④→⑤→⑦→⑧ : 5+8+2+4+3=22일
∴ 네트워크의 주공정(CP)은 29일인 ㉰ ①→④→⑤→⑦→⑧이다.

답 ㉰

44.

그림과 같은 네트워크 공정표에서 총여유(Total Float)와 자유여유(Free Float)가 0인 작업은?

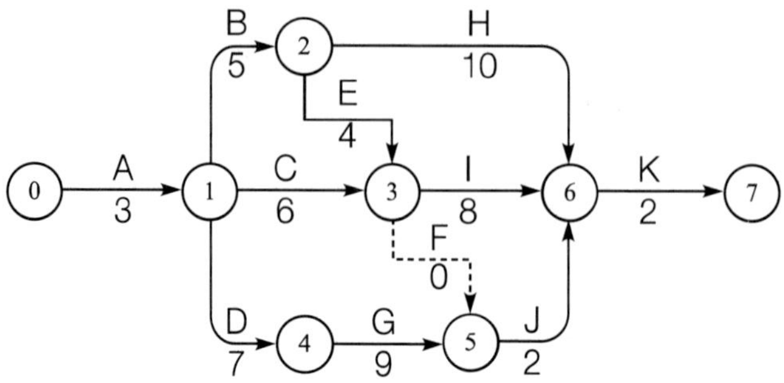

㉮ B　　㉯ E　　㉰ G　　㉱ H

풀이 ① CP는 TF=0인 작업이다(TF=0이면, DF=0, FF=0이다).
② CP는 ⓪→①→④→⑤→⑥→⑦이며 계산공기는 3+7+9+2+2=23일이다.
③ 주공정(CP) 상에서 TF와 FF이 0이므로 A→D→G→J→K에서 검토되어야 한다.
따라서 작업 G가 된다.

답 ㉰

45.

다음 네트워크 공정표에서 작업 ②→④의 총여유(TF)은 다음 중 어느 것인가? (단위 : 일)

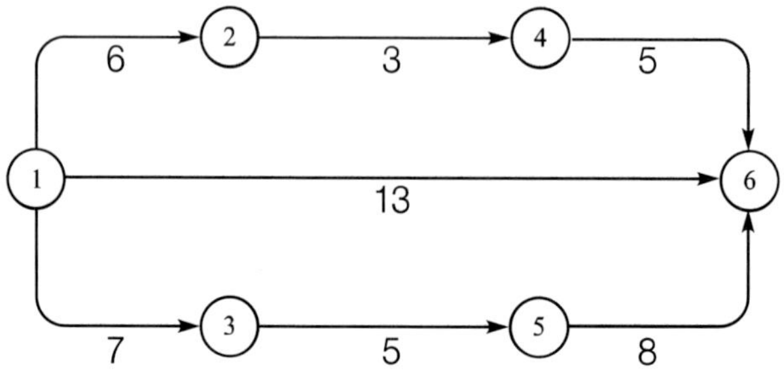

㉮ 0일　　㉯ 3일　　㉰ 5일　　㉱ 6일

풀이 TF(총여유 : Total Float)

① 작업을 EST로 시작하고 LFT로 완료할 때 생기는 여유시간이다.

② TF=LFT−EFT(=EST+D)

③ TF=△−(□+D)=15−(6+3)=6일

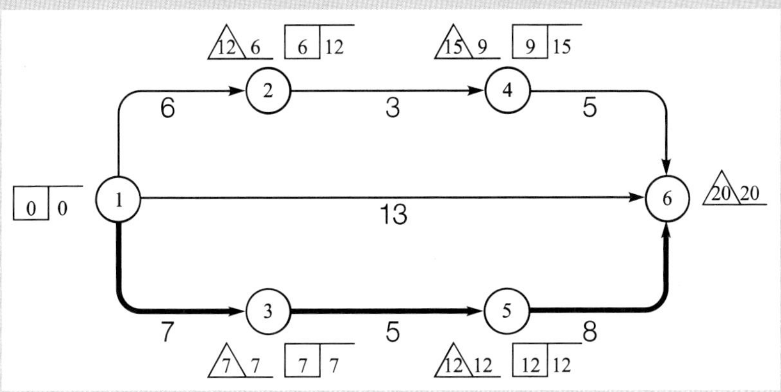

답 ㉣

46.

다음 네크워크 공정표에서 액티비티 ② → ⑤의 총여유(TF)는 다음 중 어느 것인가?

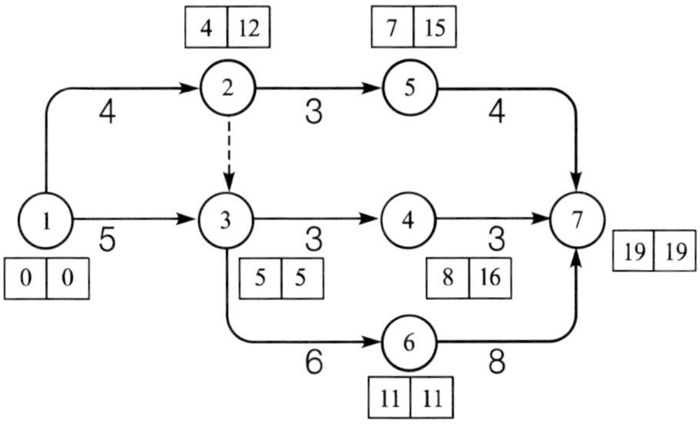

㉮ 0 ㉯ 3 ㉰ 6 ㉱ 8

풀이 (1) 전체 공기는 19일이며, 작업 ②→⑤에서 EST는 4(=0+4)일, LFT는 15(=19−4)일이다.

(2) TF(총여유 : Total Float)

① 작업을 EST로 시작하고 LFT로 완료할 때 생기는 여유시간이다.

② TF=LFT−EFT(=EST+D)

③ TF=△−(□+D)=15−(4+3)=8일이다.

답 ㉣

47.

다음 네트워크 공정표에서 액티비티 ③ → ⑤의 총여유(TF)의 값으로서 옳은 것은 어느 것인가? 단, 액티비티 상의 숫자는 소요일수임.

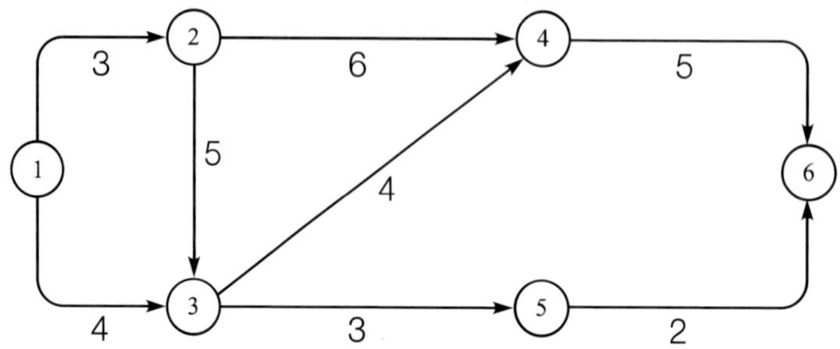

㉮ 1　　㉯ 2　　㉰ 3　　㉱ 4

풀이 (1) 주공정(CP)은 ①→②→③→④→⑥이고, 전체 공기는 3+5+4+5=17일이다.
작업 ③→⑤에서 EST는 8(=3+5)일, LFT는 15(=17−2)일이다.

(2) TF(총여유 : Total Float)

① 작업을 EST로 시작하고 LFT로 완료할 때 생기는 여유시간이다.

② TF=LFT−EFT(=EST+D)

③ TF=△−(□+D)=15−(8+3)=4일이다.

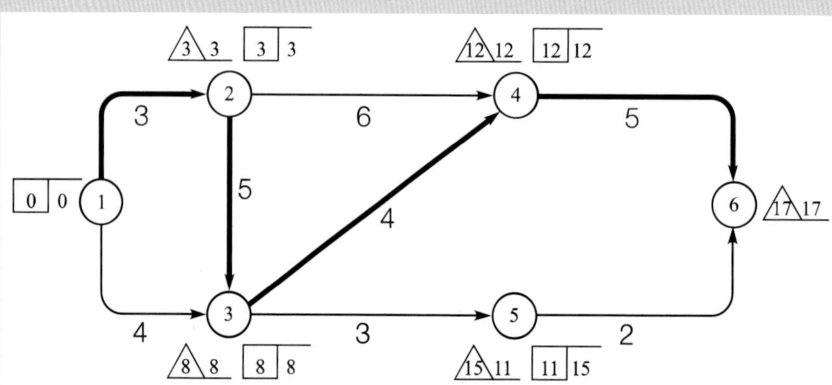

답 ㉱

48.

다음 네트워크 공정표에서 작업 ② → ④가 갖는 TF는?

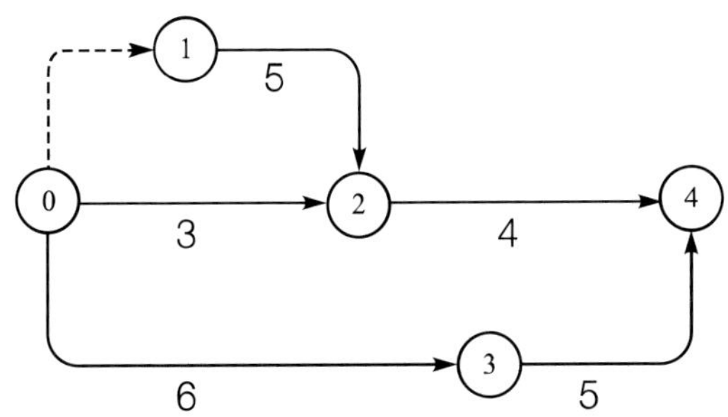

㉮ 1일　　　　㉯ 2일　　　　㉰ 3일　　　　㉱ 4일

풀이 (1) 주공정(CP)은 ⓪→③→④이고, 전체 공기는 6+5=11일이다.
작업 ②→④에서 EST는 5일, LFT는 11일이다.

(2) TF(총여유 : Total Float)
① 작업을 EST로 시작하고 LFT로 완료할 때 생기는 여유시간이다.
② TF=LFT−EFT(=EST+D)
③ TF=△−(□+D)=11−(5+4)=2일이다.

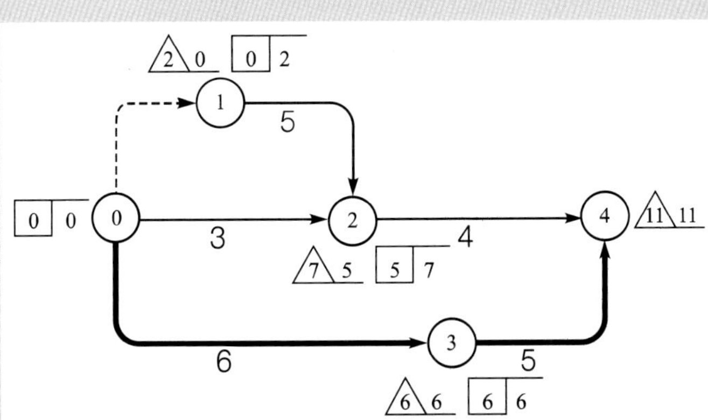

답 ㉯

49.

네트워크 공정표의 일정계산에 대한 다음 기술 중 가장 부적당한 것은 어느 것인가?

㉮ 시작 결합점에서 출발한 작업의 EST는 0이다.
㉯ 어느 작업의 EFT는 그 작업의 EST에 소요일수를 더하여 구한다.
㉰ 복구 작업에 종속되는 작업의 EST는 선행작업 중 EFT의 최대값으로 한다.
㉱ 최종 결합점에서 끝나는 작업의 EFT의 최소값은 지정공기이다.

풀이 지정공기는 미리 건축주로부터 결정된 공기이고, 계산공기(지정공기)는 최종 결합점에서 끝나는 작업의 EFT의 최대값이다. 즉, 종료 결합점에서 끝나는 작업의 EFT의 최대값이 계산공기가 되며, 최종 결합점의 LFT가 된다.

답 ㉱

50.

네트워크 공정표의 계산 방법에 관한 설명으로 틀린 것은 다음 중 어느 것인가?

㉮ 시작 결합점의 EST는 0(Zero)이며, 각 작업의 EST, EFT는 작업흐름에 따라 계산한다.
㉯ 종료 결합점에서 들어가는 각 작업의 EFT 값 중 최대값을 계산공기로 한다.
㉰ 작업의 LST는 그 작업의 LFT에서 작업 소요일수를 뺀 값으로 한다.
㉱ 완료 결합점의 EST는 0(Zero)이며, 이때의 LST값을 지정공기로 한다.

풀이 지정공기는 미리 지정된 공기로 최종(완료) 결합점의 LFT(가장 늦은 종료 시각) 값이 된다.

답 ㉱

51.

네트워크 공정표 상에서 주공정(CP)을 구하는 방법에 관한 설명으로 부적합한 것은 다음 중 어느 것인가?

㉮ 결합점에서 나가는 작업의 EST와 결합점으로 들어오는 작업의 EFT가 동일한 작업을 화살표 반대 방향으로 거슬러 올라가면 된다.
㉯ 결합점에서 나가는 작업의 LST와 결합점으로 들어오는 작업의 LFT가 동일한 작업을 화살표 방향으로 따라가면 된다.
㉰ FF=0인 작업을 화살표 반대방향으로 거슬러 올라가면 된다.
㉱ FF가 최소인 작업을 화살표 반대방향으로 거슬러 올라가면 된다.

풀이 주공정(CP : Critical Path)

① 최초 시작점에서 최종 종료점까지 연결되는 경로 중에서 가장 긴 경로이다.

② 즉, 시작점에서 종료점까지 여유시간을 포함하지 않는 최장 경로이며, 결합점에서 EST, EFT와 LFT, LST가 모두 같은 값을 같은 경로이다.

③ TF=0인 작업이다(TF = 0이면, DF=0, FF=0이다).

④ 주공정(CP)은 2개 이상의 복수가 될 수 있다.

⑤ 주공정(CP)에 의하여 공기가 결정된다.

⑥ 명목상 작업(Dummy Activity)도 주공정이 될 수 있다.

답 ㉱

52.

다음 네트워크 공정표에 따라 실시하는 공사에서 필요한 공사일수로서 가장 적당한 것은?

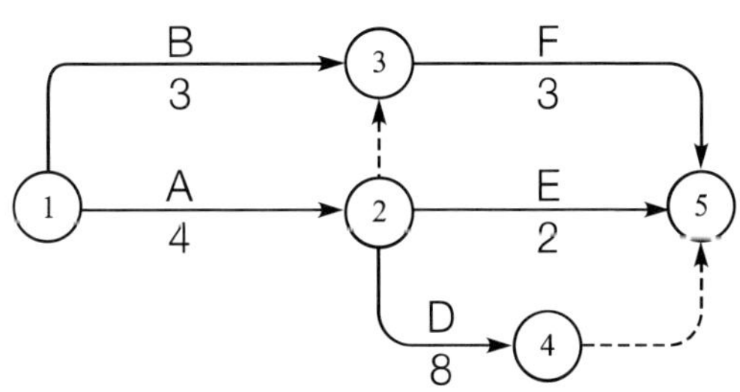

㉮ 9일 ㉯ 10일 ㉰ 11일 ㉱ 12일

풀이 네트워크 공정표는 다음과 같고 주공정(CP)은 ①→②→④→⑤이며, 공사일수는 12일이다.

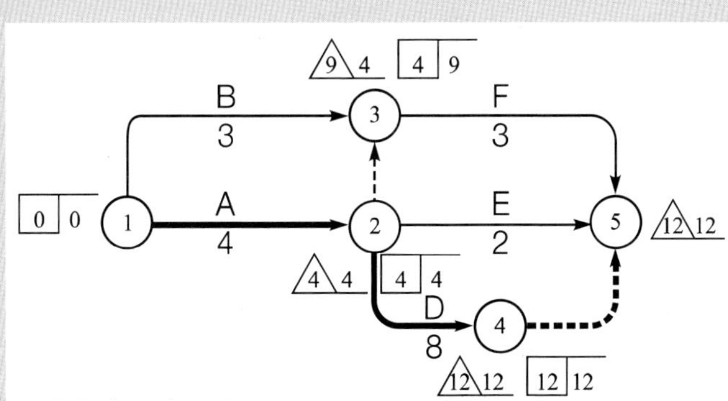

답 ㉱

53.

아래 네트워크 공정표의 계산공기로서 가장 적당한 것은 다음 중 어느 것인가? (단위 : 일)

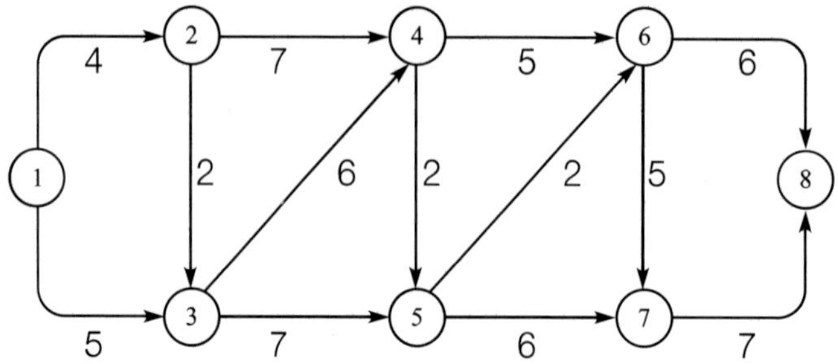

㉮ 25일 ㉯ 27일 ㉰ 28일 ㉱ 29일

풀이 네트워크 공정표는 다음과 같고 주공정(CP)은 ①→②→③→④→⑥→⑦→⑧이며, 계산공기는 29일이다.

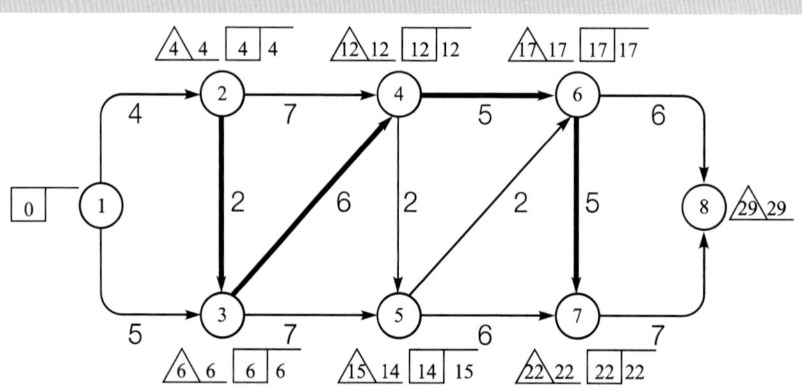

답 ㉱

54.

다음과 같은 네트워크 공정표에서 주공정(CP)은?

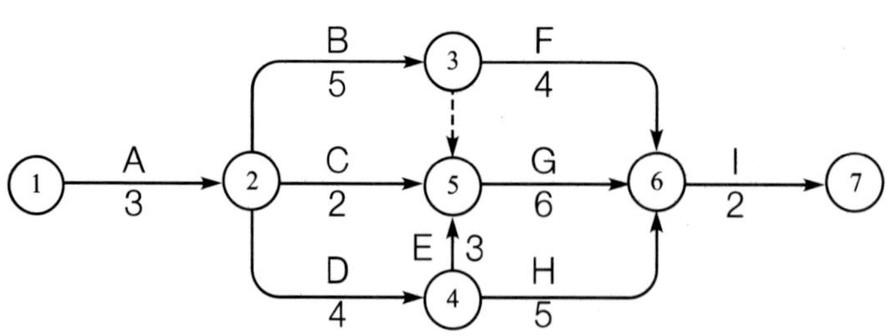

㉮ ①→②→④→⑤→⑥→⑦ ㉯ ①→②→③→⑥→⑦

㉰ ①→②→⑤→⑥→⑦ ㉱ ①→②→③→⑤→⑥→⑦

풀이 보기에서 경로가 주어지고 주공정(CP)을 물을 경우, 보기에 대한 일수를 각각 계산한 후 최대 일수가 되는 것이 주공정(CP)이 된다.

㉮ ①→②→④→⑤→⑥→⑦ : 3+4+3+6+2=18일

㉯ ①→②→③→⑥→⑦ : 3+5+4+2=14일

㉰ ①→②→ ⑤ →⑥→⑦ : 3+2+6+2=13일

㉱ ①→②→③→⑤→⑥→⑦ : 3+5+6+2=16일

∴ 네트워크의 주공정(CP)은 18일인 ㉮ ①→②→④→⑤→⑥→⑦이다.

답 ㉮

55.

다음 네트워크 공정표에서 주공정(CP)에 의한 공기는 얼마인가? (단위 : 일)

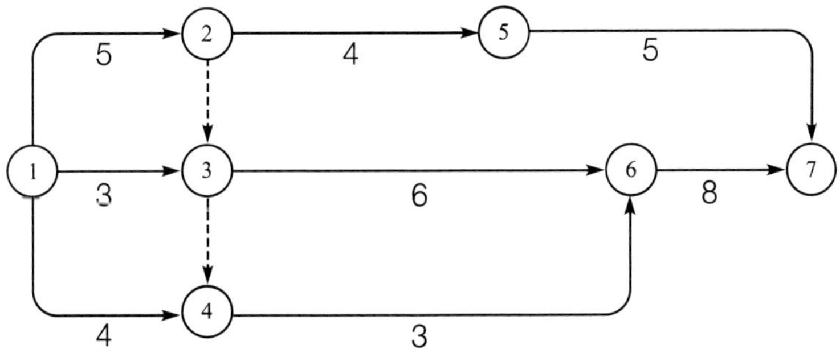

㉮ 15일　　㉯ 17일　　㉰ 18일　　㉱ 19일

풀이 네트워크 공정표는 다음과 같고 네트워크의 주공정(CP)은 ①→②→③→⑥→⑦→⑧이며, 주공정(CP)에 의한 공기는 19일이다.

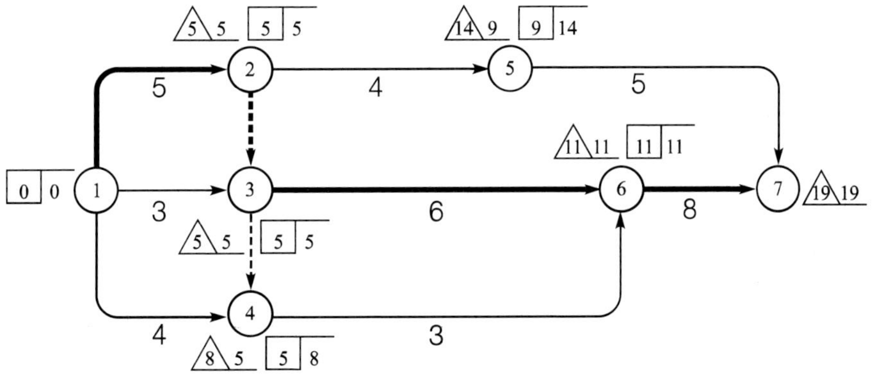

답 ㉱

56.

다음 네트워크 공정표의 주공정(CP)을 맞게 서술한 경로는 어느 것인가? (단위 : 일)

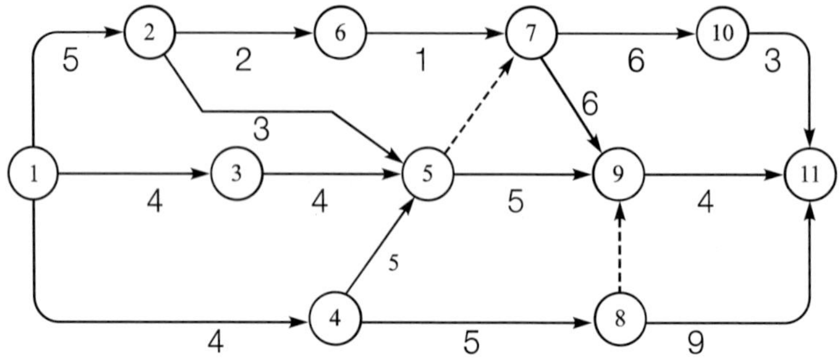

㉮ ①→②→⑥→⑦→⑩→⑪
㉯ ①→④→⑤→⑨→⑪
㉰ ①→④→⑧→⑪
㉱ ①→④→⑤→⑦→⑨→⑪

풀이 보기에서 경로가 주어지고 주공정(CP)을 물을 경우, 보기에 대한 일수를 각각 계산한 후 최대 일수가 되는 것이 주공정(CP)이 된다.

㉮ ①→②→⑥→⑦→⑩→⑪ : 5+2+1+6+3=17일
㉯ ①→④→⑤→⑨→⑪ : 4+5+5+4=18일
㉰ ①→④→⑧→⑪ : 4+5+9=18일
㉱ ①→④→⑤→⑦→⑨→⑪ : 4+5+6+4=19일

∴ 네트워크의 주공정(CP)은 19일인 ㉱ ①→④→⑤→⑦→⑨→⑪이다.

답 ㉱

57.

다음과 같은 네트워크 공정표에서 주공정(CP)은 어느 것인가?

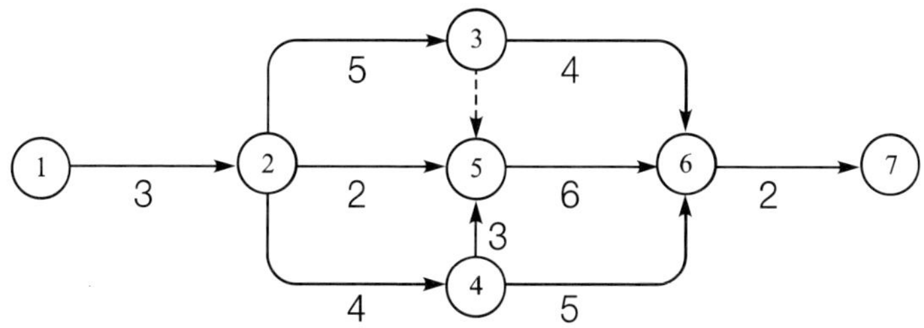

㉮ ①→②→④→⑤→⑥→⑦ : 18일　　㉯ ①→②→③→⑥→⑦ : 14일

㉰ ①→②→⑤→⑥→⑦ : 13일　　㉱ ①→②→③→⑤→⑥→⑦ : 16일

풀이 주공정(CP)은 최초 시작점에서 최종 종료점까지 연결되는 경로 중에서 가장 긴 경로이므로 ①→②→④→⑤ →⑥→⑦는 3+4+3+6+2=18일이 되며, 4가지 보기 중에 가장 길므로 주공정(CP)이 된다.

답 ㉮

58.

다음 네크워크 공정표에서 주공정으로서 옳은 것은 어느 것인가?

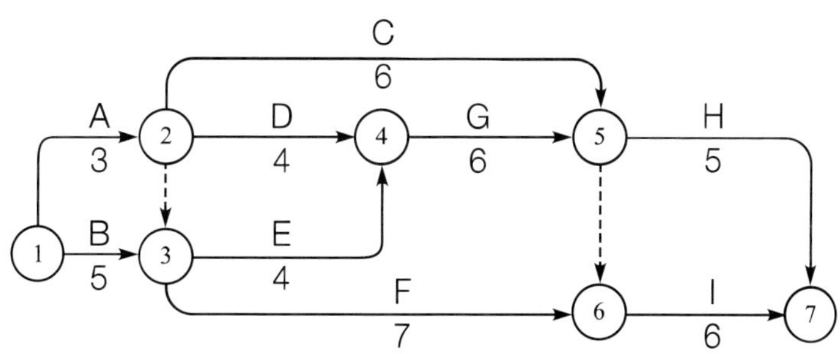

㉮ ①→②→③→④→⑤→⑦　　㉯ ①→②→④→⑤→⑥→⑦

㉰ ①→③ →④→⑤→⑥→⑦　　㉱ ①→②→③→④→⑤→⑦

풀이 ㉮ ①→②→③→④→⑤→⑦ : 3+4+6+5=18일
㉯ ①→②→④→⑤→⑥→⑦ : 3+4+6+6=19일
㉰ ①→③→④→⑤→⑥→⑦ : 5+4+6+6=21일
㉱ ①→②→③→④→⑤→⑦ : 3+4+6+5=18일
∴ 네트워크의 주공정(CP)은 21일인 ㉰ ①→③→④→⑤→⑥→⑦이다.

답 ㉰

59.

다음과 같은 네트워크 공정표에서 Event ④의 LF의 값으로 적당한 것은 어느 것인가?

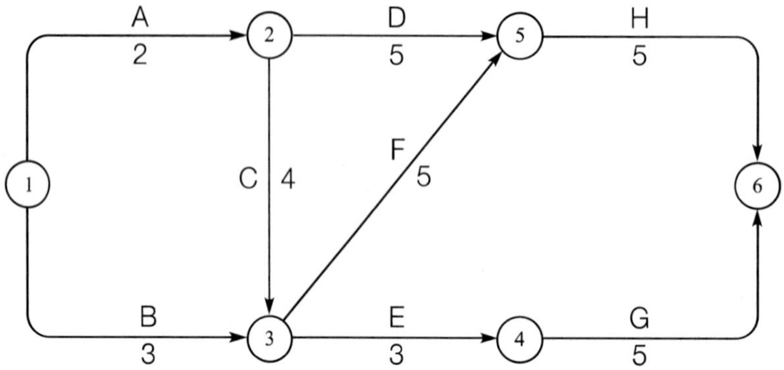

㉮ 9일 ㉯ 10일 ㉰ 11일 ㉱ 12일

풀이

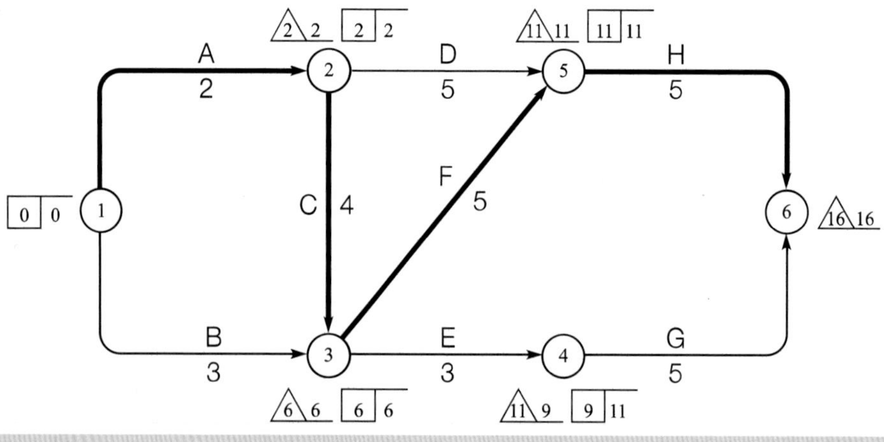

결합점(Event) ④의 LF(LFT)는 11일이다.

답 ㉰

심화 연습문제

문제 1

네트워크(Network) 공정관리기법 중 서로 관계있는 항목을 연결하시오.

① 계산공기	㉮ 네트워크에서 둘 이상의 작업이 연결된 작업의 경로
② 패스(Path)	㉯ 네트워크 시간 계산에 의하여 얻은 공사기간
③ 더미(Dummy)	㉰ 작업의 여유시간
④ 플로트(Float)	㉱ 네트워크에서 작업의 상호관계를 나타내는 점선화살표
	㉲ 작업관리 상 생략이 가능한 경로
	㉳ 미리 공기를 예측한 것

① ______________ ② ______________ ③ ______________ ④ ______________

정답 ① ㉯ ② ㉮ ③ ㉱ ④ ㉰

문제 2

다음은 네트워크 공정표에 사용되는 용어를 설명한 것이다. ( ) 안을 [보기]에서 골라 써넣으시오.

[보기]

EFT	CP	계획공정
LFT	LP	EST

(①)은(는) 작업을 끝낼 수 있는 가장 빠른 시각을 말하고 시작 결합점에서 종료 결합점에 이르는 가장 긴 패스를 (②)라(이라) 한다. (③)은(는) 임의의 두 결합점 간의 패스 중 소요기간이 가장 긴 패스를 말한다.

① ______________ ② ______________ ③ ______________

정답 ① EFT ② CP ③ LP

문제 3

다음 ( ) 안에 적당한 말을 써넣으시오.

PERT 네트워크에서 (①)은(는) 하나의 결합점(Event, 단계)에서 다음 결합점(Event, 단계)으로 가는데 요하는 작업을 뜻하며, (②)을(를) 소비하는 부분으로 물자를 필요로 한다.

① ________ ② ________

정답 ① 작업(Activity)
② 시간(Time)

문제 4

네트워크 공정표에서 작업 상호 간의 연관관계만을 나타내는 명목상의 작업인 더미의 종류를 3가지 쓰시오.

① ________ ② ________ ③ ________

정답 ① 넘버링 더미 ② 로지컬 더미 ③ 릴레이션쉽 더미
④ 커넥션 더미 ⑤ 타임 랙 더미

문제 5

다음 네트워크 공정표 작성에 관한 기본원칙 중 설명이 틀린 것은 모두 골라 번호로 쓰시오.

① 시작 및 종료 결합점은 반드시 하나로 되어야 한다.
② 요소작업 상호 간에는 절대 교차하여서는 안 된다.
③ ⓘ이벤트에서 ⓙ이벤트로 연결되는 작업은 반드시 하나이어야 한다.
④ 시작에서 종료 결합점에 이르는 주공정(CP)은 반드시 하나이어야 한다.
⑤ 네트워크 공정표에서 어느 경우라도 역진 또는 회송되어서는 안 된다.

____

정답 ②, ④

* 참고 – 네트워크 작성의 기본원칙

(1) 공정원칙

① 모든 작업은 작업 순서에 따라 독립된 공정으로 배열되어야 한다.

② 모든 공정은 독립된 공정으로 수행 완료되어야 한다.

(2) 단계원칙

① 작업의 시작점과 종료점은 결합점(Event, 단계)로 연결되어야 한다.

② 결합점은 이전의 모든 선행작업이 완료되어야만 후속작업을 시작할 수 있는 단계를 표시한다.

(3) 활동원칙

① 결합점(Event)과 결합점 사이에는 반드시 1개의 작업(Activity)만 존재하여야 한다.

② 논리적 관계 및 유기적 관계를 확보하기 위하여 명목상 작업(Dummy Activity)을 사용한다.

(4) 연결원칙

① 각 결합점은 작업(Activity, 활동)들 간의 관계로서 공정망이 구성되며, 모두 연결되어 있어야 한다.

② 각 작업은 한쪽 방향의 화살표로만 표시하여야 한다.

③ 역진(후진) 또는 회송되어서는 안 되며, 일반적으로 좌측에서 우측으로 표시한다.

문제 6

네트워크 작성의 기본 4원칙을 쓰시오.

① ______________ ② ______________

③ ______________ ④ ______________

정답 ① 공정원칙 ② 단계원칙 ③ 활동원칙 ④ 연결원칙

문제 7

네트워크를 짤 때는 세 가지 사항(작업)을 반드시 고려하여 시행하여야 한다. 그 세 가지는 무엇인가?

① ______________________________

② ______________________________

③ ______________________________

정답 ① 선행작업 ② 후속작업 ③ 병행작업(병렬작업)

문제 8

다음 공정표에서 주공정을 구하시오. (단, 화살표 상의 숫자는 Activity 소요일수임)

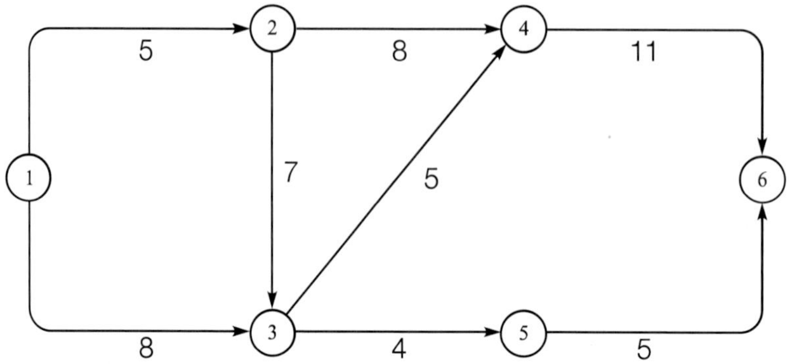

정답 ① → ② → ③ → ④ → ⑥

주1 주공정(CP) : 시작 결합점에서 종료 결합점에 이르는 가장 긴 경로(패스)

(1) ① → ② → ④ → ⑥ : 24일

(2) ① → ② → ③ → ⑤ → ⑥ : 21일

(3) ① → ② → ③ → ④ → ⑥ : 28일

(4) ① → ③ → ⑤ → ⑥ : 17일

(5) ① → ③ → ④ → ⑥ : 24일

∴ 네트워크의 주공정(CP)은 28일인 (3) ① → ② → ③ → ④ → ⑥이다.

문제 9

다음 데이터를 보고 네트워크 공정표를 작성하시오. [단, 주공정(CP)은 굵게 표시하고, 각 결합점에서 표시는 EST|LST LFT\EFT 과 같이 하시오.]

작업명	작업일수	선행작업	작업명	작업일수	선행작업
A	2	없음	D	3	A, B, C
B	4	없음	E	2	B, C
C	6	없음	F	2	C

• 네트워크 공정표

정답 • 네트워크 공정표

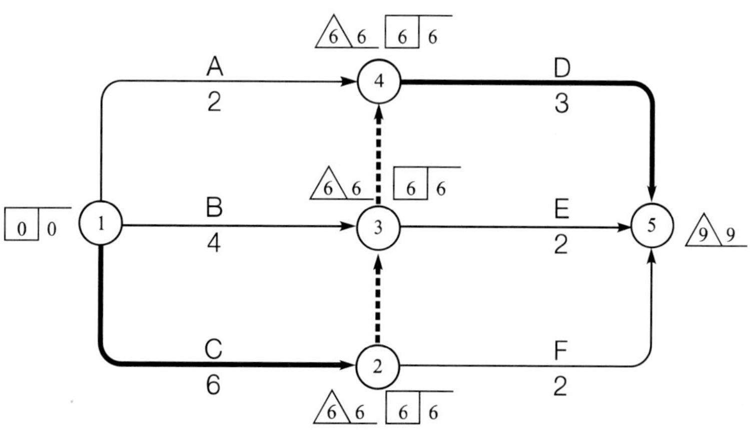

문제 10

다음 데이터를 네트워크 공정표로 작성하시오.

작업명	작업일수	선행작업	비고
A	6	–	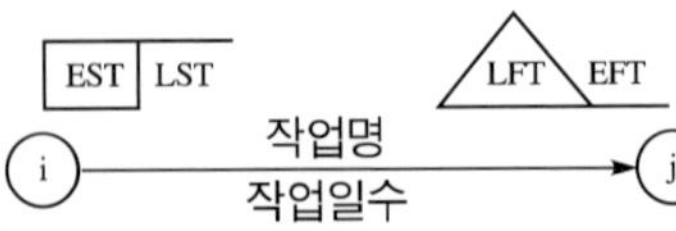 로 표시하고, 주공정(CP)은 굵은 선으로 표기하시오.
B	3	–	
C	4	–	
D	3	B	
E	6	A, B	
F	5	A, C	

• 네트워크 공정표

정답 • 네트워크 공정표

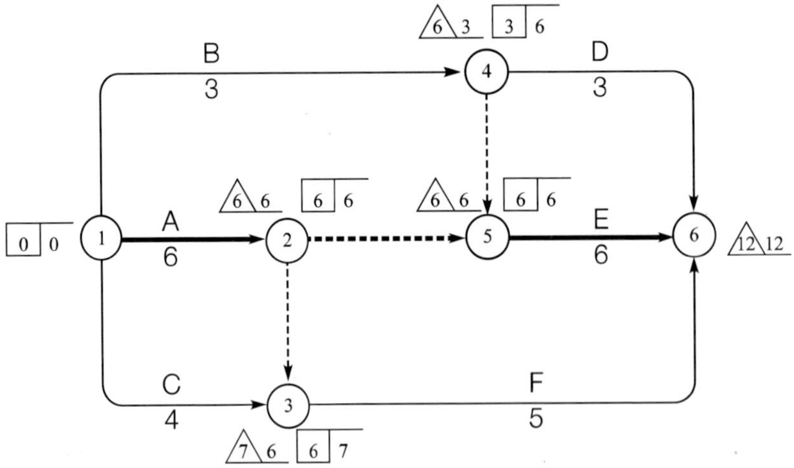

문제 11

다음 데이터를 네트워크 공정표로 작성하시오.

작업명	작업일수	선행작업	비 고
A	5	없음	(1) 주공정(CP)은 굵은 선으로 표시한다. (2) 각 결합점 일정계산은 PERT기법에 의거 다음과 같이 계산한다. (단, 결합점 번호는 반드시 기입한다.) 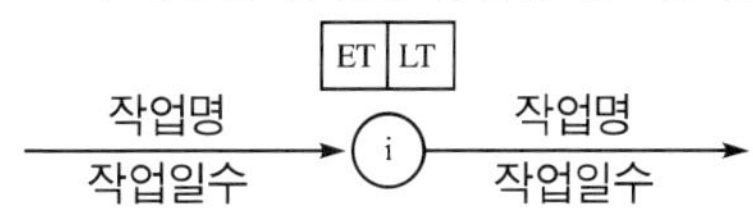
B	7	없음	
C	3	없음	
D	4	A, B	
E	8	A, B	
F	6	B, C	
G	5	B, C	

• 네트워크 공정표

정답 • 네트워크 공정표

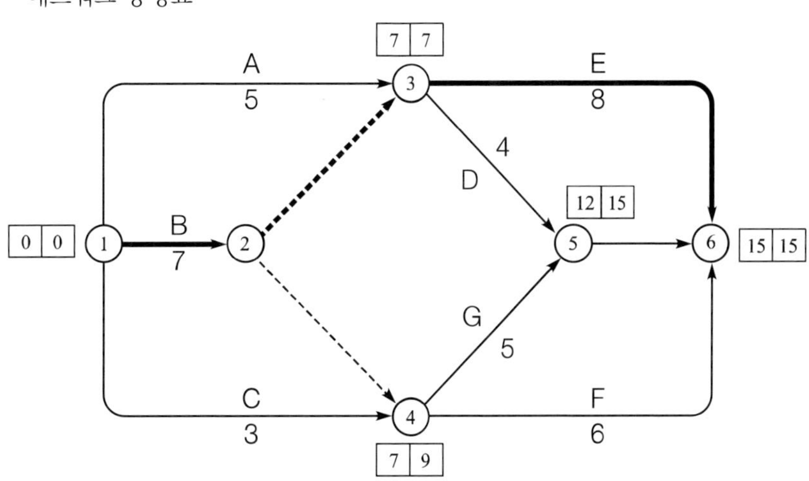

문제 12

다음 데이터를 네트워크 공정표로 작성하시오.

작업명	작업일수	선행작업	비 고
A	5	없음	(1) 주공정(CP)은 굵은 선으로 표시한다. (2) 각 결합점 일정계산은 PERT기법에 의거 다음과 같이 계산한다. (단, 결합점 번호는 반드시 기입한다.) 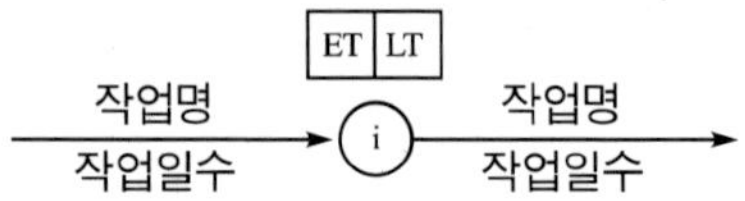
B	2	없음	
C	4	없음	
D	5	A, B, C	
E	3	A, B, C	
F	2	A, B, C	
G	4	D, E	
H	5	D, E, F	
I	4	D, F	

• 네트워크 공정표

정답 • 네트워크 공정표

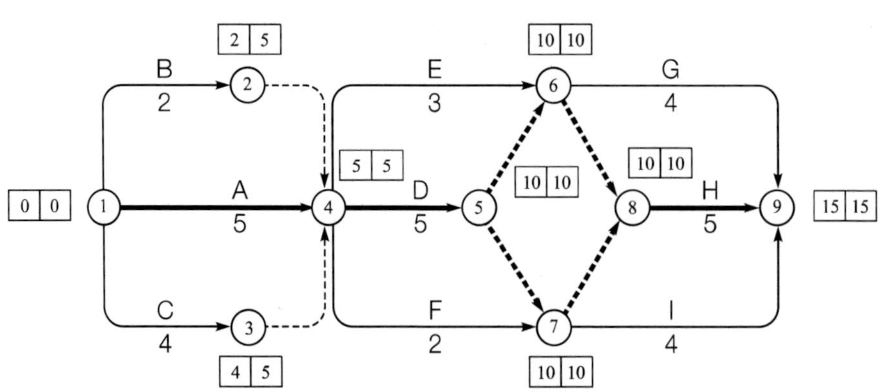

문제 13

다음 데이터를 네트워크 공정표로 작성하시오.

[단, 이벤트(Event)에는 번호를 기입하고, 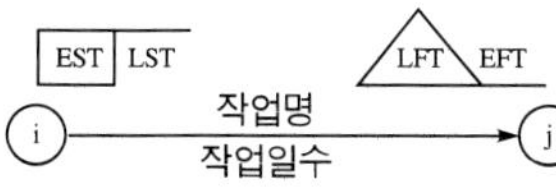

로 작업일정을 표기하며 주공정(CP)은 굵은 선으로 표기한다.]

작업	선행작업	소요일수	작업	선행작업	소요일수
A	없음	4	F	B, C	7
B	없음	8	G	B, C	5
C	A	6	H	D	2
D	A	11	I	D, F	8
E	A	14	J	E, H, G, I	9

• 네트워크 공정표

정답 • 네트워크 공정표

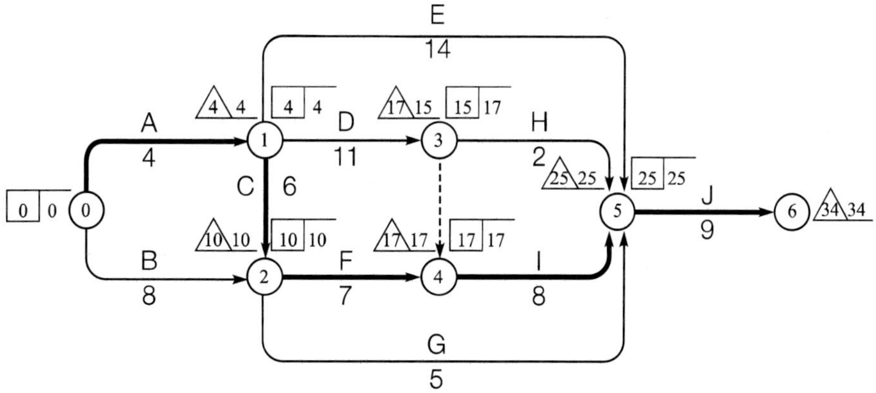

문제 14

다음 데이터를 네트워크 공정표로 작성하고, 각 작업별 여유시간을 산출하시오.

작업명	작업일수	선행작업	비고
A	2	없음	단, 주공정(CP)은 굵은 선으로 표시하고,
B	5	없음	결합점에서는 다음과 같이 표시한다.
C	3	없음	
D	4	A, B	
E	3	B, C	

① 네트워크 공정표

② 여유시간

정답 ① 네트워크 공정표

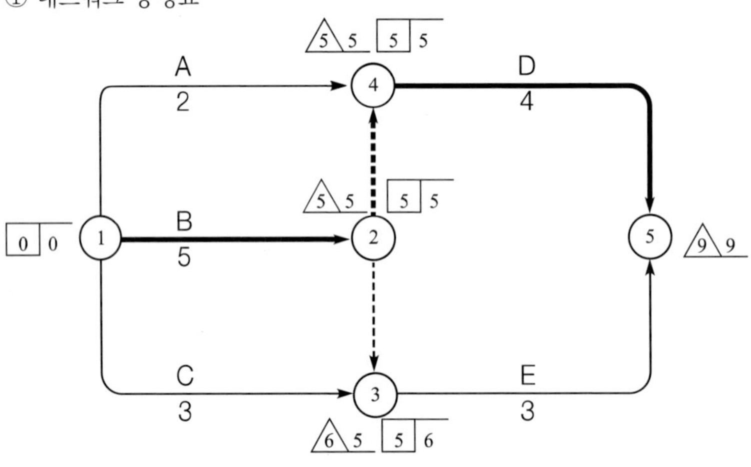

② 여유시간

작업명	TF	FF	DF	CP
A	3	3	0	
B	0	0	0	*
C	3	2	1	
D	0	0	0	*
E	1	1	0	

문제 15

다음과 같은 네트워크 공정표에서 작업 ③ → ④의 자유여유(FF)를 구하시오.

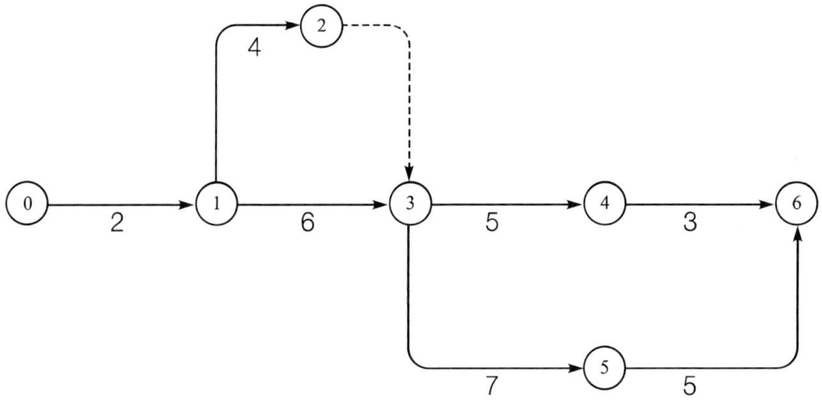

정답 • 네트워크 공정표

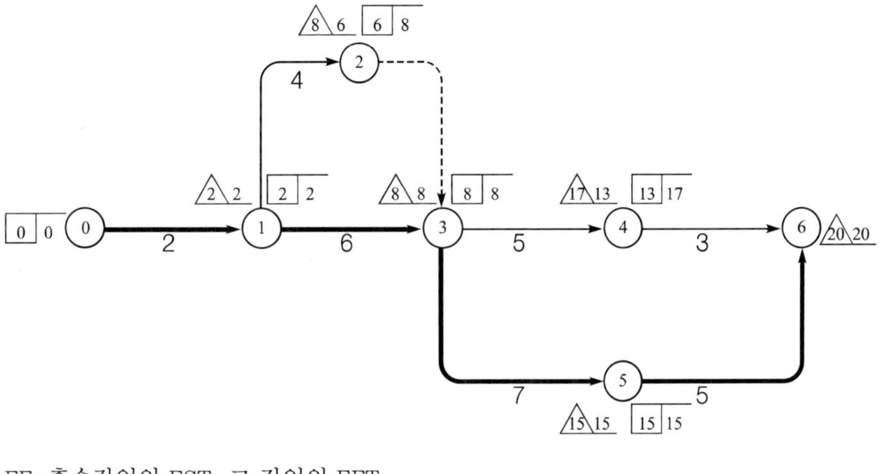

FF=후속작업의 EST−그 작업의 EFT

=후속작업의 EST−(그 작업의 EST+D)=13−(8+5)=0일

문제 16

다음 데이터를 이용하여 네트워크 공정표를 작성하고, 각 작업의 여유시간을 계산하시오.

작업명	작업일수	선행작업	비 고
A	5	없음	 로 일정 및 작업을 표기하고, 주공정(CP)은 굵은 선으로 표기한다. 또한 여유시간 계산 시는 각 작업의 실제적인 의미의 여유시간으로 계산한다. (단, 더미의 여유시간은 고려하지 않을 것.)
B	2	없음	
C	4	없음	
D	4	A, B, C	
E	3	A, B, C	
F	2	A, B, C	

① 네트워크 공정표

② 여유시간

정답 ① 네트워크 공정표

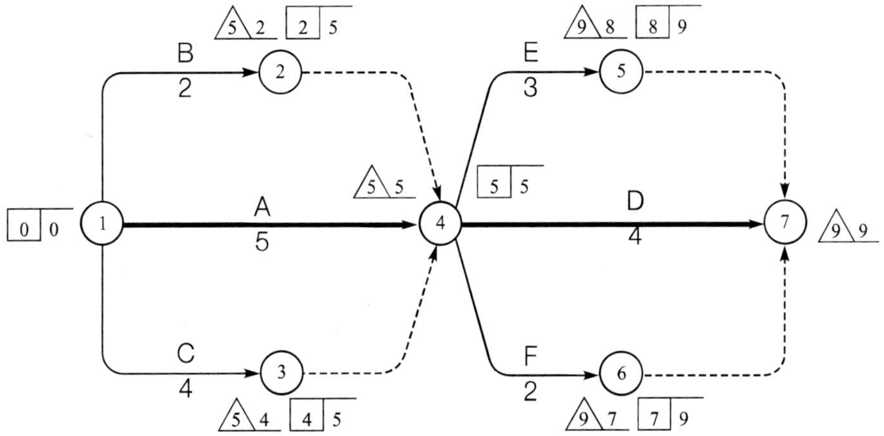

② 여유시간

작업명	TF	FF	DF	CP
A	0	0	0	*
B	3	3	0	
C	1	1	0	
D	0	0	0	*
E	1	1	0	

주1 작업 B, C에 대한 후속작업의 EST는 넘버링 더미에 의해 작업 D, E, F의 EST인 5가 된다.

주2 작업 E에 대한 후속작업의 EST는 9가 된다.

문제 17

다음 데이터를 이용하여 네트워크 공정표를 작성하고, 각 작업의 여유시간을 계산하시오.

작업명	선행작업	작업일수	비고
A	없음	5	(1) 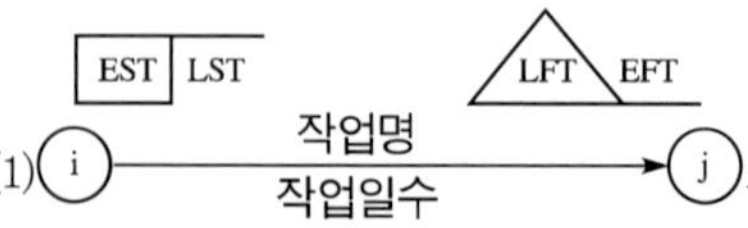 로 일정 및 작업 표기 (2) 더미의 여유시간은 고려하지 않을 것
B	없음	2	
C	없음	4	
D	A, B, C	4	
E	A, B, C	3	

① 네트워크 공정표

② 여유시간

정답 ① 네트워크 공정표

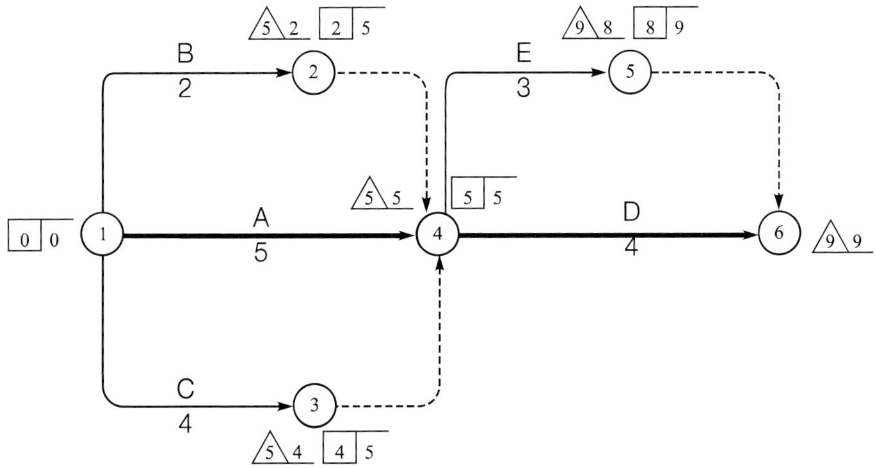

② 여유시간

작업명	TF	FF	DF	CP
A	0	0	0	*
B	3	3	0	
C	1	1	0	
D	0	0	0	*
E	1	1	0	

주1 작업 B, C에 대한 후속작업의 EST는 넘버링 더미에 의해 작업 D, E의 EST인 5 가 된다.

주2 작업 E에 대한 후속작업의 EST는 9 가 된다.

문제 18

다음 데이터를 네트워크 공정표로 작성하고, 각 작업의 여유시간을 구하시오.

<table>
<tr><th>작업명</th><th>작업일수</th><th>선행작업</th><th>비 고</th></tr>
<tr><td>A</td><td>5</td><td>없음</td><td rowspan="8">

로 일정 및 작업을 표기하고, 주공정(CP)은 굵은 선으로 표기하시오.</td></tr>
<tr><td>B</td><td>6</td><td>없음</td></tr>
<tr><td>C</td><td>5</td><td>A, B</td></tr>
<tr><td>D</td><td>7</td><td>A, B</td></tr>
<tr><td>E</td><td>3</td><td>B</td></tr>
<tr><td>F</td><td>4</td><td>B</td></tr>
<tr><td>G</td><td>2</td><td>C, E</td></tr>
<tr><td>H</td><td>4</td><td>C, D, E, F</td></tr>
</table>

① 네트워크 공정표

② 여유시간

정답 ① 네트워크 공정표

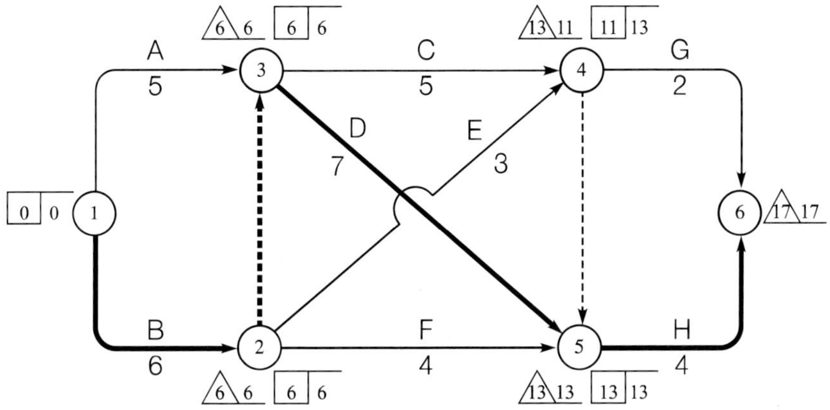

② 여유시간

작업명	TF	FF	DF	CP
A	1	1	0	
B	0	0	0	*
C	2	0	2	
D	0	0	0	*
E	4	2	2	
F	3	3	0	
G	4	4	0	
H	0	0	0	*

문제 19

다음 작업 리스트에서 네트워크 공정표를 작성하고, 각 작업의 여유시간을 구하시오.

<table>
<tr><th>작업명</th><th>작업일수</th><th>선행작업</th><th>비 고</th></tr>
<tr><td>A</td><td>4</td><td>없음</td><td rowspan="11">(1) 주공정(CP)은 굵은 선으로 표시하시오.
(2) 각 결합점과 작업은 다음과 같이 표시한다.

</td></tr>
<tr><td>B</td><td>6</td><td>A</td></tr>
<tr><td>C</td><td>5</td><td>A</td></tr>
<tr><td>D</td><td>4</td><td>A</td></tr>
<tr><td>E</td><td>3</td><td>B</td></tr>
<tr><td>F</td><td>7</td><td>B, C, D</td></tr>
<tr><td>G</td><td>8</td><td>D</td></tr>
<tr><td>H</td><td>6</td><td>E</td></tr>
<tr><td>I</td><td>5</td><td>E, F</td></tr>
<tr><td>J</td><td>8</td><td>E, F, G</td></tr>
<tr><td>K</td><td>6</td><td>H, I, J</td></tr>
</table>

① 네트워크 공정표

② 여유시간

정답 ① 네트워크 공정표

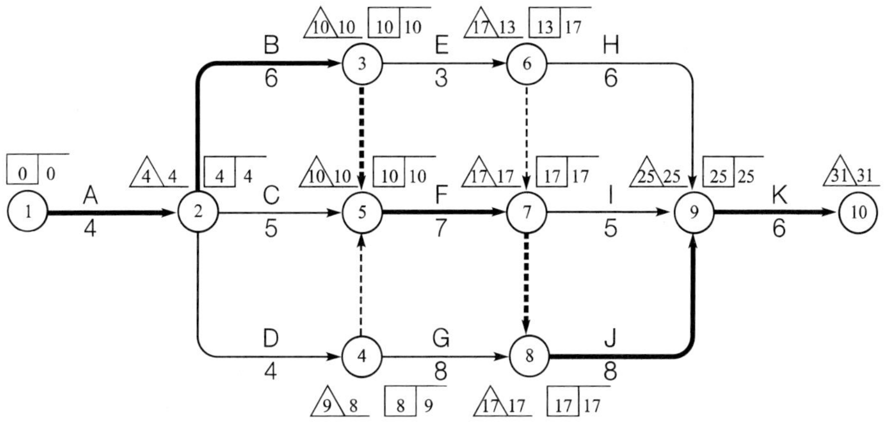

② 여유시간

작업명	TF	FF	DF	CP
A	0	0	0	*
B	0	0	0	*
C	1	1	0	
D	1	0	1	
E	4	0	4	
F	0	0	0	*
G	1	1	0	
H	6	6	0	
I	3	3	0	
J	0	0	0	*
K	0	0	0	*

문제 20

다음 데이터를 네트워크 공정표를 작성하고, 여유시간을 계산하시오.

작업명	작업일수	선행작업	비 고
A	4	없음	(1) 주공정(CP)은 굵은 선으로 표시하시오. (2) 각 결합점과 작업은 다음과 같이 표시한다. 
B	6	A	
C	5	A	
D	4	A	
E	3	B	
F	7	B, C, D	
G	8	D	
H	6	E	
I	5	E, G	
J	8	E, F, G	
K	6	H, I, J	

① 네트워크 공정표

② 여유시간

정답 ① 네트워크 공정표

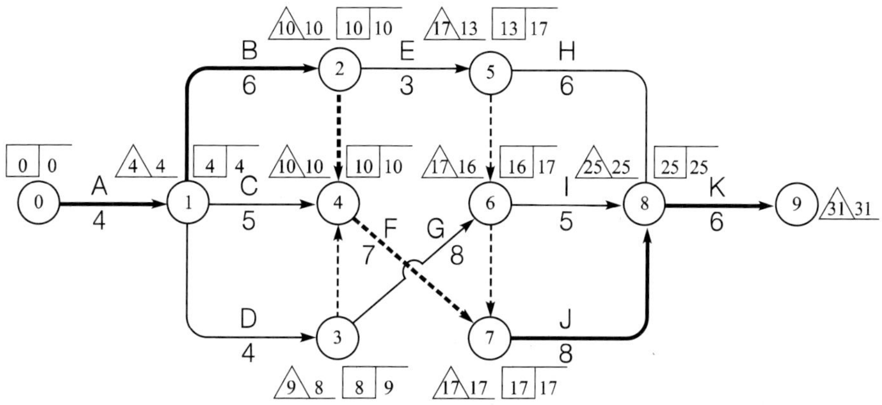

② 여유시간

작업명	TF	FF	DF	CP
A	0	0	0	*
B	0	0	0	*
C	1	1	0	
D	1	0	1	
E	4	0	4	
F	0	0	0	*
G	1	0	1	
H	6	6	0	
I	4	4	0	
J	0	0	0	*
K	0	0	0	*

문제 21

다음 데이터를 네트워크 공정표로 작성하고, 각 작업의 여유시간을 구하시오.

작업명	작업일수	선행작업	비 고
A	5	없음	(아래 그림)로 일정 및 작업을 표기하고, 주공정(CP)은 굵은 선으로 표기하시오.
B	3	없음	
C	2	없음	
D	2	A, B	
E	5	A, B, C	
F	4	A, C	

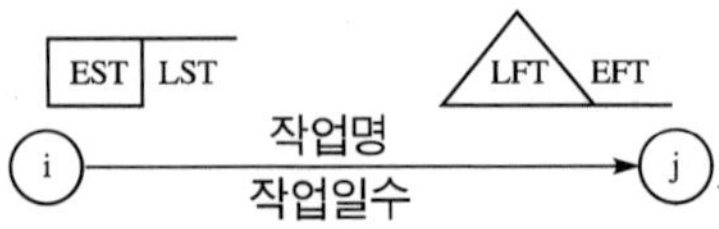

① 네트워크 공정표

② 여유시간

정답 ① 네트워크 공정표

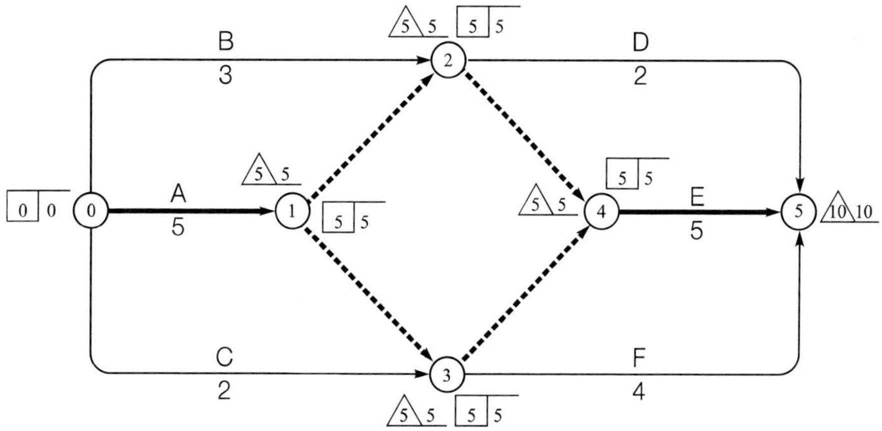

② 여유시간

작업명	TF	FF	DF	CP
A	0	0	0	*
B	2	2	0	
C	3	3	0	
D	3	3	0	
E	0	0	0	*
F	1	1	0	

문제 22

다음 데이터를 네트워크 공정표로 작성하고 각 작업의 여유시간을 구하시오.

작업명	선행작업	작업일수	비 고
A	–	3	 로 표기하고, 주공정(CP)은 굵은 선으로 표기하시오.
B	–	2	
C	–	4	
D	C	5	
E	B	2	
F	A	3	
G	A, C, E	3	
H	D, F, G	4	

① 네트워크 공정표

② 여유시간

정답 ① 네트워크 공정표

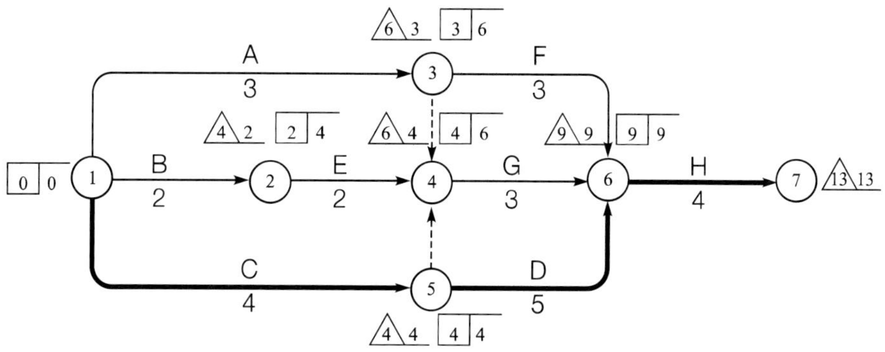

② 여유시간

작업명	D	EST	EFT	LST	LFT	TF	FF	DF	CP
A	3	0	3	3	6	6−3=3	3−3=0	3	
B	2	0	2	2	4	4−2=2	2−2=0	2	
C	4	0	4	0	4	4−4=0	4−4=0	0	*
D	5	4	9	4	9	9−9=0	9−9=0	0	*
E	2	2	4	4	6	6−4=2	4−4=0	2	
F	3	3	6	6	9	9−6=3	9−6=3	0	
G	3	4	7	6	9	9−7=2	9−7=2	0	
H	4	9	13	9	13	13−13=0	13−13=0	0	*

문제 23

다음 데이터를 네트워크 공정표로 작성하고, 각 작업의 여유시간을 구하시오.

작업명	작업일수	선행작업	비 고
A	3	–	로 표기하고, 주공정(CP)은 굵은 선으로 표기하시오.
B	4	–	
C	5	–	
D	6	A, B	
E	7	B	
F	4	D	
G	5	D, E	
H	6	C, F, G	
I	7	F, G	

① 네트워크 공정표

② 여유시간

정답 ① 네트워크 공정표

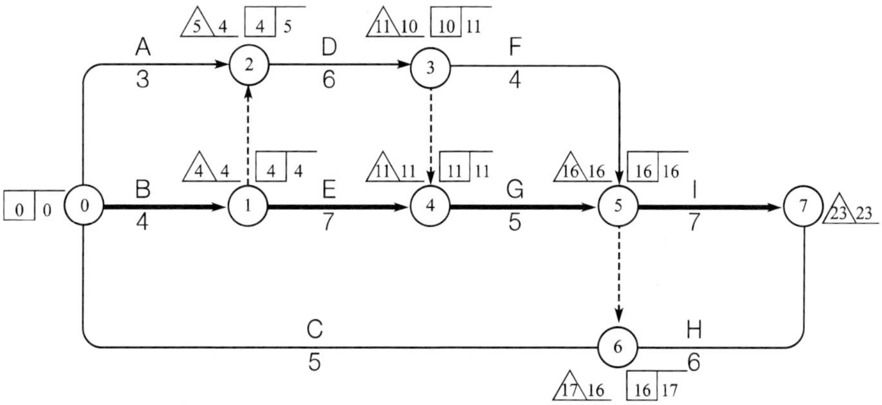

② 여유시간

작업명	TF	FF	DF	CP
A	2	1	1	
B	0	0	0	*
C	12	11	1	
D	1	0	1	
E	0	0	0	*
F	2	2	0	
G	0	0	0	*
H	1	1	0	
I	0	0	0	*

문제 24

다음의 네트워크 공정표에서 주공정(CP)은 굵은 선으로 표시하고 아래 표를 완성하라.

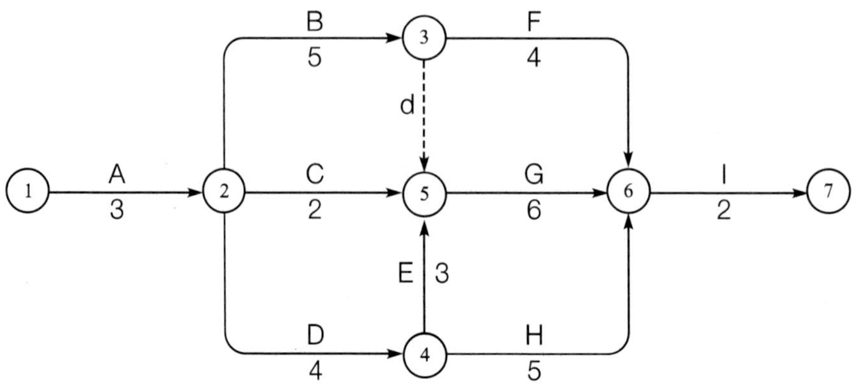

① 네트워크 공정표

② 여유시간

작업명	EST	EFT	LST	LFT	TF	FF	DF	CP
A								
B								
C								
D								
E								
d								
F								
G								
H								

정답 ① 네트워크 공정표

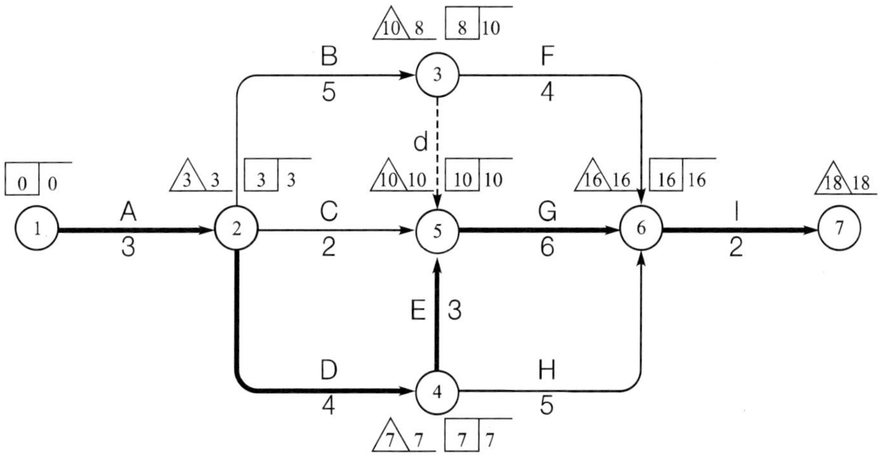

② 일정계산 및 여유시간

작업명	EST	EFT	LST	LFT	TF	FF	DF	CP
A	0	3	0	3	0	0	0	*
B	3	8	5	10	2	0	2	
C	3	5	8	10	5	5	0	
D	3	7	3	7	0	0	0	*
E	7	10	7	10	0	0	0	*
d	8	8	10	10	0	0	0	
F	8	12	12	16	4	4	0	
G	10	16	10	16	0	0	0	*
H	7	12	11	16	4	4	0	

문제 25

다음 데이터를 네트워크 공정표로 작성하시오. [단, 주공정(CP)은 굵은 선으로 표기하고, 네트워크 공정표는 다음과 같이 표기한다.]

작업명	작업일수	선행작업	비 고
A	20	없음	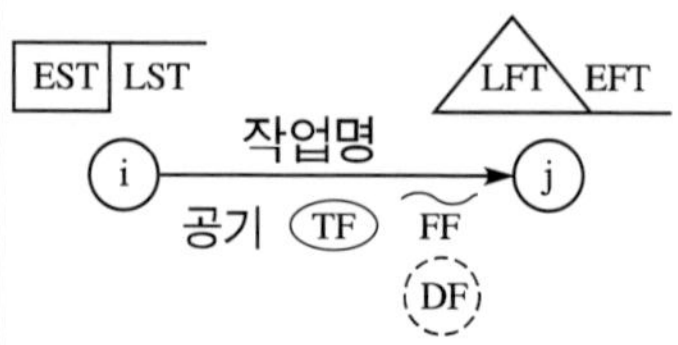
B	17	없음	
C	2	없음	
D	4	C	
E	3	없음	더미는 작업이 아니므로 여유시간 계산에서는 제외하고 실제적인 여유에 대하여 계산한다.
F	5	D, E	

• 네트워크 공정표

정답 • 네트워크 공정표

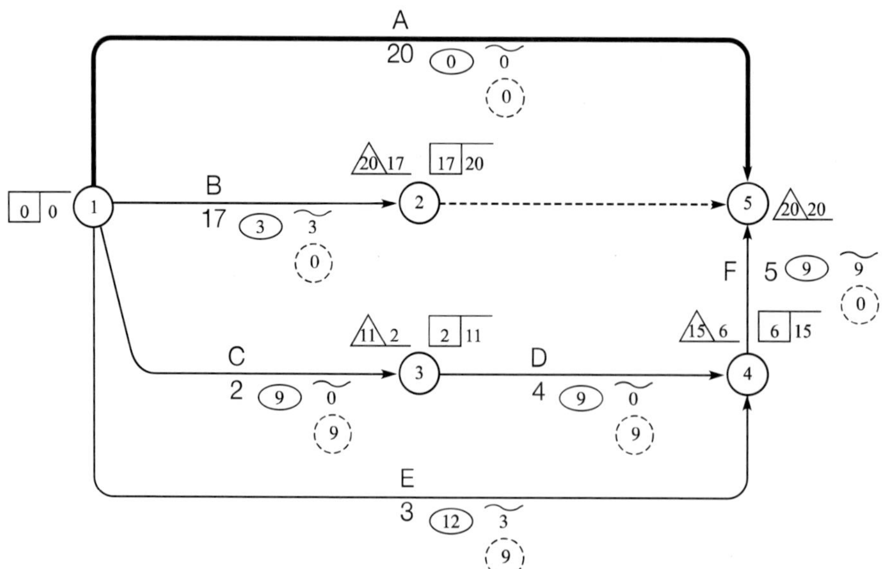

문제 26

주어진 네트워크 공정표에서 일정계산 및 여유시간을 구하시오.

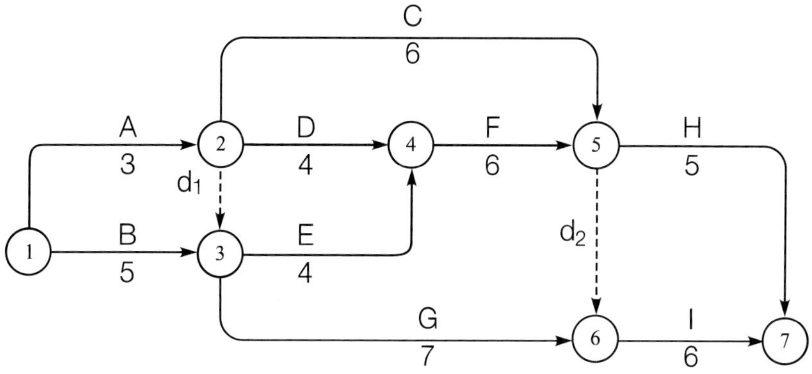

• 일정계산 및 여유시간

작업명	D	EST	EFT	LST	LFT	TF	FF	DF	CP
A									
B									
C									
D									
E									
F									
G									
H									
I									

정답 ① 네트워크 공정표

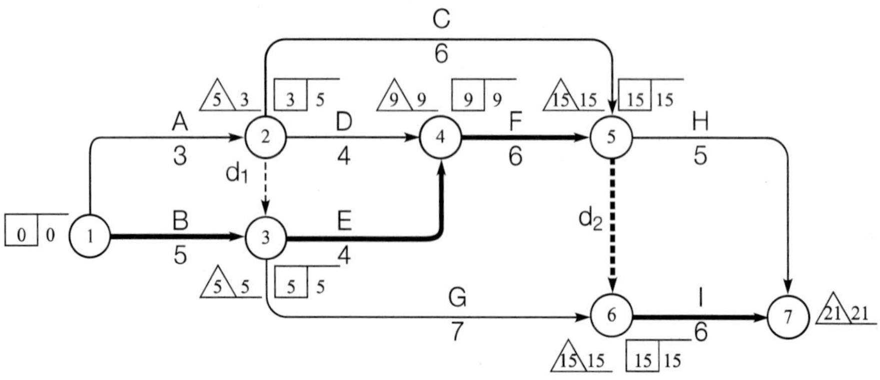

② 일정계산 및 여유시간

작업명	D	EST	EFT	LST	LFT	TF	FF	DF	CP
A	3	0	3	2	5	2	0	2	
B	5	0	5	0	5	0	0	0	*
C	6	3	9	9	15	6	6	0	
D	4	3	7	5	9	2	2	0	
E	4	5	9	5	9	0	0	0	*
F	6	9	15	9	15	0	0	0	*
G	7	5	12	8	15	3	3	0	
H	5	15	20	16	21	1	1	0	
I	6	15	21	15	21	0	0	0	*

문제 27

다음 조건을 보고 네트워크 공정표를 작성하고, 여유시간을 구하시오. [단, 주공정(CP)은 굵은 선으로 표시하고, 소요일정 계산은 다음과 같이 표시하라.]

작업명	작업일수	선행작업	비 고
A	3	없음	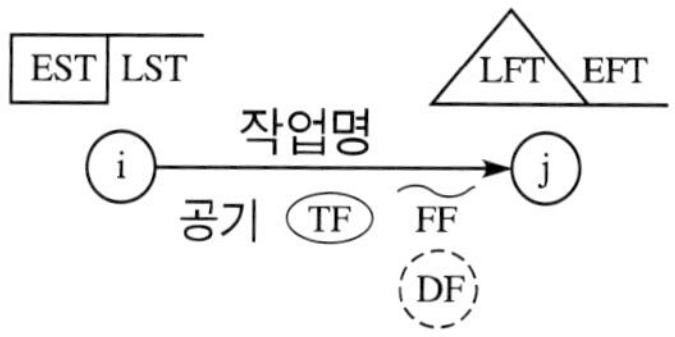
B	5	없음	
C	2	없음	
D	3	B	
E	4	A, B, C	
F	2	C	

① 네트워크 공정표

② 여유시간

정답 ① 네트워크 공정표

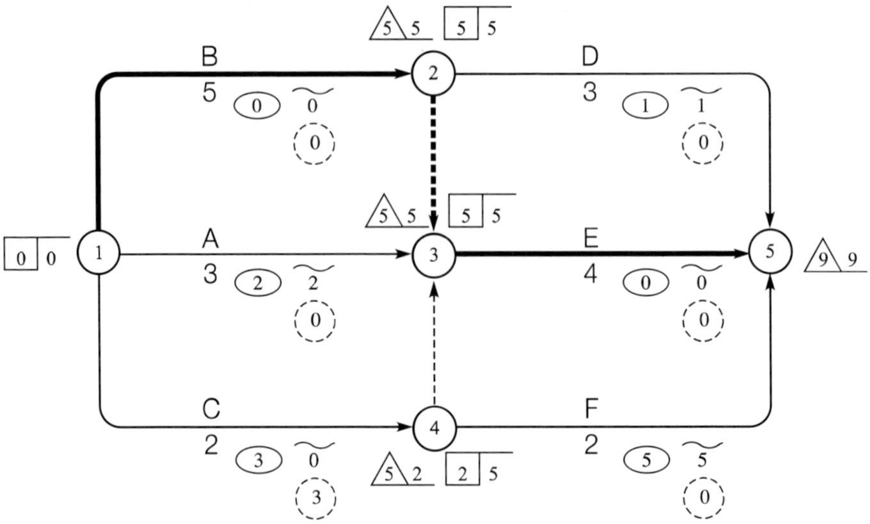

② 여유시간

작업명	TF	FF	DF
A	2	2	0
B	0	0	0
C	3	0	3
D	1	1	0
E	0	0	0
F	5	5	0

문제 28

다음 데이터를 네트워크 공정표로 작성하고, 각 작업의 여유시간을 구하시오.

작업명	작업일수	선행작업	비 고
A	2	없음	 로 표기하고, 주공정(CP)은 굵은 선으로 표기하시오.
B	3	없음	
C	5	없음	
D	4	없음	
E	7	A, B, C	
F	4	B, C, D	

① 네트워크 공정표

② 여유시간

정답 ① 네트워크 공정표

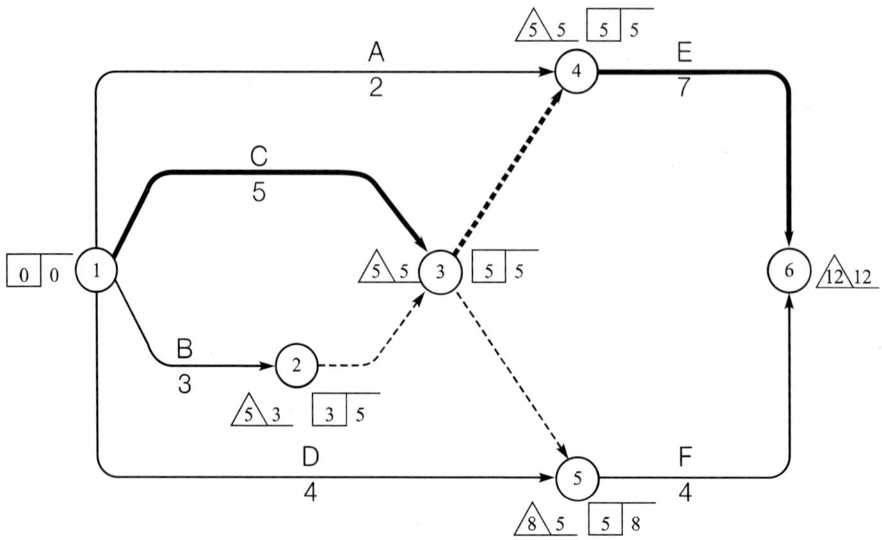

② 여유시간

작업명	TF	FF	DF	CP
A	3	3	0	
B	2	2	0	
C	0	0	0	*
D	4	1	3	
E	0	0	0	*
F	3	3	0	

주1 작업 B에서 후속작업의 EST는 3이 아닌 5임에 주의할 것.

문제 29

다음 데이터를 네트워크 공정표로 작성하고 요구 작업에 대하여는 여유시간을 계산하시오.
[단, 주공정(CP)은 굵은 선으로 표시한다.]

작업명	공정관계	작업일	선행작업	비 고
A	⓪→①	5	없음	
B	⓪→②	4	없음	
C	⓪→③	6	없음	
D	①→④	7	A, B, C	결합점 위에는 다음과 같이 표시한다. 
E	②→⑤	8	B, C	
F	③→⑥	4	C	
G	④→⑦	6	D, E, F	
H	⑤→⑦	4	E, F	
I	⑥→⑦	5	F	
J	⑦→⑧	2	G, H, I	

① 네트워크 공정표를 작성하시오.

② 작업 B, D, F, G, I의 TF, FF, DF를 계산하시오.

정답 ① 네트워크 공정표

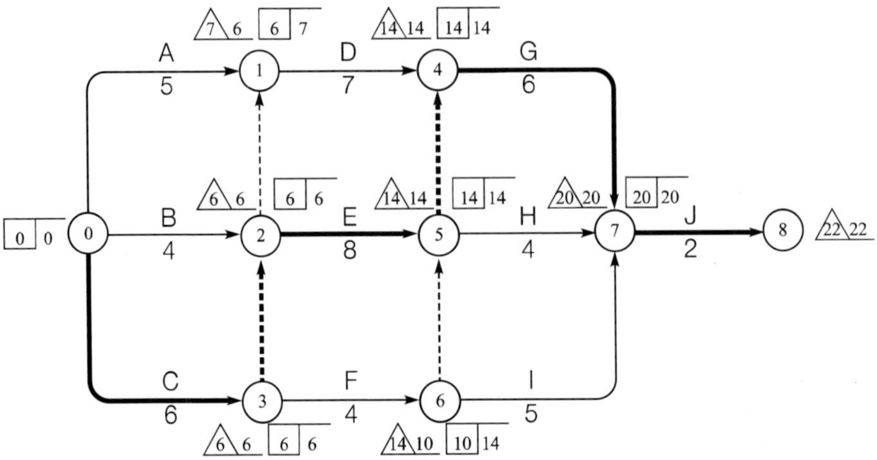

주1 공정관계로부터 네트워크 공정표를 작성할 경우 Dummy Activity가 나타나지 않음에 주의한다.

② 여유시간

작업명	TF	FF	DF
B	2	2	0
D	1	1	0
F	4	0	4
G	0	0	0
I	5	5	0

문제 30

다음 네트워크 공정표를 완성하고 아래 표의 일정계산, 여유시간 및 주공정선(CP)과 관련된 빈칸을 모두 채우시오. (단, CP에 해당하는 작업은 * 표시를 하시오.)

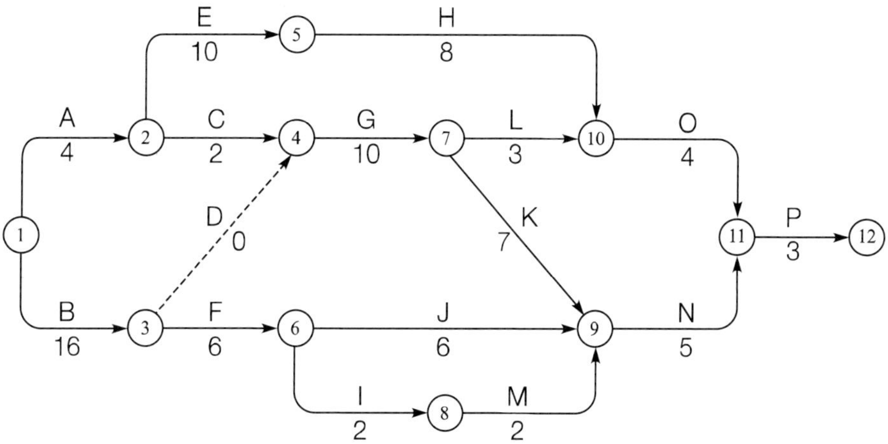

1. 표준 네트워크 공정표

2. 일정계산, 여유시간 및 주공정선(CP)

Act.	공기(D)	EST	EFT	LST	LFT	TF	FF	DF	CP
A									
B									
C									
D									
E									
F									
G									
H									
I									
J									
K									
L									
M									
N									
O									
P									

정답 1. 표준 네트워크 공정표

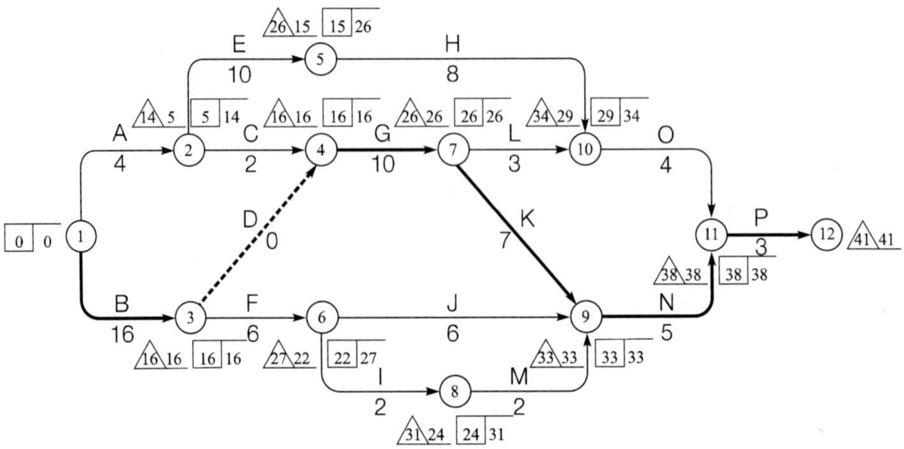

2. 일정계산, 여유시간 및 주공정선(CP)

Act.	공기(D)	EST	EFT	LST	LFT	TF	FF	DF	CP
A	5	0	5	9	14	9	0	9	
B	16	0	16	0	16	0	0	0	*
C	2	5	7	14	16	9	9	0	
D	0	16	16	16	16	0	0	0	*
E	10	5	15	16	26	11	0	11	
F	6	16	22	21	27	5	0	5	
G	10	16	26	16	26	0	0	0	*
H	8	15	23	26	34	11	6	5	
I	2	22	24	29	31	7	0	7	
J	6	22	28	27	33	5	5	0	
K	7	26	33	26	33	0	0	0	*
L	3	26	29	31	34	5	0	5	
M	2	24	26	31	33	7	7	0	
N	5	33	38	33	38	0	0	0	*
O	4	29	33	34	38	5	5	0	
P	3	38	41	38	41	0	0	0	*

문제 31

다음과 같은 네트워크 공정표에서 결합점 ④의 LT(가장 늦은 결합점 시각)을 구하시오.

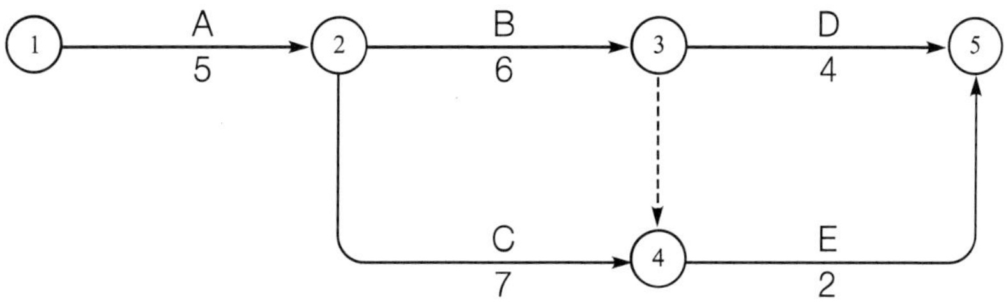

정답 • 네트워크 공정표

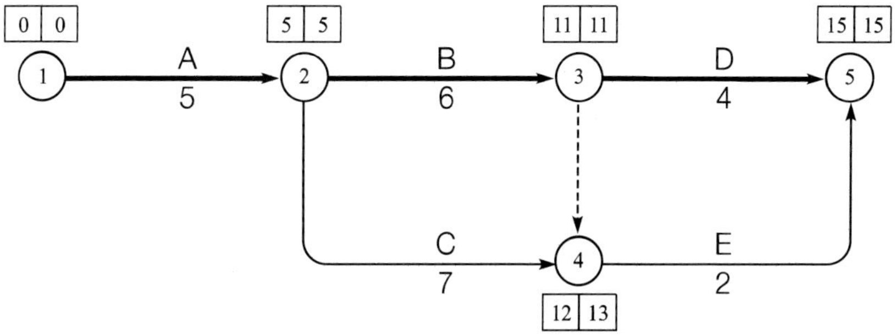

∴ 결합점 ④의 LT는 13일

문제 32

다음 데이터를 네트워크로 작성하고, PERT기법으로 각 결합점 여유시간을 계산하며, CPM기법으로 각 작업 여유시간을 계산하시오.

<table>
<tr><th>작업명</th><th>작업일수</th><th>선행작업</th><th>비 고</th></tr>
<tr><td>A</td><td>4</td><td>없음</td><td rowspan="8">단, 공정표의 표현은 다음과 같이 하고,
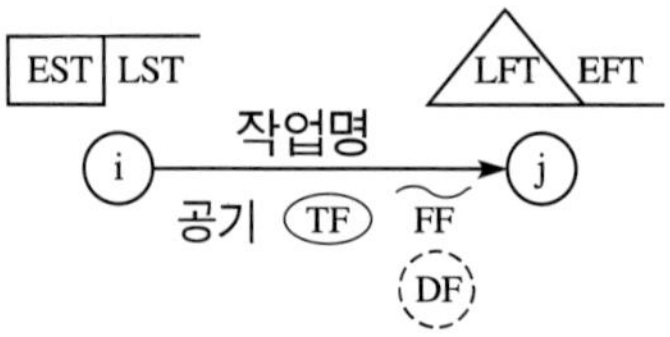

주공정(CP)은 굵은 선으로 표시하며, 결합점 번호는 작성원칙에 따라 부여한다.
더미의 여유시간은 계산하지 않는다.</td></tr>
<tr><td>B</td><td>2</td><td>없음</td></tr>
<tr><td>C</td><td>4</td><td>없음</td></tr>
<tr><td>D</td><td>2</td><td>없음</td></tr>
<tr><td>E</td><td>7</td><td>C, D</td></tr>
<tr><td>F</td><td>8</td><td>A, B, C, D</td></tr>
<tr><td>G</td><td>10</td><td>A, B, C, D</td></tr>
<tr><td>H</td><td>5</td><td>E, F</td></tr>
</table>

① 네트워크 공정표

② 여유시간

정답 ① 네트워크 공정표

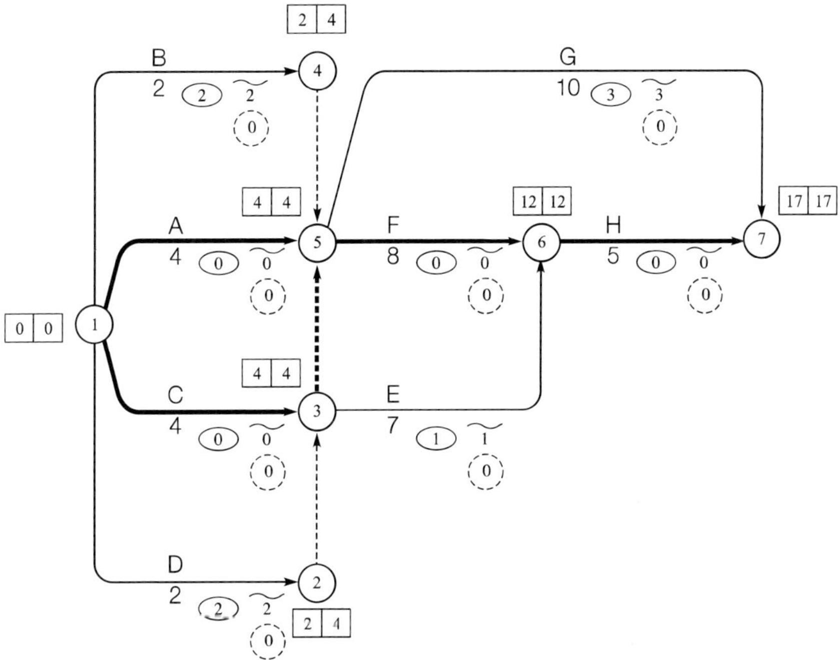

② 여유시간

㉠ PERT기법에 의한 결합점 여유시간(Slack)

작업명(Act.)	결합점 번호(Event No.)	여유시간(Slack)
A	①	0
B	②	2
C	③	0
D	④	2
E	⑤	0
F	⑥	0
G	⑦	0
H	–	–

㉡ CPM기법에 의한 각 작업 여유시간(Float)

작업명	TF	FF	DF	CP
A	0	0	0	*
B	2	2	0	
C	0	0	0	*
D	2	2	0	
E	1	1	0	
F	0	0	0	*
G	3	3	0	
H	6	0	0	

CHAPTER 03

네트워크 공정표와 횡선식 공정표

3.1 데이터에 의한 횡선식 공정표 작성

1) 작성순서

① 주어진 데이터를 이용하여 네트워크 공정표를 작성한다.

② 일정계산을 통하여 각 작업의 여유시간(FF, DF)을 산정한다.

③ 횡선식 공정표(Bar Chart)는 EST+1에서 시작한다.

④ 작업일수를 먼저 표시하며, 작업일수 뒤에 여유시간(Float)을 FF, DF 순으로 그린다.

⑤ 작업의 범례를 작업일수는 ■, FF는 □, DF는 ⬚로 표시한다.

⑥ 여유시간이 없는 것이 주공정(CP)이 된다.

2) 작성 예제

예제 3.1

다음 조건의 네트워크 공정표를 작성하고 여유시간 계산 및 횡선식 공정표(Bar Chart)를 완성하시오. [단, 주공정(CP)은 굵게 표시하고 각 결합점에서 표시는 다음과 같이 하시오.]

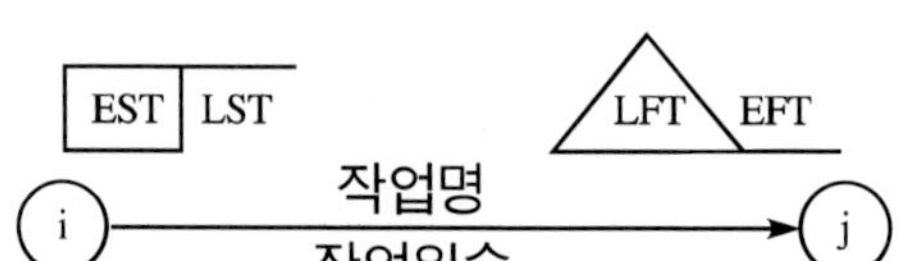

그림 3.1 결합점의 표시

표 3.1 작업의 공정관계, 공기, 선행작업 및 후속작업

Activity	공정관계	공기	선행작업	후속작업	EST	LST	EFT	LFT	TF	FF	DF	CP
A	①→②	5	None	C, D								
B	①→③	8	None	E, F								
C	②→③	6	A	E, F								
D	②→⑤	9	A	H								
E	③→④	4	B, C	G								
F	③→⑤	5	B, C	H								
G	④→⑥	4	E	None								
H	⑤→⑥	7	D, F	None								

풀이

1. 네트워크 공정표

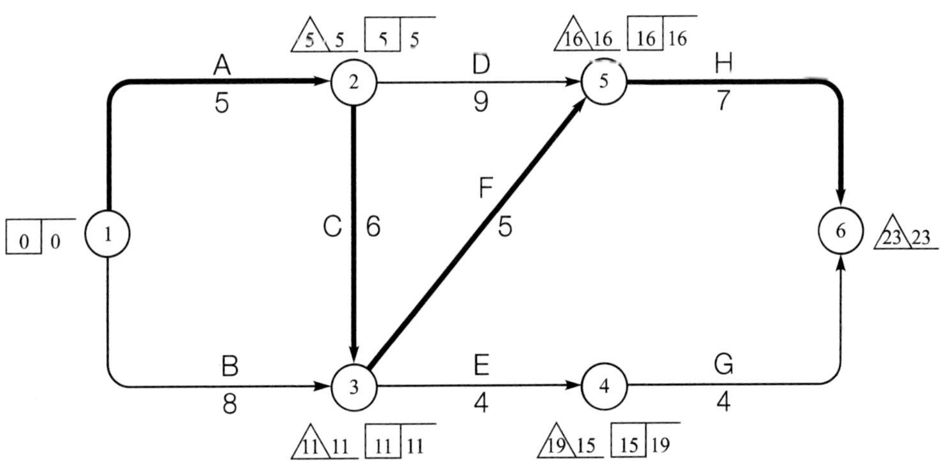

그림 3.2 네트워크 공정표

2. 여유시간

표 3.2 여유시간

Act.	공정 관계	공기 (D)	② EST	③ EFT	④ LST	② LFT	⑤ TF	⑥ FF	⑦ DF	⑧ CP
A	①→②	5	0	5	0	5	△5−(□0+5)=0	□5−(□0+5)=0	0−0=0	*
B	①→③	8	0	8	3	11	△11−(□0+8)=3	□11−(□0+8)=3	3−3=0	
C	②→③	6	5	11	5	11	△11−(□5+6)=0	□11−(□5+6)=0	0−0=0	*
D	②→⑤	9	5	14	7	16	△16−(□5+9)=2	□16−(□5+9)=2	2−2=0	
E	③→④	4	11	15	15	19	△19−(□11+4)=4	□15−(□11+4)=0	4−0=4	
F	③→⑤	5	11	16	11	16	△16−(□11+5)=0	□16−(□11+5)=0	0−0=0	*
G	④→⑥	4	15	19	19	23	△23−(□15+4)=4	□23−(□15+4)=4	4−4=0	
H	⑤→⑥	7	16	23	16	23	△23−(□16+7)=0	□23−(□16+7)=0	0−0=0	*

3. 횡선식 공정표(Bar Chart)

① EST+1에서 시작한다.

② 작업일수 만큼 표시하고 그 뒤에 여유시간을 FF, DF 순으로 그린다.

③ 여유시간(Float)이 없는 것이 주공정(CP)이 된다.

주1 횡선식 공정표(Bar Chart)에서의 주공정(CP)은 여유시간(FF, DF)이 없는 것이다.

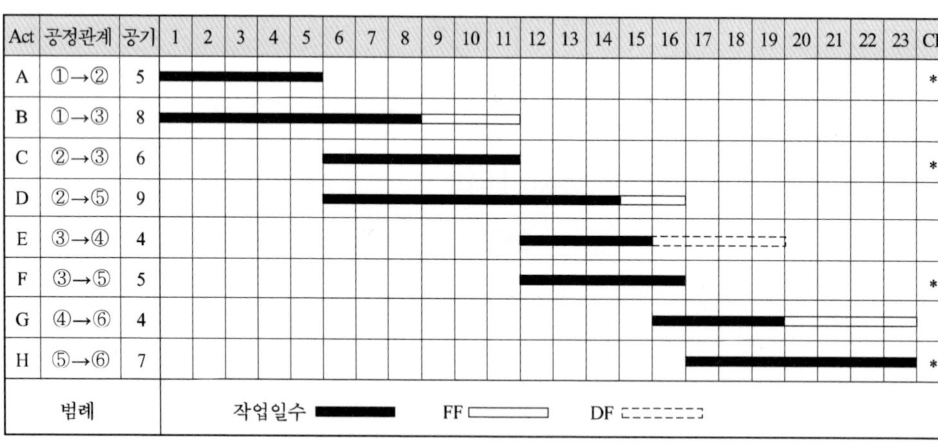

그림 3.3 횡선식 공정표(Bar Chart)

3.2 횡선식 공정표에 의한 네트워크 공정표 작성

1) 횡선식 공정표에 의한 공정표 작성순서

① 횡선식 공정표(Bar Chart)에서 DF( )는 무시하고 작업일수( )와 FF ( )로 각 작업의 선후관계를 파악한다.

② 데이터를 작성하고 작업의 선후관계를 표시한다.

③ 데이터로부터 네트워크 공정표를 작성한다.

④ 네트워크 공정표에서 일정계산을 하여 각 작업의 여유시간(FF, DF)를 산정한다.

⑤ 산정된 여유시간(FF, DF)을 바차트에서의 여유시간과 비교·검토한다.

2) 작성 예제

예제 3.2

다음에 주어진 횡선식 공정표(Bar Chart)를 네트워크 공정표로 작성하시오. [단, 주공정(CP)은 굵게 표시하고, 각 결합점에서 표시는 다음과 같이 하시오.]

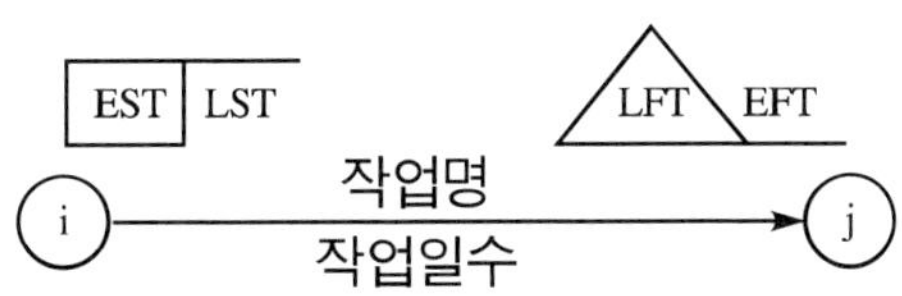

그림 3.4 결합점의 표시

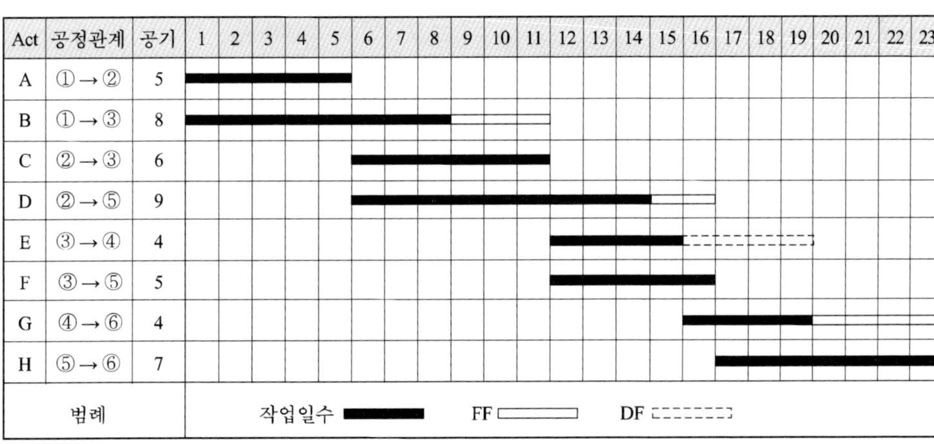

그림 3.5 횡선식 공정표(Bar Chart)

풀이

1. 작업의 선후관계

횡선식 공정표(Bar Chart)에서 DF( )는 무시하고 작업일수( )와 FF( )로 각 작업의 선후관계를 파악한다.

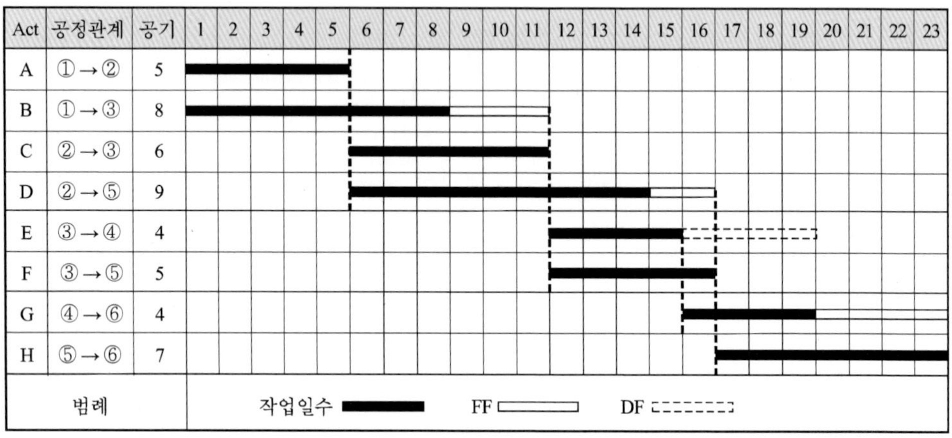

그림 3.6 횡선식 공정표(Bar Chart)에서 작업의 선후관계

2. 데이터

데이터를 작성하고 작업의 선후관계를 표시한다.

표 3.3 공정관계에 따른 작업의 선후관계

작업명(Act.)	공정관계	공기	선행작업	후속작업
A	① → ②	5	None	C, D
B	① → ③	8	None	E, F
C	② → ③	6	A	E, F
D	② → ⑤	9	A	H
E	③ → ④	4	B, C	G
F	③ → ⑤	5	B, C	H
G	④ → ⑥	4	E	None
H	⑤ → ⑥	7	D, F	None

3. 네트워크 공정표

① 데이터로부터 네트워크 공정표를 작성한다.

② 네트워크 공정표에서 여유시간(FF, DF)을 산정하여 횡선식 공정표(Bar Chart)에서의 여유시간과 비교·검토한다.

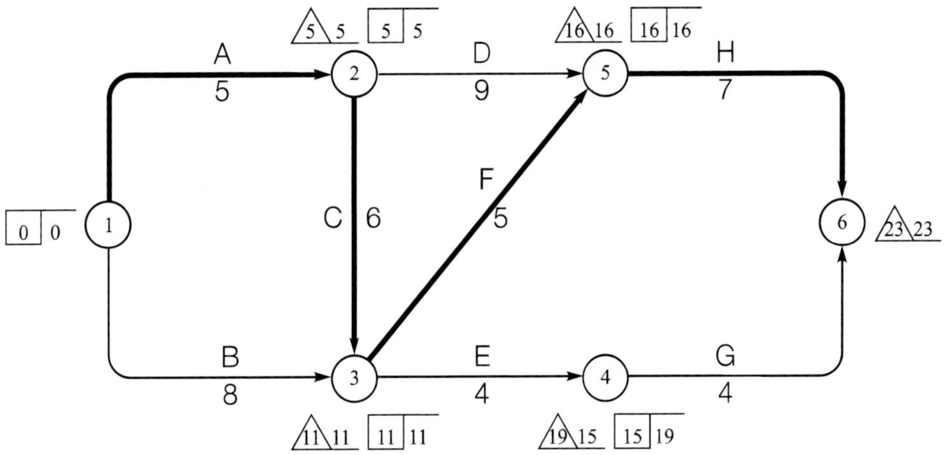

그림 3.7 네트워크 공정표

기본 연습문제

01.

데이터에 의한 횡선식 공정표의 작성에서 작성순서가 올바른 것은?

> ① 주어진 데이터를 이용하여 네트워크 공정표를 작성한다.
> ② 여유시간이 없는 것이 주공정(CP)이 된다.
> ③ 작업의 범례를 작업일수는 ■, FF는 □, DF는 ⬚ 로 표시한다.
> ④ 일정계산을 통하여 각 작업의 여유시간(FF, DF)을 산정한다.
> ⑤ 작업일수를 먼저 표시하며, 작업일수 뒤에 여유시간(Float)을 FF, DF 순으로 그린다.
> ⑥ 횡선식 공정표(Bar Chart)는 EST+1에서 시작한다.

㉮ ①→④→⑥→⑤→③→② ㉯ ②→④→⑤→⑥→③→①
㉰ ④→①→⑥→③→⑤→② ㉱ ④→①→②→⑤→③→⑥

풀이 데이터에 의한 횡선식 공정표 작성에서 작성순서는 다음과 같다.
① 주어진 데이터를 이용하여 네트워크 공정표를 작성한다.
② 일정계산을 통하여 각 작업의 여유시간(FF, DF)을 산정한다.
③ 횡선식 공정표(Bar Chart)는 EST+1에서 시작한다.
④ 작업일수를 먼저 표시하며, 작업일수 뒤에 여유시간(Float)을 FF, DF 순으로 그린다.
⑤ 작업의 범례를 작업일수는 ■, FF는 □, DF는 ⬚ 로 표시한다.
⑥ 여유시간이 없는 것이 주공정(CP)이 된다.

답 ㉮

02.

다음은 데이터에 의한 횡선식 공정표 작성에 대한 설명이다. 잘못 설명하고 있는 것은?

㉮ 일정계산을 통하여 각 작업의 여유시간(FF, DF)을 산정한다.
㉯ 횡선식 공정표(Bar Chart)는 EST−1에서 시작한다.
㉰ 작업일수를 먼저 표시하며, 작업일수 뒤에 여유시간(Float)을 FF, DF 순으로 그린다.
㉱ 작업의 범례를 작업일수는 ■, FF는 □, DF는 ⬚ 로 표시한다.

풀이 횡선식 공정표(Bar Chart)는 EST+1에서 시작한다.

답 ㉯

03.

횡선식 공정표에 의한 네트워크 공정표 작성에서 작성순서가 올바른 것은?

> ① 데이터를 작성하고 작업의 선후관계를 표시한다.
> ② 네트워크 공정표에서 일정계산을 하여 각 작업의 여유시간(FF, DF)를 산정한다.
> ③ 횡선식 공정표(Bar Chart)에서 DF(⬚)는 무시하고 작업일수(■)와 FF(□)로 각 작업의 선후관계를 파악한다.
> ④ 산정된 여유시간(FF, DF)을 바차트에서의 여유시간과 비교・검토한다.
> ⑤ 데이터로부터 네트워크 공정표를 작성한다.

㉮ ①→④→②→⑤→③　　㉯ ③→①→⑤→②→④
㉰ ④→①→②→③→⑤　　㉱ ④→①→②→⑤→③

풀이 횡선식 공정표에 의한 네트워크 공정표 작성에서 작성순서는 다음과 같다.
① 횡선식 공정표(Bar Chart)에서 DF(⬚)는 무시하고 작업일수(■)와 FF(□)로 각 작업의 선후관계를 파악한다.
② 데이터를 작성하고 작업의 선후관계를 표시한다.
③ 데이터로부터 네트워크 공정표를 작성한다.
④ 네트워크 공정표에서 일정계산을 하여 각 작업의 여유시간(FF, DF)를 산정한다.
⑤ 산정된 여유시간(FF, DF)을 바차트에서의 여유시간과 비교・검토한다.

답 ㉯

04.

다음은 횡선식 공정표에 의한 네트워크 공정표 작성에 대한 설명이다. 잘못 설명하고 있는 것은?

㉮ 횡선식 공정표(Bar Chart)에서 DF(⬚)를 고려하고 작업일수(■)와 FF(□)로 각 작업의 선후관계를 파악한다.
㉯ 데이터를 작성하고 작업의 선후관계를 표시한다.
㉰ 데이터로부터 네트워크 공정표를 작성한다.
㉱ 네트워크 공정표에서 일정계산을 하여 각 작업의 여유시간(FF, DF)를 산정한다.

풀이 횡선식 공정표(Bar Chart)에서 DF(⬚)는 무시하고 작업일수(■)와 FF(□)로 각 작업의 선후관계를 파악한다.

답 ㉮

심화 연습문제

문제 1

다음 데이터를 네트워크 공정표로 작성하고, 각 작업의 여유시간을 구하시오. 또한 이를 횡선식 공정표(Bar Chart)로 전환하시오.

작업명	작업일수	선행작업	비 고
A	5	없음	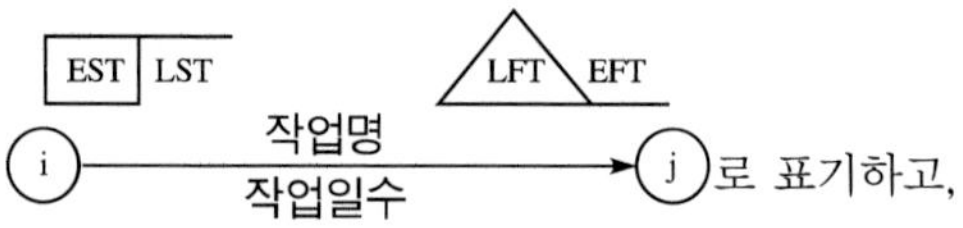 로 표기하고, 주공정(CP)은 굵은 선으로 표기하시오. [단, 횡선식 공정표(Bar Chart)로 전환하는 경우 ■ 는 작업일수, □ 는 FF 그리고 ⬚ 는 DF로 표기함]
B	6	없음	
C	5	A	
D	2	A, B	
E	3	A	
F	4	C, E	
G	2	D	
H	3	G, F	

① 네트워크 공정표

② 여유시간

③ 횡선식 공정표(Bar Chart)

정답 ① 네트워크 공정표

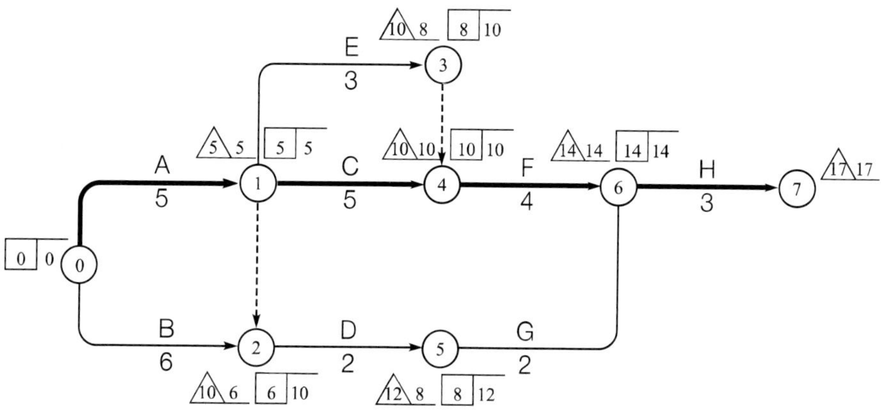

② 여유시간

작업명	TF	FF	DF	CP
A	0	0	0	*
B	4	0	4	
C	0	0	0	*
D	4	0	4	
E	2	2	0	
F	0	0	0	*
G	4	4	0	
H	0	0	0	*

③ 횡선식 공정표(Bar Chart)

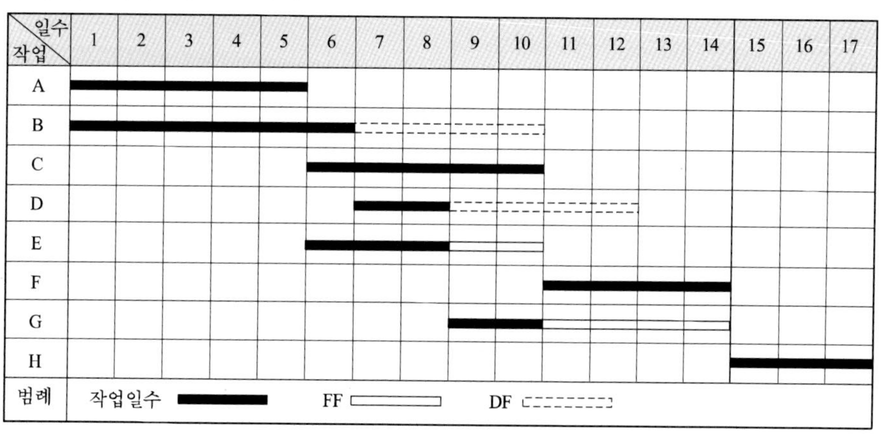

문제 2

다음 데이터를 횡선식 공정표(Bar Chart)로 작성하시오.

<table>
<tr><th>작업명</th><th>작업일수</th><th>선행작업</th><th>비 고</th></tr>
<tr><td>A</td><td>3</td><td>없음</td><td rowspan="11">단, 각 작업은 가장 빠른 시각으로 하여 ■ 로 표시하고, 네트워크 공정표로 작성했을 경우 생기는 여유시간 중 FF는 □ 로 DF는 ⬚ 로 표시할 것.

예 : 작업 A
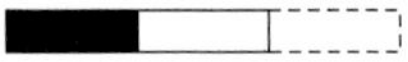</td></tr>
<tr><td>B</td><td>4</td><td>없음</td></tr>
<tr><td>C</td><td>2</td><td>없음</td></tr>
<tr><td>D</td><td>2</td><td>B</td></tr>
<tr><td>E</td><td>2</td><td>A</td></tr>
<tr><td>F</td><td>1</td><td>E</td></tr>
<tr><td>G</td><td>3</td><td>D, C</td></tr>
<tr><td>H</td><td>3</td><td>D, C</td></tr>
<tr><td>I</td><td>3</td><td>H</td></tr>
<tr><td>J</td><td>2</td><td>G, F</td></tr>
<tr><td>K</td><td>2</td><td>I, J</td></tr>
</table>

① 네트워크 공정표

② 여유시간

③ 횡선식 공정표(Bar Chart)

정답 ① 네트워크 공정표

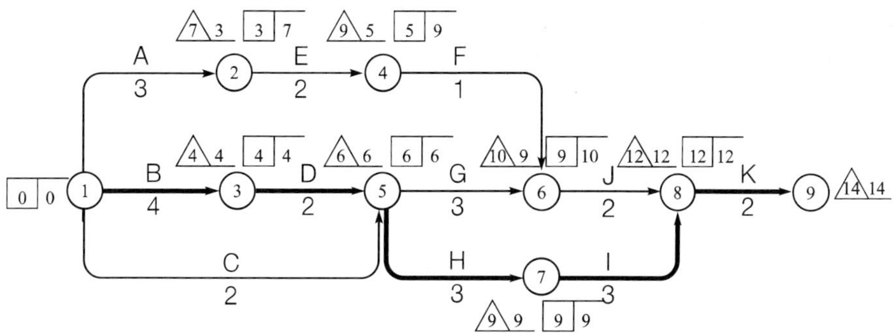

② 여유시간

Act.	공기(D)	EST	EFT	LST	LFT	TF	FF	DF	CP
A	3	0	3	4	7	4	0	4	
B	4	0	4	0	4	0	0	0	*
C	2	0	2	4	6	4	4	0	
D	2	4	6	4	6	0	0	0	*
E	2	3	5	7	9	4	0	4	
F	1	5	6	9	10	4	3	1	
G	3	6	9	7	10	1	0	1	
H	3	6	9	6	9	0	0	0	*
I	3	9	12	9	12	0	0	0	*
J	2	9	11	10	12	1	1	0	
K	2	12	14	12	14	0	0	0	*

③ 횡선식 공정표(Bar Chart)

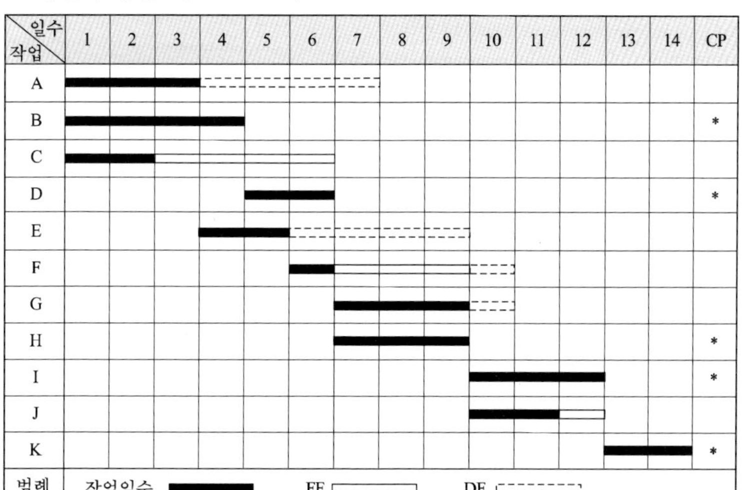

문제 3

다음의 횡선식 공정표(Bar Chart)를 네트워크 공정표로 작성하시오.

단, ① 주공정(CP)은 굵은 선으로 표시한다.

② 화살형 네트워크로 하며 각 결합점에서의 계산은 다음과 같이 한다.

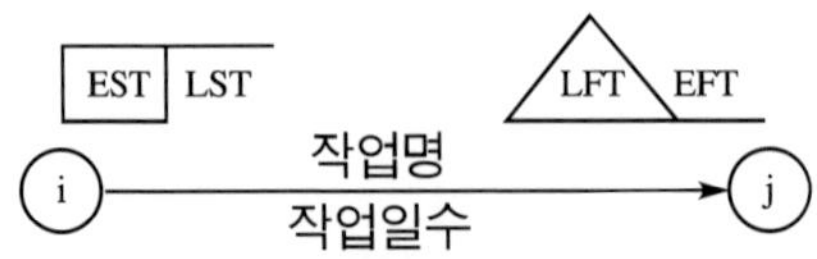

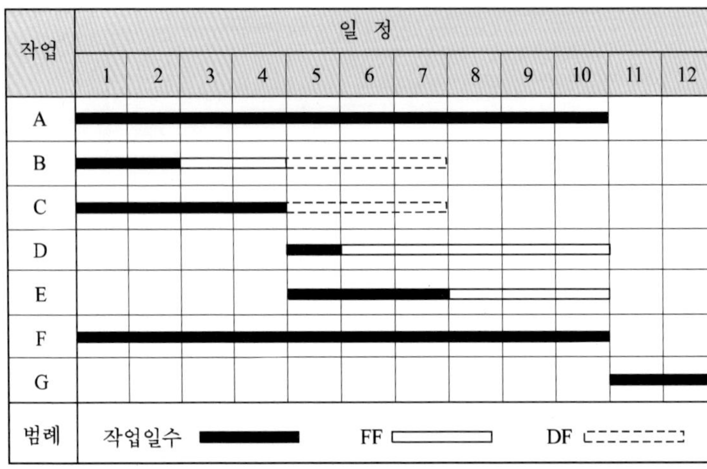

① 데이터 작성[횡선식 공정표(Bar Chart)의 DF는 무시]

② 네트워크 공정표

정답 ① 데이터 작성[횡선식 공정표(Bar Chart)의 DF는 무시]

작업명(Act.)	공기	후속작업	작업명(Act.)	공기	후속작업
A	10	G	E	3	G
B	2	D, E	F	10	G
C	4	D, E	G	2	None
D	1	G			

② 네트워크 공정표

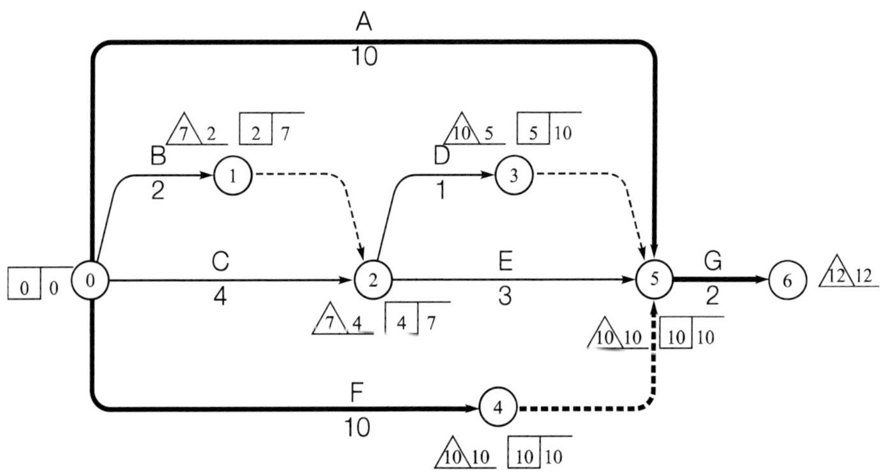

문제 4

다음에 주어진 횡선식 공정표(Bar Chart)를 네트워크 공정표로 작성하시오.
단, (1) 주공정(CP)은 굵은 선으로 표시한다.
　(2) 화살형 네트워크로 하며 각 결합점에서의 계산은 다음과 같이 한다.

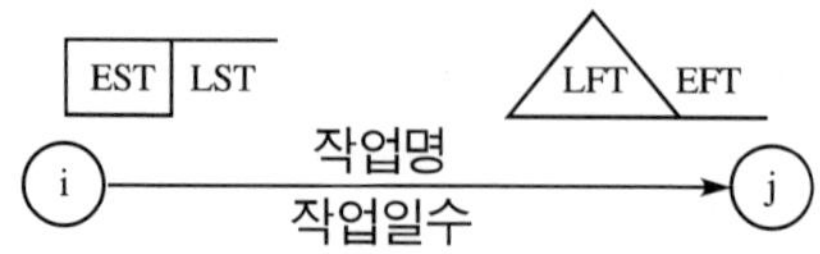

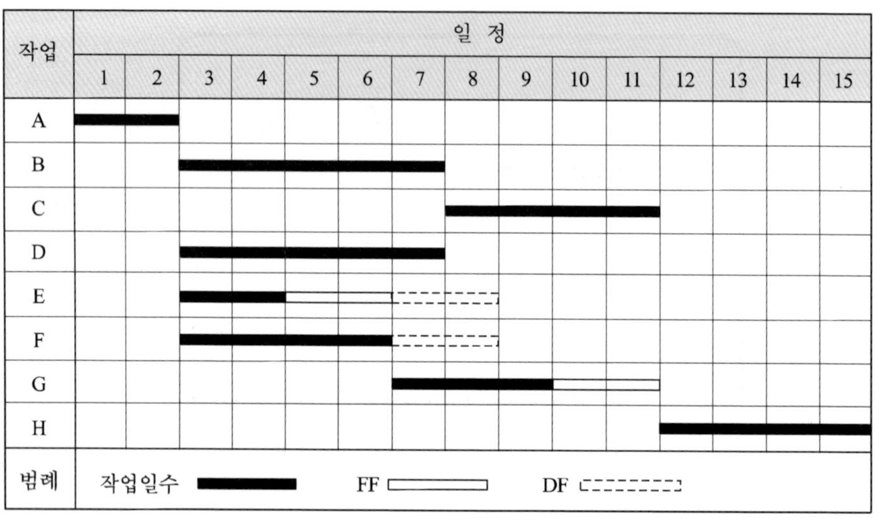

① 데이터 작성[횡선식 공정표(Bar Chart)의 DF는 무시]

② 네트워크 공정표

정답 ① 데이터 작성[횡선식 공정표(Bar Chart)의 DF는 무시]

작업명(Act.)	공기	후속작업	작업명(Act.)	공기	후속작업
A	2	B, D, E, F	E	2	G
B	5	C	F	4	G
C	4	H	G	3	H
D	5	C	H	4	None

② 네트워크 공정표

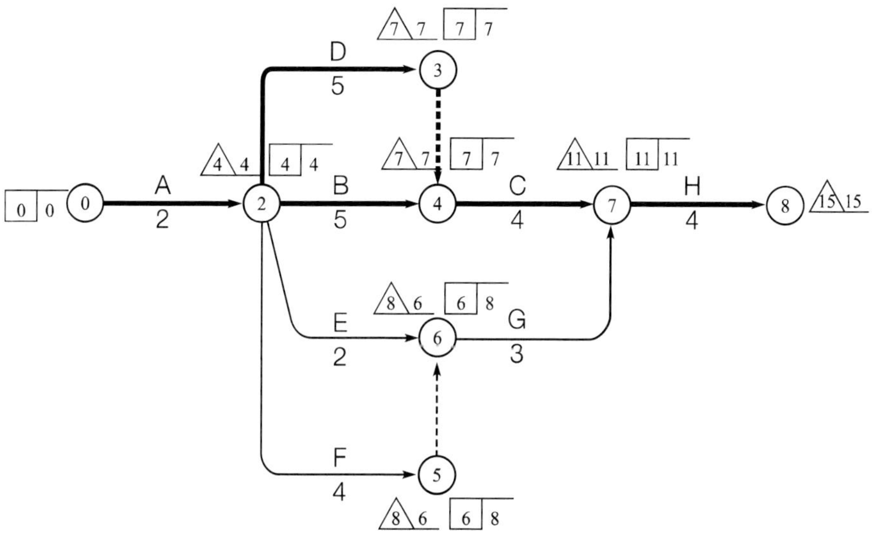

문제 5

다음 바차트 공정표를 네트워크 공정표로 완성하고 주공정(CP)은 굵은 선으로 표시하시오.

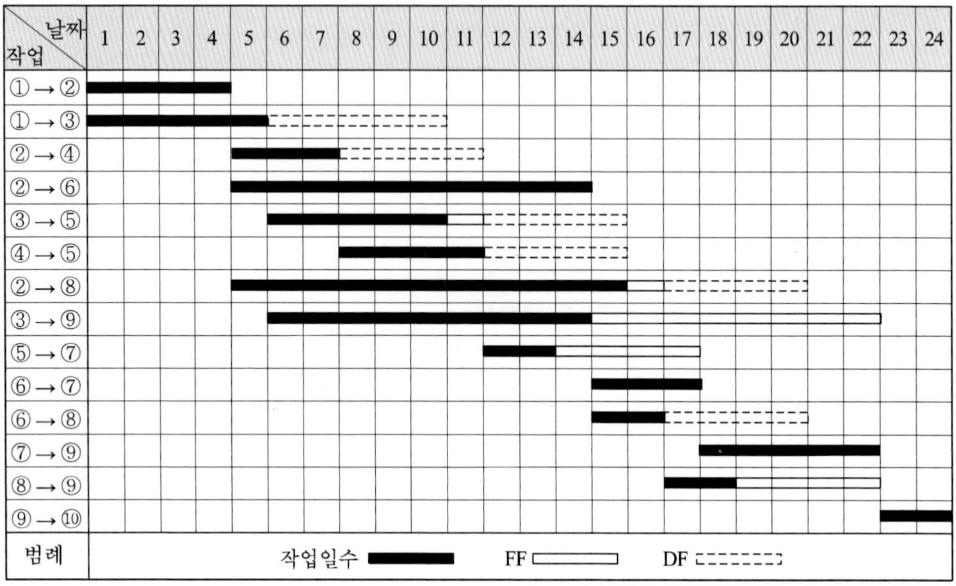

① 데이터 작성[횡선식 공정표(Bar Chart)의 DF는 무시]

② 네트워크 공정표

정답 ① 데이터 작성[횡선식 공정표(Bar Chart)의 DF는 무시]

공정관계	공기(일)	후속작업	공정관계	공기(일)	후속작업
①→②	4	②→④, ②→⑥, ②→⑧	③→⑨	9	⑨→⑩
①→③	5	③→⑤, ③→⑨	⑤→⑦	2	⑦→⑨
②→④	3	④→⑤	⑥→⑦	3	⑦→⑨
②→⑥	10	⑥→⑦, ⑥→⑧	⑥→⑧	2	⑧→⑨
③→⑤	5	⑤→⑦	⑦→⑨	5	⑨→⑩
④→⑤	4	⑤→⑦	⑧→⑨	2	⑨→⑩
②→⑧	11	⑧→⑨	⑨→⑩	2	None

② 네트워크 공정표

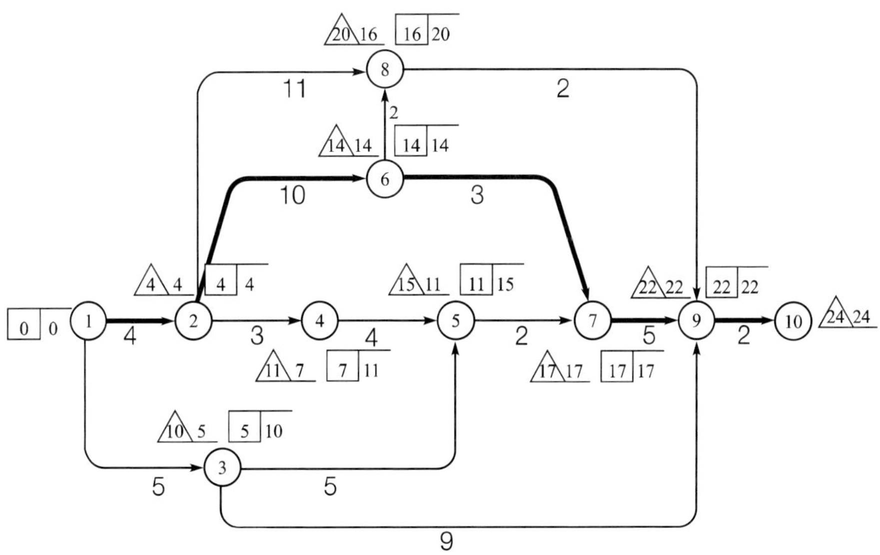

문제 6

다음 횡선식 공정표(Bar Chart)를 네트워크 공정표로 작성하시오.3)

작업 \ 일수	1	2	3	4	5	6
터파기	■	■	■			
잡석다짐		■	■			
기초 콘크리트 타설				■	■	
철근가공						■

정답 ① 횡선식 공정표(Bar Chart)를 분석하면, 터파기가 1일 진행된 후 잡석다짐이 시작되고 터파기와 동시에 작업을 완료한다.

② 터파기의 중간에 잡석다짐이 진행되므로 터파기 작업을 잡석다짐 시작 이전과 이후로 구분하여 분할한다.

③ 터파기 작업을 A와 B로 분할하고, 터파기 B의 경우 잡석다짐과 동시에 시작해서 동시에 끝나게 된다. 이럴 경우 더미가 생성된다.

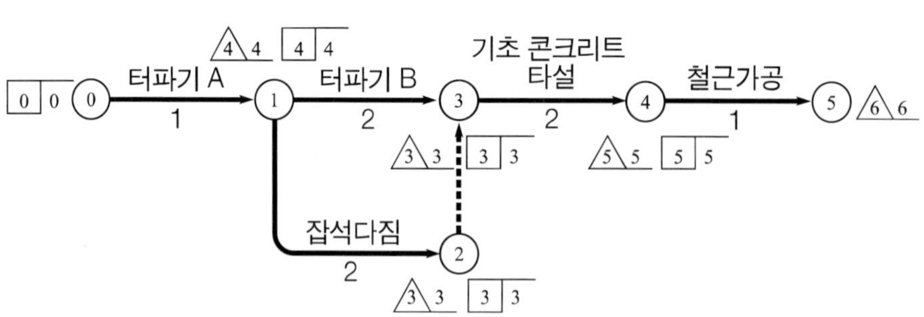

3) 한천구, 네트워크 공정관리, 기문당, p.78, 1997.

Ⅰ-3

공기단축

CHAPTER 04 공기단축의 개요

4.1 정의

1) 공기조정

① 공기조정은 지정공기와 계산공기 사이에 발생하는 차이를 적절히 조정하고 해결하기 위한 기법이다.

② 네트워크에서 공기는 계약 시 주어진 공리를 지정공기라 하고 일정 산출 시 구하여진 공기를 계산공기라 한다. 이 두 공기를 일치시키는 작업을 공기조정이라 한다. 이 단계에서 계획에 수정이 있을 때에는 전체 공정의 일정계산을 다시 해야 한다.

③ 네트워크에서는 공기를 둘로 나누어 생각할 수 있는데, 그 하나는 미리 건축주로부터 결정된 공기로서 이것을 지정공기라 하고, 다른 하나는 일정을 진행방향으로 산출하여 구한 공기로서 이것을 계산공기라 한다. 이러한 두 공기 간의 차이를 없애는 작업을 공기조정이라 한다.

2) 공기단축

① 공기단축이란 계산공기가 지정공기보다 큰 경우, 계산공기 상에서 직접비(재료비, 노무비, 외주비) 등을 증가시키는 등 특별한 조치를 취하여 계산공기를 단축하는 방법이다.

② 공기단축 방법으로는 MCX 기법 및 SAM 기법에 의한 공기단축 방법과 지정공기에 의한 공기단축 방법들이 있다.

③ 공기단축 시 비용의 증가는 최소가 되도록 일정 단축을 하여야 한다.

④ 공사진행이 공정표 보다 늦어진 경우 공사 현장 관리자는 즉시 공사가 지연된 원인을 규명한 후 공기단축을 실시한다.

3) 리드타임

리드타임(Lead Time)은 건설공사 계약체결 후 실제 현장공사 착수 시까지의 준비기간이다.

4.2 공기조정의 기법

1) 공기조정의 순서

(1) 작업 순서에 대한 검토

직렬 작업을 병렬작업(중복작업)으로 변환하거나, 작업순서를 기존 개념에서 역으로 하여 공기를 단축하거나, 또는 더미를 절단하여 공기를 단축하는 방법이다.

(2) 소요시간에 대한 검토

시간 견적의 재검토와 작업 능률 및 투입자원의 변경과 관리 이외의 작업에 신속히 대응하여 공기를 단축하는 방법이다.

(3) 설계 면에서의 재검토

설계에서 주공정 작업들을 유닛화 하거나 프리패브화 하여 공기를 단축하는 방법이다.

2) 건축공사의 공기에 영향을 주는 요인

① 인력, 사새, 사금, 장비
② 기후 및 기상조건
③ 설계변경

3) 공기단축의 목적

① 지정공기 내 공사 완료
② 공기지연 시 공기 만회
③ 최적 공기에 따른 작업 효율화
④ 공사비 증가의 최소화

4) 공기단축 시 주의사항

① 공기단축에 따른 비용증대를 적극 억제한다.
② 공기단축에 따른 품질 및 안전성 저하가 생기지 않도록 한다.
③ 공기단축에 따른 노동시간 연장은 가급적 피한다.
④ 공기단축에 의한 다른 작업과의 영향을 충분히 고려한다.

5) 공기단축 시 검토사항

① 공기단축으로 인한 공사비 증가에 대한 검토
② 공기단축으로 인한 작업시간 연장에 대한 검토
③ 공기단축 시 다른 작업과의 연관성 검토
④ 전체공정의 주공정(CP) 검토
⑤ 각 작업의 비용구배(CS) 검토
⑥ 각 작업의 최대 단축가능일수 검토

6) 공기단축의 필요성

① 공정계획 수립 시에 처음 기술자가 작성한 총공기가 지정공기에 맞지 않을 경우에 지정공기에 맞추기 위하여 공기단축 하는 것으로 비용구배(CS, Cost Slope)가 있으면 MCX 기법 혹은 SAM 기법에 의한 공기단축으로 하며, 비용구배가 없을 시는 지정공기에 의한 공기단축으로 한다.
② 공사도중 또는 시행도중에 공기가 지연되어 그대로 두었다가는 당초 계획공기에 끝나지 않을 경우에 공기단축 하는 방법으로 이 방법은 진도관리(Follow Up)에 의한 공기단축이며 단축된 공정표의 작성이 불가능한 공기단축 방법이다.

표 4.1 공기단축의 종류

MCX 기법	지정구배	진도관리
비용구배(CS)가 있음	비용구배(CS)가 없음	–
① 공사착수 전에 공기단축 ② 단축된 공정표 작성 가능		① 공사진행 중에 공기단축 ② 단축된 공정표 작성 불가능

4.3 공기와 공사비

1) 직접공사비(직접비)

① 직접공사비(직접비, Direct Cost)는 건축물 구성에 직접적으로 사용되는 비용으로 재료비, 노무비, 외주비 등이 포함된다.
② 공기가 단축될수록 직접비는 증가한다.
③ 무리한 공기단축은 품질저하, 안전관리상의 문제, 노무비 증가를 가져온다.
④ 무리한 공기단축은 자재수급 과잉 및 장비 과다투입 등으로 공사비 증대를 가져온다.

2) 간접공사비(간접비)

① 간접공사비(간접비, Indirect Cost)는 공사 수행과 관련하여 본사 및 현장에서 발생되는 비용으로 가설공사비, 현장경비 등의 일반관리비가 포함된다.

② 공기가 단축될수록 간접비는 감소한다.

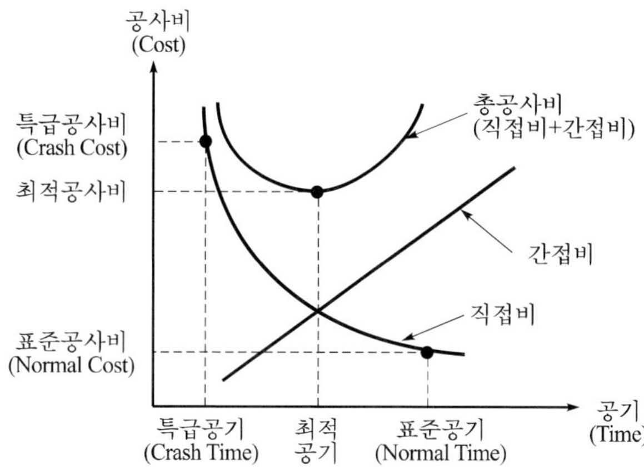

그림 4.1 공기(시간)-공사비(비용) 관계도

3) 공기와 공사비의 관계

① 총공사비(Total Cost; TC)는 직접비와 간접비의 합이다.

② 시공속도가 증가하면 직접비는 증대하고 간접비는 감소한다.

③ 직접비와 간접비의 합인 총공사비가 최소가 되도록 한 공사의 시공속도를 최적 시공속도라고 한다.

④ 총공사비는 직접비와 간접비로 구성되고, 또 직접비는 공사 시공량에 비례한다고 가정하여 시공속도를 빠르게 하면 간접비는 그 만큼 절감되고 총공사비는 저렴하게 될 것이다. 그러나 이것은 직접비가 시공량에 비례된다고 가정하였기 때문이며, 실제로는 단위시공량에 대한 직접비는 속도를 빨리할수록 점증(漸增)하는 경향이 있다. 공사기일을 단축하여 간접비를 절감한 것과 직접비가 증대된 것을 합계로 하면 서로 상쇄되고 이 합계가 최소가 되도록 하는 것이 가장 적절한 시공속도, 즉 경제적인 속도가 될 것이다.

4) 비용구배

(1) 개요

① 비용구배(CS, Cost Slope, 비용증가액)는 작업의 공기를 1일 단축하는데 소요되는 비용(직접비)의 증가액이다.

② 직접비는 공기단축 일수에 비례하여 증가한다.

③ 비용의 비례적인 증가를 가져오는 것은 노무비이며 자재비나 외주비 등은 변동 없다. 따라서 노무비만 야간 작업수당 또는 시간외 근무수당(작업수당)과 기타 경비 등이 가산되어 비용의 증가를 가져온다.

④ 표준점(Normal Point, 정상점)과 특급점(Crash Point, 급속점)을 연결한 기울기가 비용구배(CS, Cost Slope)이다.

(2) 공기와 직접비와의 관계

(가) 표준점

표준점(Normal Point, 정상점)은 표준공기(정상공기), 표준비용(정상비용)일 때의 점이다.

(나) 특급점

특급점(Crash Point, 급속점)은 재료, 노무 등을 아무리 투입하여도 더 이상 공기단축이 불가능한 한계점이다.

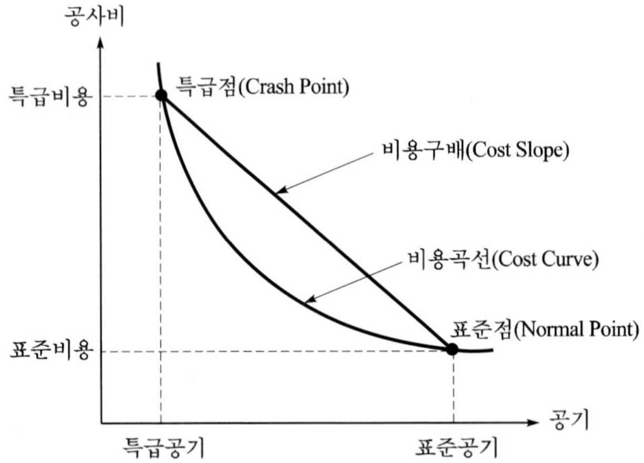

그림 4.2 공기(시간)-직접비(비용) 관계도

주1 직접비는 원래 포물선이지만, 비용구배를 산정하기 위해서는 직선으로 가정하여 산정한다.

5) 비용구배의 공식

$$비용구배(CS) = \frac{특급비용 - 표준비용}{표준공기 - 특급공기} = \frac{\Delta C}{\Delta T} \ (원/일)$$

(가) 표준공기

표준공기(Normal Time, 정상공기)는 일반적인 표준상태(정상상태)로 공사가 진행 될 경우의 소요공기(시간)이다.

(나) 표준비용

표준비용(Normal Cost, 정상비용)은 표준공기(정상공기)로 작업할 경우의 직접비이다.

(다) 특급공기

특급공기(Crash Time, 급속공기)는 소요공기(시간)를 더 이상 단축할 수 없는 경우의 한계시간이다.

(라) 특급비용

특급비용(Crash Cost, 급속비용)은 특급공기(급속공기)로 작업할 경우의 직접비이다.

기본 연습문제

01.

다음은 공기단축과 관련한 내용이다. 내용의 설명 중 부적당한 것은?

㉮ 공기조정은 지정공기와 계산공기 사이에 발생하는 차이를 적절히 조정하고 해결하기 위한 기법이다.
㉯ 지정공기는 미리 건축주로부터 결정된 공기이다.
㉰ 계산공기는 일정을 진행방향으로 산출하여 구한 공기이다.
㉱ 공기단축이란 지정공기가 계산공기보다 큰 경우, 특별한 조치를 취하여 지정공기를 단축하는 방법이다.

풀이 공기단축이란 계산공기가 지정공기보다 큰 경우, 특별한 조치를 취하여 계산공기를 단축하는 방법이다.

답 ㉱

02.

건설공사의 공기에 영향을 주는 요인이 아닌 것은?

㉮ 설계변경
㉯ 기호 및 기상조건
㉰ 공사의 체결시기
㉱ 인력, 자재, 자금, 장비

풀이 건축공사의 공기에 영향을 주는 요인은 다음과 같다.
① 인력, 자재, 자금, 장비
② 기후 및 기상조건
③ 설계변경

답 ㉰

03.

건설공사에서 공기단축의 목적이 아닌 것은?

㉮ 지정공기 내 공사 완료
㉯ 공기지연 시 공기 만회
㉰ 최소 공기에 따른 작업 효율화
㉱ 공사비 증가의 최소화

풀이 건설공사에서 공기단축의 목적은 다음과 같다.
① 지정공기 내 공사 완료
② 공기지연 시 공기 만회
③ 최적 공기에 따른 작업 효율화
④ 공사비 증가의 최소화

답 ㉰

04.

공사 현장에서 공정이 예정보다 지연되었을 경우, 즉시 취해야 할 조치는 다음 중 어느 것인가?

㉮ 노무자를 증원시킨다.
㉯ 공사비를 증가시킨다.
㉰ 새로운 공정표를 작성한다.
㉱ 공사가 늦은 원인을 분석한다.

풀이 공사 현장에서 공정이 예정보다 지연되었을 경우 즉시 취해야 할 조치는 노무자 및 공사비를 증가시키는 것이 아니라, 공사 현장 관리자는 즉시 공사가 지연된 원인을 규명한 후 공기단축을 실시한다.

답 ㉱

05.

건축공사의 시공속도에 관한 설명 중 부적당한 것은?

㉮ 공사속도를 빠르게 할수록 직접비는 감소한다.
㉯ 급작 공사를 강행할수록 공사의 질은 조잡해 진다.
㉰ 매일 공사량은 손익분기점 이상의 공사량을 실시하는 것이 채산되는 시공속도이다.
㉱ 시공속도는 간접비와 직접비의 합계가 최소로 되도록 하는 것이 가장 경제적이다.

풀이 공사속도를 빠르게 할수록 직접비는 증가하고 간접비는 감소한다.

답 ㉮

06.

공정계획 작성상의 주의사항으로서 틀린 것은 다음 중 어느 것인가?

㉮ 기초공사는 옥외작업으로 인하여 천후에 좌우되기 쉽고 공정의 변경이 많으므로 지연되기 쉽다.
㉯ 골조공사는 천후에 좌우되나 공장가공이 많은 공정도 있고 비교적 공정단계가 적으므로 공기를 단축하기 쉽다.
㉰ 마감공사는 천후에 좌우되는 경우가 적으나 공정단계가 많으므로 충분한 공기를 잡아둘 필요가 있다.
㉱ 공기를 단축하기 위하여 다른 공사를 중복하여 시공할 수 없다.

풀이 공기조정을 위해서는 직렬 작업을 병렬작업(중복작업)으로 변환할 수 있다.

답 ㉱

07.

최적 시공속도에 대한 설명 중 가장 타당한 것은?

㉮ 직접비와 간접비의 합이 최소가 되도록 한 시공속도
㉯ 직접비가 최소가 되도록 한 시공속도
㉰ 일반관리비가 최소가 되도록 한 시공속도
㉱ 직접비와 경비의 합이 최소가 되도록 한 시공속도

풀이 최적 시공속도는 직접비와 간접비의 합인 총공사비가 최소가 되도록 한 시공속도이다.

답 ㉮

08.

다음은 공기와 공사비의 관계를 설명한 것이다. 설명 중 부적당한 것은?

① 총공사비는 직접비와 간접비의 합이다.
② 시공속도가 증가하면 직접비는 감소하고 간접비는 증대한다.
③ 직접비와 간접비의 합인 총공사비가 최소가 되도록 한 공사의 시공속도를 최적 시공속도라고 한다.
④ 직접비와 간접비의 합계인 총공사비가 최소가 되도록 하는 것이 가장 적절한 시공속도, 즉 경제적인 속도가 될 것이다.

풀이 시공속도가 증가하면 직접비는 증대하고 간접비는 감소한다.

답 ㉯

09.

MCX(Minimum Cost Expending)기법에 의한 공사기간 단축방법에서 아무리 비용을 투자해도 그 이상 공기를 단축할 수 없는 한계점은?

㉮ 특급점(Crash Point)
㉯ 표준점(Normal Point)
㉰ 포화점
㉱ 경제속도점

풀이 특급점(Crash Point, 급속점)은 재료, 노무 등을 아무리 투입하여도 더 이상 공기단축이 불가능한 한계점이다.

답 ㉮

10.

아무리 비용을 투자하도 그 이상 공기를 단축할 수 없는 한계점은?

㉮ 특급점(Crash Point)
㉯ 표준점(Normal Point)
㉰ 포화점
㉱ 경제속도점

풀이 특급점(Crash Point, 급속점)은 재료, 노무 등을 아무리 투입하여도 더 이상 공기단축이 불가능한 한계점이다.

답 ㉮

11.

아무리 비용을 들여도 그 이상 공기의 단축을 기할 수 없는 한계점은 다음 중 어느 것인가?

㉮ 특급점(Crash Point)　　㉯ 표준점(Normal Point)
㉰ 단계여유(Slack)　　㉱ 경제속도점

풀이 ① 특급점(급속점)은 재료, 노무 등을 아무리 투입하여도 더 이상 공기단축이 불가능한 한계점이다.
② 표준점(정상점)은 정상공기, 표준비용(정상비용)일 때의 점이다.

답 ㉮

12.

공사기간이 15일이고 공사비가 140만원인 공사를 특급공사로 할 때 공사기간이 10일 공사비가 200만원이 든다면 이 공사의 1일 공기단축 시에 필요한 비용구배를 구한 것 중 가장 적당한 것은 다음 중 어느 것인가?

㉮ 8만원/일　　㉯ 10만원/일
㉰ 12만원/일　　㉱ 14만원/일

풀이 $$\text{비용구배(CS)} = \frac{\text{특급비용} - \text{표준비용}}{\text{표준공기} - \text{특급공기}} = \frac{200-140}{15-10} = 12\text{만원/일}$$

답 ㉰

13.

건축공사의 한 작업에 있어 정상적으로 시공할 경우 공사기일은 20일, 공사비는 1,000,000원이 소요되고, 이를 특급으로 공사할 경우 공사기일은 15일, 공사비는 2,000,000원이 소요된다고 추정될 때, 공기단축 시 필요한 비용구배(CS)는 다음 중 어느 것인가?

㉮ 85,000원/일　　㉯ 100,000원/일
㉰ 133,000원/일　　㉱ 200,000원/일

풀이 $$\text{비용구배(CS)} = \frac{\text{특급비용} - \text{표준비용}}{\text{표준공기} - \text{특급공기}} = \frac{2,000,000-1,000,000}{20-15} = 200,000\text{원/일}$$

답 ㉱

14.

표준공사(정상공사)로 할 때, 공사기간이 20일이고 공사비가 100만원인 공사를 특급공사로 할 때, 공사기간이 10일이고 공사비가 200만원이 든다고 한다면, 이 공사의 1일 공기단축 시 필요한 비용구배로 가장 적당한 것은 어느 것인가?

㉮ 8만원/일 ㉯ 10만원/일
㉰ 12만원/일 ㉱ 14만원/일

풀이 비용구배(CS) $= \dfrac{\text{특급비용} - \text{표준비용}}{\text{표준공기} - \text{특급공기}} = \dfrac{200-100}{20-10} = 10$만원/일

답 ㉯

15.

건축공사의 공정관리에서 사용되는 용어와 거리가 먼 것은?

㉮ 관리도 ㉯ 비용구배
㉰ 결합점 ㉱ 마일스톤

풀이 관리도는 품질관리에 사용되는 용어이다.

답 ㉮

심화 연습문제

문제 1

공정관리에 대한 기술 중 ( ) 안에 알맞은 말을 쓰시오.

> 네트워크에서 공기는 계약 시 주어진 (①)와(과) 일정산출 시 구하여진 (②)로(으로) 구분할 수 있는데, 이 두 공기를 일치시키는 작업을 (③)라(이라) 한다. 이 단계에서 계획에 수정이 있을 때에는 전체 공정의 일정계산을 다시 해야 한다.

① ____________ ② ____________ ③ ____________

정답 ① 지정공기 ② 계산공기 ③ 공기조정

문제 2

다음 ( ) 안에 맞는 말을 써넣으시오.

> 네트워크에서는 공기를 둘로 나누어 생각할 수 있는데, 그 하나는 미리 건축주로부터 결정된 공기로서 이것을 (①)공기라 하고, 다른 하나는 일정을 진행 방향으로 산출하여 구한 (②)공기인데, 이러한 두 공기 간의 차이를 없애는 작업을 (③)라(이라) 한다.

① ____________ ② ____________ ③ ____________

정답 ① 지정 ② 계산 ③ 공기조정

문제 3

네트워크 공정표를 공기단축의 목적을 4가지만 쓰시오.

① ____________________

② ____________________

③ ____________________

④ ____________________

정답 ① 지정공기 내 공사 완료 ② 공기지연 시 공기 만회
③ 최적 공기에 따른 작업 효율화 ④ 공사비 증가의 최소화

문제 4

네트워크 공정표를 공기조정(공기단축)할 때 검토하여야 할 사항을 4가지만 쓰시오.

① ____________________

② ____________________

③ ____________________

④ ____________________

정답 ① 공기단축으로 인한 공사비 증가에 대한 검토
② 공기단축으로 인한 작업시간 연장에 대한 검토
③ 공기단축 시 다른 작업과의 연관성 검토
④ 전체공정의 주공정(CP) 검토
⑤ 각 작업의 비용구배(CS) 검토
⑥ 각 작업의 최대 단축가능일수 검토

문제 5

다음은 경제적 시공속도에 대한 설명이다. (   ) 안에 알맞은 말을 쓰시오.

> ㉮ 총공사비는 간접비와 직접비로 구성되고, 또 직접비는 공사 시공량에 비례한다고 가정하여 시공속도를 빠르게 하면 (①)은(는) 그만큼 절감되고 (②)은(는) 저렴하게 될 것이다.
>
> ㉯ 그러나 이것은 직접비가 시공량에 비례된다고 가정하였기 때문이며, 실제로는 단위시공량에 대한 (③)은(는) 속도를 빨리할수록 점증하는 경향이 있다. 공사기일을 단축하여 (④)을(를) 절감한 것과 (⑤)이(가) 증대된 것을 합계로 하면 서로 상쇄되고 이 합계가 최소가 되도록 하는 것이 가장 적절한 시공속도, 즉 경제적 속도가 될 것이다.

① ____________ ② ____________ ③ ____________

④ ____________ ⑤ ____________

정답 ① 간접비 ② 총공사비 ③ 직접비 ④ 간접비 ⑤ 직접비

문제 6

다음의 기술 내용이 뜻하는 바를 하나의 용어로 표현하시오.

> ① 계산공기를 지정공기에 일치시키는 과정
>
> ② 공기단축 과정에서 1일당 그 작업을 단축하는 데 소요되는 직접비의 증가액

① ____________ ② ____________

정답 ① 공기조정 ② 비용구배

문제 7

다음 ( ) 안을 쓰시오.

> ① 건설공사 계약체결 후 실제 현장공사 착수 시까지의 준비기간
> ② 네트워크 공정표에서 지정공기와 계산공기를 일치시키는 과정
> ③ 공기단축 과정에서 작업을 1일 단축할 때 추가되는 직접비용

① ____________ ② ____________ ③ ____________

정답 ① 리드타임(Lead Time) ② 공기조정 ③ 비용구배(CS, Cost Slope)

문제 8

공기단축 MCX이론에서 최소의 비용으로 공기단축을 하기 위해서 비용구배(Cost Slope)를 계산하게 된다. 비용구배는 공기 1일을 단축하는데 추가되는 비용을 말한다. 비용구배를 식으로 나타내시오.

____

정답 $\text{비용구배(CS)} = \dfrac{\text{특급비용} - \text{표준비용}}{\text{표준공기} - \text{특급공기}}$

문제 9

어느 건설공사의 한 작업이 표준(정상)적으로 시공할 때 공사기일은 10일, 공사비는 700,000원이고, 특급으로 시공할 때 공사기일은 6일, 공사비는 900,000원이라 할 때 이 공사의 공기단축 시 필요한 비용구배(Cost Slope)를 구하시오.

____

정답 $\text{비용구배(CS)} = \dfrac{\text{특급비용} - \text{표준비용}}{\text{표준공기} - \text{특급공기}} = \dfrac{900{,}000 - 700{,}000}{10 - 6} = 50{,}000\text{원/일}$

문제 10

다음과 같은 작업데이터에서 비용구배(Cost Slope)가 가장 적은 작업부터 순서대로 작업명을 쓰시오.

작업명	표준계획(Normal)		특급계획(Crash)	
	공기(일)	비용(원)	공기(일)	비용(원)
A	4	6,000	2	9,000
B	15	14,000	14	16,000
C	7	5,000	4	8,000

① 산출근거 : ______________________________

____

② 작업순서 : ______________________________

정답 ① 산출근거

작업명	비용구배(CS)
A	$CS = \frac{9{,}000 - 6{,}000}{4 - 2} = 1{,}500$원/일
B	$CS = \frac{16{,}000 - 14{,}000}{15 - 14} = 2{,}000$원/일
C	$CS = \frac{8{,}000 - 5{,}000}{7 - 4} = 1{,}000$원/일

② 작업순서 : C → A → B

문제 11

다음 그림은 CPM의 고찰에 의한 비용과 시간증가율을 표시한 것이다. 그림에서 A~F에 해당하는 용어를 써넣으시오.

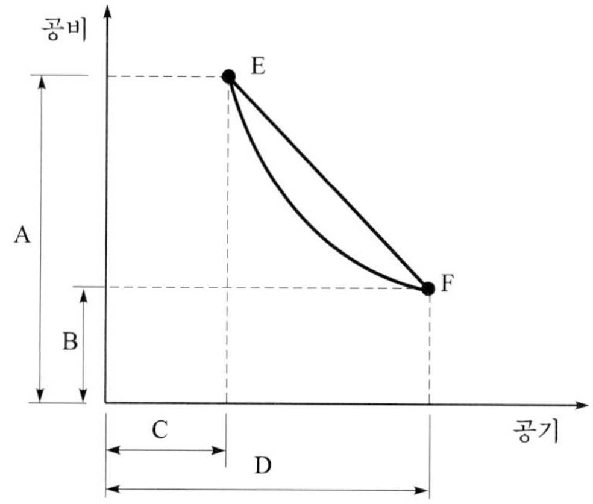

① A : ____________　　② B : ____________

③ C : ____________　　④ D : ____________

⑤ E : ____________　　⑥ F : ____________

정답
① A : 특급비용(Crash Cost, 급속비용)
② B : 표준비용(Normal Cost, 정상비용)
③ C : 특급공기(Crash Time, 급속공기)
④ D : 표준공기(Normal Time, 정상공기)
⑤ E : 특급점(Crash Point, 급속점)
⑥ F : 표준점(Normal Point, 정상점)

문제 12

거푸집 제작공정에 따른 비용증가율을 그림과 같이 표현한다. 이 공정을 계획보다 3일 단축할 때 소요되는 추가 직접비용은 얼마인가?

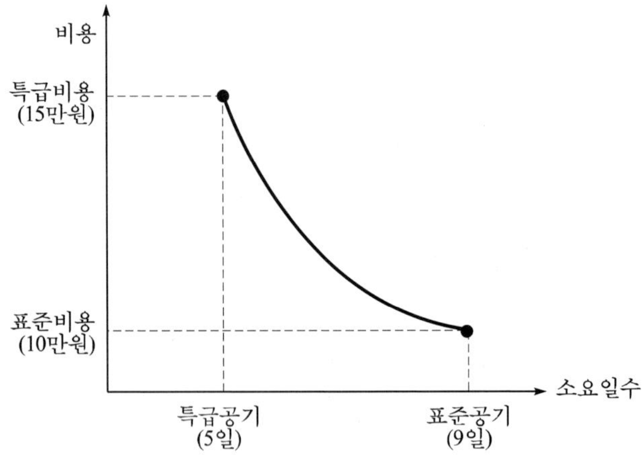

① 비 용 구 배 : ______________________________

② 추가직접비용 : ______________________________

정답 ① 비용구비(Cost Slope)

$$\text{비용구배(CS)} = \frac{\text{특급비용} - \text{표준비용}}{\text{표준공기} - \text{특급공기}} = \frac{150,000 - 100,000}{9-5} = 12,500\text{원/일}$$

② 추가 직접비용

12,500원/일×3일=37,500원

문제 13

특급점(급속점)을 설명하시오.

정답 특급점(Crash Point, 급속점)은 재료, 노무 등을 아무리 투입하여도 더 이상 공기단축이 불가능한 한계점이다.

CHAPTER 05

공기단축 방법 및 최적공기 산정

5.1 MCX 기법에 의한 공기단축

1) 개요

① MCX 기법은 CPM의 핵심이론이며, Minimum Cost Expediting(최소 비용계획법)의 약어이다.

② 주공정(CP) 상의 요소작업 중 비용구배가 최소인 작업에서부터 1일씩 단축하며, 이로 인해 Sub-Path가 주공정 작업이 되면 주공정으로 표기하고 추가된 주공정을 고려하여 계속해서 공기를 단축한다.

③ 공기단축 시 요소작업을 단축할 때마다 다시 일정계산을 하며 변경된 주공정에 유의한다.

④ 특급공기 이하로는 공기단축이 불가능하다.

2) MCX 기법에 따른 공기단축 요령

① 공정표를 작성한다.

② 주공정(CP) 상의 비용구배(CS)를 산출한다.

③ 최초의 공기단축은 반드시 주공정(CP) 상의 비용구배(CS)가 최소인 작업부터 단축한다.

④ 한 개의 작업이 공기단축 할 수 있는 범위는 특급공기(급속공기)보다 더 작게 하여서는 안 된다.

⑤ 공기단축으로 인하여 Sub-Path가 주공정(CP)이 되면 주공정(CP)을 표시한다.

⑥ 추가된 주공정(CP)으로 인해 주공정(CP)이 복수이면 병렬단축 한다. 즉, 공기단축으로 인하여 생성된 주공정(CP)이 Sub-Path가 되지 않도록 한다.

⑦ 표준공사비(NC, Normal Cost)와 추가공사비(EC, Extra Cost)를 산출한다.

⑧ 총공사비(TC, Total Cost)를 산출한다. 즉 총공사비는 표준공사비와 추가공사비의 합이다.(총공사비=표준공사비+추가공사비)

3) MCX 기법에 따른 공기단축 순서

① 주공정(CP) 상의 작업을 선택한다.

② 단축 가능한 작업이어야 한다.

③ 우선 비용구배가 최소인 작업을 단축한다. ④ 단축한계까지 단축한다.
⑤ 보조 주공정(Sub-Critical Path)의 발생을 확인한다.
⑥ 보조 주공정의 동시 단축경로를 고려한다.
⑦ 앞의 순서를 반복한다.

예제 5.1

다음 주어진 자료(Data)에 의하여 다음 물음에 답하시오.
㉮ 표준(Normal) 네트워크 공정표를 작성하시오.
㉯ 공기를 5일 단축한 네트워크 공정표를 작성하시오.
㉰ 공기단축 된 총공사비를 산출하시오.

[조건]

① 네트워크 공정표 작성은 화살형(Arrow) 네트워크로 한다.
② 주공정(CP)은 굵은 선 또는 이중선으로 표시한다.
③ 각 결합점에서는 다음과 같이 표시한다.

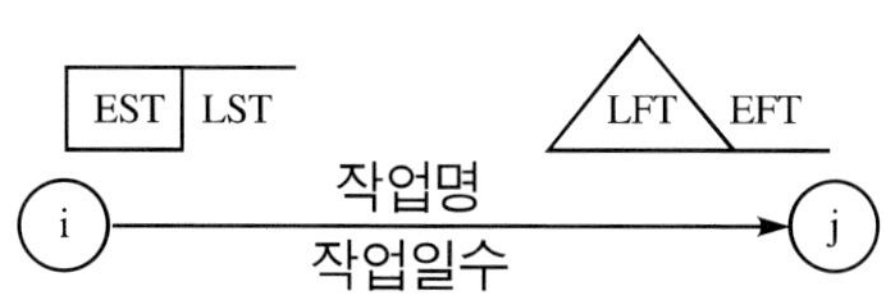

그림 5.1 결합점의 표시

표 5.1 작업의 공정관계, 선행작업, 작업일수 및 비용구배

작업명	공정관계	선행작업	작업일수	비용구배(원/일)	비 고
A	①→②	없음	6	10,000	(1) 공기단축은 각 작업일수의 1/2을 초과할 수 없다. (2) 표준공기 시 총공사비는 1,000,000원이다.
B	①→③	없음	13	12,000	
C	①→④	없음	20	9,000	
D	②→③	A	2	8,000	
E	②→④	A	5	5,000	
F	③→⑤	B, D	6	8,000	
G	③→⑥	B, D	3	5,000	
H	④→⑤	C, E	2	공기단축불가	
I	⑤→⑦	H, F	3	6,000	
J	⑥→⑦	G	2	공기단축불가	
K	⑦→⑧	I, J	2	15,000	

풀이

1. 표준 네트워크 공정표

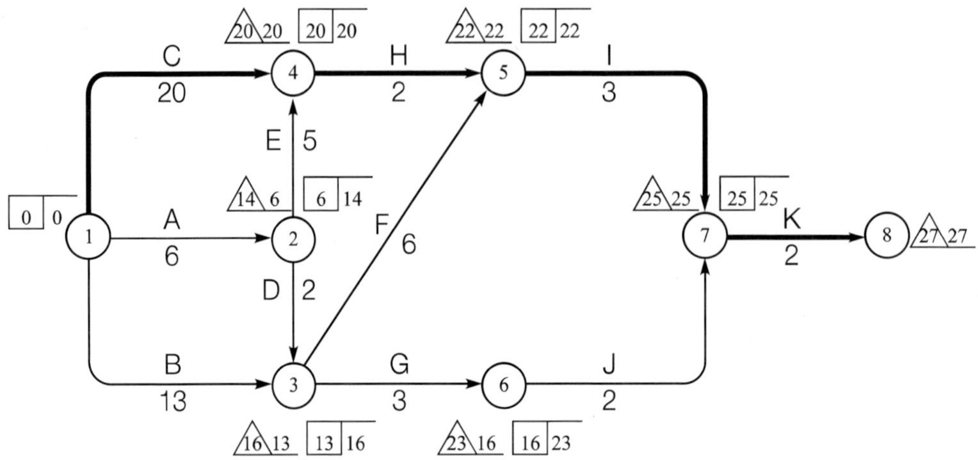

그림 5.2 표준 네트워크 공정표

2. 공기단축(5일)

아래 네트워크 공정표에서 작업(Activity) 위의 숫자는 비용구배(천원/일)이며, 소요공기 아래의 숫자는 단축가능일수이다.

> **주1** 공기단축요령
> ① 주공정(CP) 상에서 비용구배(CS)가 최소인 곳에서 단축한다.
> ② Sub-Path가 주공정(CP)이 되면 주공정(CP)을 도시한다.
> ③ 공기단축이 불가능한 Path는 ×표시한다.

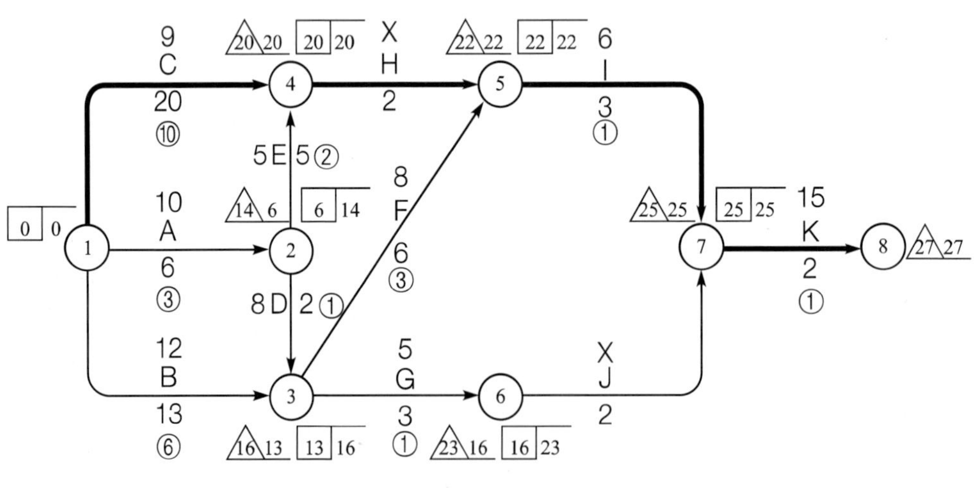

그림 5.3 비용구배(CS)와 단축가능 일수의 표기

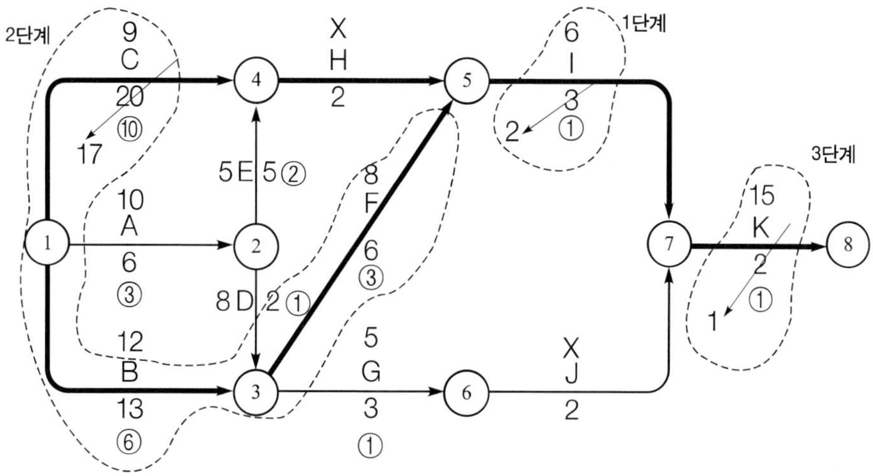

그림 5.4 공기단축 단계별 표기

표 5.2 단계별 공기단축

단축 단계	공기단축				경로(Path)				
	작업명 (Act.)	일수	생성 CP	단축불가 작업명	C–H–I–K (27일)	A–E–H–I–K (18일)	A–D–F–I–K (19일)	B–F–I–K (24일)	B–G–J–K (20일)
1단계	I	1	–	I	26	17	18	23	20
2단계	C	3	B, F	–	23	17	18	23	20
3단계	K	1	–	K	22	16	17	22	19

① 제1단계 : 주공정(CP) 상에서 비용구배(CS)가 최소인 작업 I에서 1일 단축가능 하다. 작업 I에서 1일 단축함으로 작업 I는 더 이상 단축할 수 없으며, 여러 가지 경로 중 작업 I가 포함된 경로들은 모두 1일씩 작업일수가 줄어든다.

② 제2단계 : 다음으로 주공정(CP) 상에서 비용구배(CS)가 최소인 작업 C에서 10일까지 단축가능 하지만 1단계 공기단축 후, 주위의 다른 경로들의 최대 작업일수(B–F–I–K)가 23일이므로 3일까지 단축가능 하다. 즉, 작업 C에서 3일 단축하게 되면, B–F–I–K의 경로가 새로운 주공정(CP)이 된다.

③ 제3단계 : 원래의 주공정(CP)과 새로이 생성된 주공정(CP)에 대해 함께 고려해야 한다. 즉, 모든 주공정(CP) 상에서 비용구배(CS)가 최소인 곳에서 1일씩 단축하되, 주공정(CP)이 바뀌어서는 안 되고, 병렬단축인 경우 비용구배는 합계가 된다. 3단계에서 단축가능 한 경우의 수는 다음과 같이 C+B, C+F, K가 되며, 비용구배가 최소인 작업 K에서 1일 단축한다.

표 5.3 3단계에서 단축가증 한 경우의 수와 비용구배

작업명	비용구배(CS, 원/일)
C+B	9,000+12,000=21,000
C+F	9,000+8,000=17,000
K	15,000

3. 단축한 네트워크 공정표

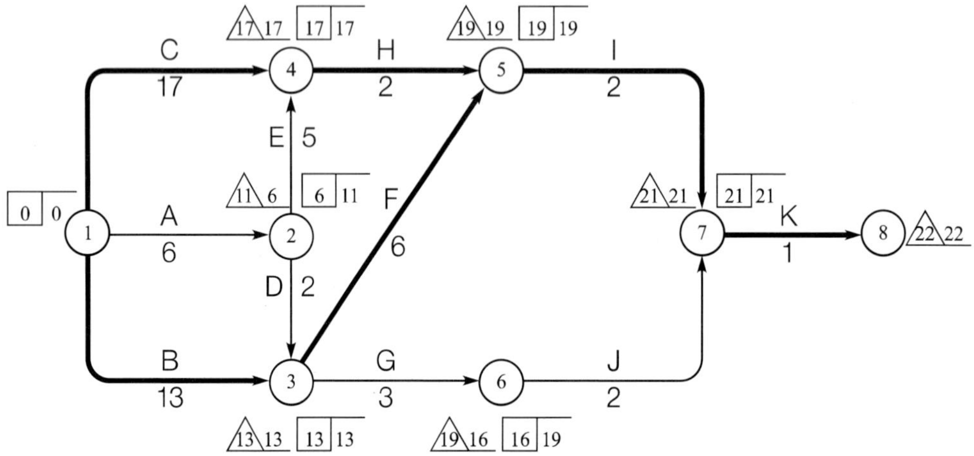

그림 5.5 단축한 네트워크 공정표

> **주1** 문제의 조건에 따라 EST|LST LFT EFT 를 표시할 경우도 있고, 표시하지 않을 경우도 있으므로 주의한다.

4. 공기단축 시 총공사비

총공사비=표준공사비+추가공사비

① 표준공사비(NC, Normal Cost)

표준공사비(NC)=1,000,000원

② 추가공사비(EC, Extra Cost)

작업 I+3C+K에 대한 것이므로

추가공사비(EC)=6,000+3×9,000+15,000=48,000원

③ 총공사비(TC, Total Cost)

총공사비(TC)=1,000,000+48,000=1,048,000원

5.2 SAM 기법에 의한 공기단축

1) 개요

① SAM 기법은 Siemens Approximation Method의 약어이다.

② SAM 기법은 요소작업과 단축이 필요한 공정 간에 시간-비용 매트릭스(Time-Cost Matrix)를 작성하여 한 번에 요구하는 최소 추가비용의 산출과 공기단축을 간단히 완성시킬 수 있다.

③ MCX 기법과 유사하나, MCX 기법은 비용구배가 최소인 작업에서부터 1일씩 단축하는 방법으로 네트워크 공정표 및 일정계산을 매 단계마다 여러 번 해야 하는 번거로움이 있으나, SAM 기법은 한 번에 가능하다.

2) 작성순서

① 공정표상의 모든 경로(Path)를 매트릭스 도표에 작성한다.

② 경로에 해당되지 않는 작업은 ☒로 표시한다.

③ 각 작업의 비용구배(CS, Cost Slope)와 단축가능일수와 단축일수를 각각의 해당 빈칸에 다음과 같이 표시한다.

$$\frac{\text{비용구배}}{\text{단축가능일수(단축일수)}}$$

④ 공기가 가장 긴 경로(Path) 중 비용구배(CS)가 최소인 작업부터 단축하며 다른 경로에 단축한 작업이 존재할 경우 다른 경로도 동일하게 적용한다.

⑤ 각 작업의 비용구배를 매트릭스 도표에 표시한다.

⑤ 각 작업의 공기 단축일수의 합계를 매트릭스 도표에 표시한다.

⑥ 각 작업의 추가비용(EC)을 매트릭스 도표에 표시한다.

⑦ 공기단축 완료 후 총공사비 산출한다.

예제 5.2

다음 주어진 자료(Data)에 의하여 다음 물음에 답하시오.

㉮ 표준(Normal) 네트워크 공정표를 작성하시오.

㉯ SAM 기법을 이용하여 5일 공기단축 하시오.

㉰ 공기단축 된 총공사비를 산출하시오.

[조건]

1월에 시행되는 토공사

① 네트워크 공정표 작성은 화살형(Arrow) 네트워크로 한다.

② 주공정(CP)은 굵은 선 또는 이중선으로 표시한다.

③ 각 결합점에서는 다음과 같이 표시한다.

그림 5.6 결합점의 표시

표 5.4 작업의 공정관계, 선행작업, 작업일수 및 비용구배

작업명	공정관계	선행작업	작업일수	비용구배(원/일)	비 고
A	①→②	없음	6	10,000	(1) 공기단축은 각 작업일수의 1/2을 초과할 수 없다. (2) 표준공기 시 총공사비는 1,000,000원이다.
B	①→③	없음	13	12,000	
C	①→④	없음	20	9,000	
D	②→③	A	2	8,000	
E	②→④	A	5	5,000	
F	③→⑤	B, D	6	8,000	
G	③→⑥	B, D	3	5,000	
H	④→⑤	C, E	2	공기단축불가	
I	⑤→⑦	H, F	3	6,000	
J	⑥→⑦	G	2	공기단축불가	
K	⑦→⑧	I, J	2	15,000	

풀이

1. 표준 네트워크 공정표

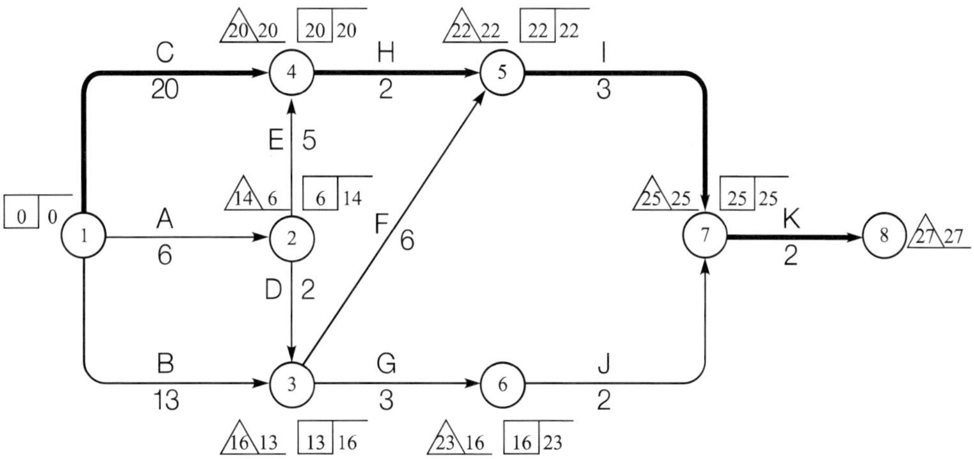

그림 5.7 표준 네트워크 공정표

2. 공기단축(5일, SAM 기법을 이용)

① 각 경로의 작업일수와 단축일수

표 5.5 각 경로의 작업일수와 단축일수

경로(Path)	C–H–I–K	A–E–H–I–K	A–D–F–I–K	B–F–I–K	B–G–J–K
소요일수	27	18	19	24	20
지정공기	22	22	22	22	22
단축요구일수	5	–	–	2	–

② 공기단축용 시간-비용 매트릭스

표 5.6 공기단축용 시간-비용 매트릭스

경로 / 작업	C-H-I-K	A-E-H-I-K	A-D-F-I-K	B-F-I-K	B-G-J-K	비용구배	공기단축	추가비용
A		$\frac{10,000}{3}$	$\frac{10,000}{3}$			10,000	–	–
B			$\frac{12,000}{6}$	$\frac{12,000}{6}$	$\frac{12,000}{6}$	12,000	–	–
C	$\frac{9,000}{10(3)}$					9,000	3	27,000
D			$\frac{8,000}{1}$			8,000	–	–
E		$\frac{5,000}{2}$				5,000	–	–
F			$\frac{8,000}{3}$	$\frac{8,000}{3}$		8,000	–	–
G					$\frac{5,000}{1}$	5,000	–	–
H						×	–	–
I	$\frac{6,000}{1(1)}$	$\frac{6,000}{1(1)}$	$\frac{6,000}{1(1)}$	$\frac{6,000}{1(1)}$		6,000	1	6,000
J						×	–	–
K	$\frac{15,000}{1(1)}$	$\frac{15,000}{1(1)}$	$\frac{15,000}{1(1)}$	$\frac{15,000}{1(1)}$	$\frac{15,000}{1(1)}$	15,000	1	15,000
공기	22	16	17	22	19	–	–	48,000

표 5.7 각 경로와 단계별 공기단축

경로(Path)			C-H-I-K	A-E-H-I-K	A-D-F-I-K	B-F-I-K	B-G-J-K	해설
소요일수			27	18	19	24	20	
단축요구일수			5	0	0	2	0	(주1)
1단계	I	1일	5–1=4	0–1=–1	0–1=–1	2–1=1	0	(주2)
2단계	C	3일	4–3=1	–1	–1	1	0	(주3)
3단계	K	1일	1–1=0	–1–1=–2	–1–1=–2	1–1=0	0–1=–1	(주4)

주1 주공정(CP, C-H-I-K)상에서 5일 단축하면 22(=27-5)일이 된다. 따라서 모든 경로는 22일을 초과할 수 없다.

주2 제1단계 : 소요일수가 가장 긴 CP 혹은 단축요구일수가 가장 큰 경로 C-H-I-K에서, 비용구배(CS)가 가장 적은 작업 I(1일 단축가능)에서 1일 단축한다. 그 결과 경로 C-H-I-K의 단축요구일수는 4일, 경로 B-F-I-K의 단축요구일수는 1일이 된다.

주3 제2단계 : 단축요구일수가 가장 큰 경로 C-H-I-K에서 비용구배(CS)가 가장 적은 작업 C(작업 I는 단축불가능)에서 3일 단축한다. 작업 C에서 최대 10일까지 단축가능하나 3일만 단축하는 이유는 경로 B-F-I-K의 단축요구일수가 1일인 상태에서 경로 C-H-I-K에서 작업 C를 3일을 초과하여 단축하면 주공정(CP)이 바뀌므로 불가능하다. 따라서 경로 C-H-I-K의 작업 C에서 3일 단축하면 경로 C-H-I-K의 단축요구일수는 1일, 경로 B-F-I-K의 단축요구일수는 1일이 되어 경로 B-F-I-K 또한 경로 C-H-I-K와 같이 주공정(CP)이 됨을 의미한다.

주4 제3단계 : 기존의 주공정(CP)과 추가로 생성된 주공정(CP)을 함께 고려하면, F의 비용구배(CS)가 가장적지만 작업 F만 단축할 경우 주공정(CP)이 없어지게 되어 원칙에 어긋난다. 따라서 작업 C+B 및 C+F에서 병렬단축 하던지 작업 K에서 단축해야한다. 세 가지 경우 중 비용구배(CS)(C+B의 비용구배(CS)는 21,000원, C+F의 비용구배(CS)는 17,000원, F의 비용구배(CS)는 15,000원)가 최소인 작업 K에서 1일 단축한다. 따라서 C-H-I-K의 단축요구일수는 0일, 경로 B-F-I-K의 단축요구일수는 0일이 되어 단축작업이 완료된다. 단축 후 위의 매트릭스에서 분모에 (단축일)을 삽입한다.

3. 공기단축 시 총공사비

① 표준공사비(NC, Normal Cost)

표준공사비(NC)=1,000,000원

② 추가공사비(EC, Extra Cost)

작업 I+3C+K에 대한 것이므로

추가공사비(EC)=6,000+3×9,000+15,000=48,000원

③ 총공사비(TC, Total Cost)

총공사비(TC)=1,000,000+48,000=1,048,000원

5.3 지정공기에 의한 공기단축

만약 비용구배(CS)가 같거나 주어지지 않으면 지정공기에 의한 공기단축이다. 지정공기에 의한 공기단축 요령은 다음과 같다.

① 주공정(CP) 상에서 단축한다.

② 공기가 많은 곳에서 단축한다.

③ 가능한 한 앞부분에서 단축한다.

④ 주공정(CP)이 바뀌지 않는 범위 내에서 단축(Sub-Path가 CP되기 전까지 단축)한다.

5.4 최적공기 산정

1) 최적공기의 개념

지금까지의 공기단축 방법인 MCX 및 SAM 기법에 의한 공기단축에서 직접비에 대한 비용구배만 고려하여 표준공사비에 표준공기(정상공기)에서 공기를 단축함으로 추가되는 추가공사비를 합하여 총공사비를 산정하였다. 하지만 실제의 총공사비는 간접비를 함께 고려해야 하며 표준공기(정상공기)에서 최적공기까지는 총공사비가 감소하나 최적공기보다 더 공기를 단축할 경우 총공사비는 오히려 증가한다. 이와 같이 표준공기(정상공기)에서 공기를 단축함으로 총공사비가 최저인 공기(총공사비 곡선에서 변곡점)를 최적공기 그리고 그때의 공사비를 최적공사비라 한다.

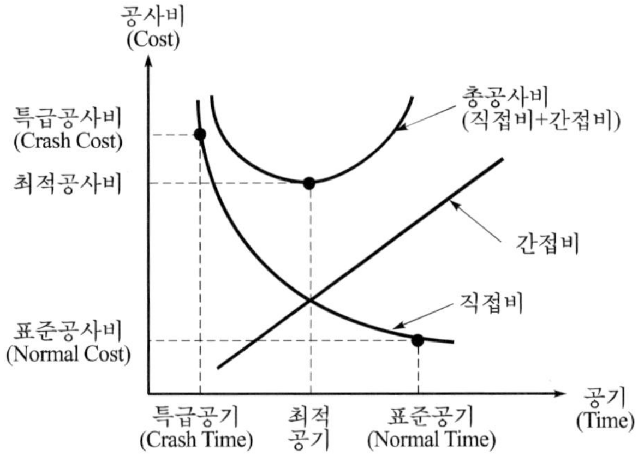

그림 5.8 공기(시간)-공사비(비용) 관계도

2) 최적공기의 산정방법

① 표준공기(정상공기)에 대한 표준 네트워크를 작성한다.

② 표준공기(정상공기)의 소요일수를 확인한다.

③ 공기를 1일씩 단축하면서 증가하는 직접비와 감소하는 간접비를 산정한다.

④ 총공사비(직접비+간접비)를 산정한다.

⑤ 총공사비가 감소하다가 증가할 것이며, 그때의 총공사비가 최적공사비이고 이때의 공기가 최적공기가 된다.

예제 5.3

다음 주어진 자료(Data)에 의하여 최적공기 및 최적 총공사비를 산정하시오.

표 5.8 작업의 공정관계, 선행작업, 작업일수 및 비용구배

작업명	공정관계	선행작업	작업일수	비용구배(원/일)	비 고
A	①→②	없음	6	10,000	(1) 공기단축은 각 작업일수의 1/2을 초과할 수 없다. (2) 표준공기 시 직접비는 1,000,000원이다. (3) 간접비는 1일당 1만원이 소요된다.
B	①→③	없음	13	12,000	
C	①→④	없음	20	9,000	
D	②→③	A	2	8,000	
E	②→④	A	5	5,000	
F	③→⑤	B, D	6	8,000	
G	③→⑥	B, D	3	5,000	
H	④→⑤	C, E	2	공기단축불가	
I	⑤→⑦	H, F	3	6,000	
J	⑥→⑦	G	2	공기단축불가	
K	⑦→⑧	I, J	2	15,000	

풀이

1. 표준 네트워크 공정표

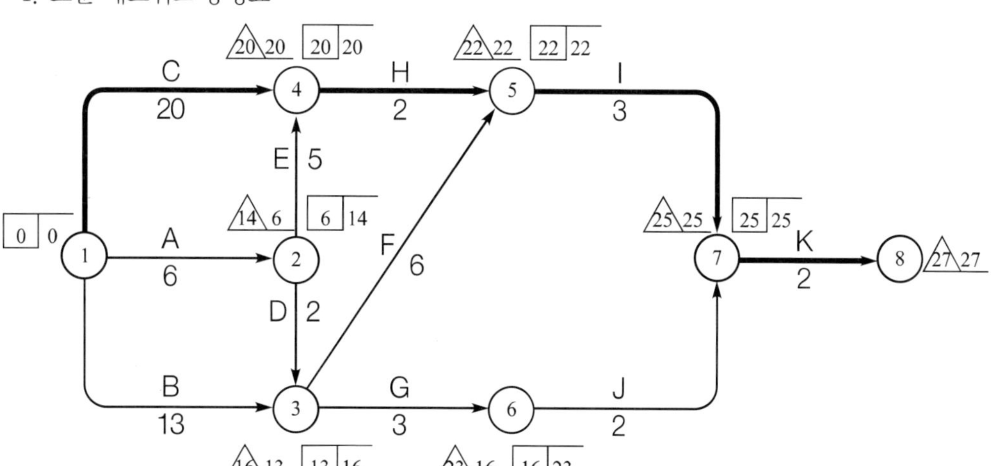

그림 5.9 표준 네트워크 공정표

2. 최적공기 및 최적 총공사비 산정

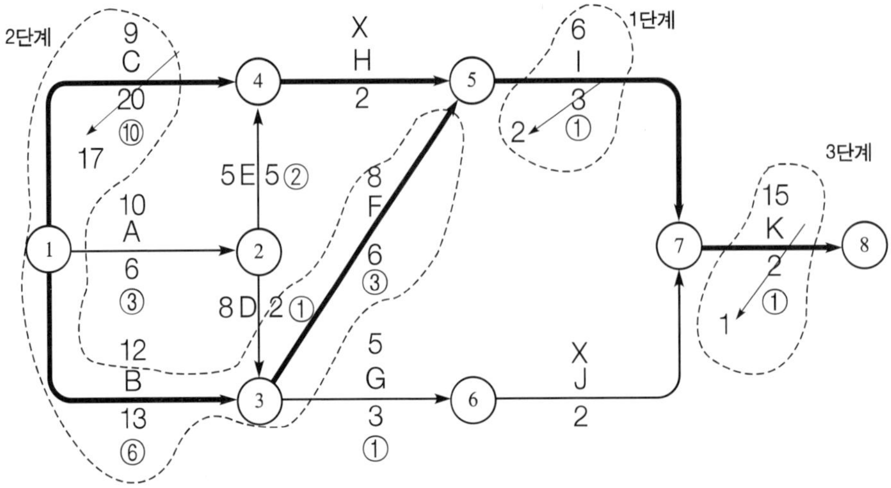

그림 5.10 공기단축 단계별 표기

표 5.9 각 경로와 단계별 공기단축

단축 단계	공기단축				경로(Path)				
	작업명 (Act.)	일수	생성 CP	단축불가 작업명	C–H–I–K (27일)	A–E–H–I–K (18일)	A–D–F–I–K (19일)	B–F–I–K (24일)	B–G–J–K (20일)
1단계	I	1	–	I	26	17	18	23	20
2단계	C	3	B, F	–	23	17	18	23	20
3단계	K	1	–	K	22	16	17	22	19

표 5.10 공기단축에 따른 총공사비 산정

소요공기(일)	작업명(Act.)	직접비(만원)	간접비(만원)	총공사비(만원)	비고
27	표준작업(정상작업)	100	27×1=27	127.0	
26	I	100+0.6=100.6	26×1=26	126.6	
25	C	100.6+0.9=101.5	25×1=25	126.5	
24	C	101.5+0.9=102.4	24×1=24	126.4	
23	C	102.4+0.9=103.3	23×1=23	126.3	(최소)
22	K	103.3+1.5=104.8	22×1=22	126.8	

① 최적공기 : 23일

② 최적 총공사비 : 1,263,000원

기본 연습문제

01.

공사기간 단축기법으로 주공정상의 소요 작업 중 비용구배(Cost Slope)가 가장 작은 요소작업부터 단위시간씩 단축해 가며 이로 인해 변경되는 주공정이 발생되면 변경된 경로의 단축해야 할 요소 작업을 결정해 가는 방법은?

㉮ MCX(Minimum Cost Expediting)
㉯ CP(Critical Path)
㉰ PERT(Program Evaluation and Review Technique)
㉱ CPM(Critical Path Method)

풀이 MCX 기법은 CPM의 핵심이론으로 주공정(CP) 상의 요소작업 중 비용구배(CS)가 최소인 작업에서부터 1일씩 단축하며 이로 인해 Sub-Path가 주공정 작업이 되면 주공정으로 표기하고 추가된 주공정을 고려하여 계속해서 공기를 단축한다.

답 ㉮

02.

MCX(Minimum Cost Expending)기법에 의한 공사기간 단축 방법에 의한 공기단축 방법에 관한 설명으로 옳지 않은 것은?

㉮ 주공정(CP) 이외의 작업을 선택한다.
㉯ 비용구배가 최소인 작업부터 단축한다.
㉰ 단축가능 한계까지 단축한다.
㉱ 보조 주공정(Sub-Critical Path)의 발생을 확인한다.

풀이 MCX 기법에 따른 공기단축 요령은 최초의 공기단축은 반드시 주공정(CP) 상의 비용구배(CS)가 최소인 작업부터 단축한다.

답 ㉮

03.

건축공사의 공기단축기법 중에서 MCX(Minimum Cost Expending) 기법에 의한 공기단축 방법에 관한 설명으로 옳지 않은 것은?

㉮ 주공정(CP) 이외의 작업을 선택한다.
㉯ 각 작업의 비용구배를 구한다.
㉰ 비용구배가 최소인 작업부터 단축한다.
㉱ 보조 주공정(Sub-Critical Path)의 발생을 확인한다.

풀이 MCX 기법에 따른 공기단축 요령은 최초의 공기단축은 반드시 주공정(CP) 상의 비용구배(CS)가 최소인 작업부터 단축한다.

답 ㉮

04.

MCX(Minimum Cost Expediting) 기법에 의한 공기단축 방법에 관한 설명으로 가장 부적당한 것은 다음 중 어느 것인가?

㉮ 주공정(CP) 이외의 작업을 선택한다.
㉯ 각 작업의 비용구배를 구한다.
㉰ 비용구배가 최소인 작업부터 단축한다.
㉱ 단축가능 한계까지 단축한다.

풀이 주공정(CP) 상의 비용구배(CS) 산출한 후, 최초의 공기단축은 반드시 주공정(CP) 상의 비용구배(CS)가 최소인 작업부터 단축한다.

답 ㉮

05.

공정계획상의 공기단축에 대한 설명 중 가장 부적당한 것은?

㉮ 일정상, 진도율 상 부진한 요소작업에 대하여 실시한다.
㉯ 불필요한 더미(Dummy)는 삭제한다.
㉰ 비용구배가 가장 큰 작업부터 순차적으로 공기를 단축한다.
㉱ 우선적으로 주공정작업의 작업시간 단축을 모색한다.

풀이 주공정(CP) 상의 요소작업 중 비용구배(CS)가 최소인 작업에서부터 1일씩 단축한다.

답 ㉰

06.

공정관리를 위한 MCX 기법에서 공기단축 순서로 가장 적당한 것은?

㉠ 단축한계까지 단축한다.
㉡ 우선 비용구배가 최소인 작업을 단축한다.
㉢ 주공정상의 작업을 선택한다.
㉣ 보조 주공정의 동시 단축경로를 고려한다.
㉤ 보조 주공정의 발생을 확인한다.
㉥ 앞의 순서를 반복한다.

㉮ ㉢-㉠-㉡-㉤-㉣-㉥

㉯ ㉢-㉠-㉤-㉣-㉡-㉥

㉰ ㉢-㉡-㉠-㉤-㉣-㉥

㉱ ㉢-㉠-㉡-㉣-㉤-㉥

풀이 ① 주공정 상의 작업을 선택한다.
② 단축 가능한 작업이어야 한다.
③ 우선 비용구배가 최소인 작업을 단축한다.
④ 단축한계까지 단축한다.
⑤ 보조 주공정의 발생을 확인한다.
⑥ 보조 주공정의 동시 단축경로를 고려한다.
⑦ 앞의 순서를 반복한다.

답 ㉰

07.

다음은 지정공기에 의한 공기단축에 대한 설명이다. 설명이 올바르지 않은 것은?

㉮ 비용구배(CS)가 다르거나 주어지지 않으면 지정공기에 의한 공기단축을 실시한다.

㉯ 주공정(CP) 상에서 단축한다.

㉰ 공기가 많은 곳에서 단축하고 가능한 한 앞부분에서 단축한다.

㉱ 주공정(CP)이 바뀌지 않는 범위 내에서 단축(Sub-Path가 CP되기 전까지 단축)한다.

풀이 비용구배(CS)가 같거나 주어지지 않으면 지정공기에 의한 공기단축을 실시한다.

답 ㉮

08.

최적공기에 대해 가장 적합하게 기술된 것은 다음 중 어느 것인가?

㉮ 직접비가 최소가 되는 공기
㉯ 일반관리비가 최소가 되는 공기
㉰ 직접비와 간접비가 최소가 되는 공기
㉱ 간접비가 최소가 되는 공기

풀이 표준공기(정상공기)에서 공기를 단축함으로 총공사비(직접비와 간접비의 합)가 최저인 공기를 최적공기 그리고 그때의 공사비를 최적공사비라 한다.

답 ㉰

09.

다음은 최적공기의 산정방법에 대한 내용이다. 내용이 올바르지 않은 것은?

㉮ 표준공기에 대한 표준 네트워크를 작성한다.
㉯ 표준공기의 소요일수를 확인한다.
㉰ 공기를 1일씩 단축하면서 증가하는 간접비와 감소하는 직접비를 산정한다.
㉱ 총공사비(직접비+간접비)를 산정한다.

풀이 공기를 1일씩 단축하면서 증가하는 직접비와 감소하는 간접비를 산정한다.

답 ㉯

심화 연습문제

문제 1

다음 네트워크 공정표에서 공기단축에 관한 설명 중 틀린 것을 모두 골라 기호로 쓰시오.

① 최초의 공기단축은 반드시 주공정에서부터 단축하여야만 한다.
② 여러 작업 중 공기단축작업의 결정은 비용구배(Cost Slope)가 최대인 것에서부터 실시한다.
③ 한 개의 작업이 공기단축 할 수 있는 범위는 특급공기(Crash Time)보다 더 작게 하여서는 안 된다.
④ 특급공기 조건을 만족시키는 조건에서 하나의 작업이 최대한 공기단축 가능한 시간은 주공정이 그대로 존재하거나 또는 주공정이 병행하여 발생한 그 시점까지이다.
⑤ 요구된 공기단축이 완료된 최종 공정표에서의 주공정(CP)은 최초의 주공정과 달라져야만 한다.

정답 ②, ⑤

주1 ② 비용구배가 최소인 것에서부터 실시한다.
⑤ 주공정(CP)은 추가될 발생될 수 있고 주공정과 달라지지는 않는다.

문제 2

MCX를 설명하시오.

정답 ① MCX 기법은 CPM의 핵심이론이며, Minimum Cost Expediting(최소 비용계획법)의 약어이다.

② 주공정(CP) 상의 요소작업 중 비용구배가 최소인 작업에서부터 1일씩 단축하며, 이로 인해 Sub-Path가 주공정 작업이 되면 주공정으로 표기하고 추가된 주공정을 고려하여 계속해서 공기를 단축한다.

문제 3

공기단축기법 중에서 MCX(Minimum Cost Expediting) 기법의 순서를 [보기]에서 찾아 쓰시오.

[조건]

① 우선 비용구배가 최소인 작업을 단축한다.
② 보조 주공정(Sub-Critical Path)의 발생을 확인한다.
③ 단축한계까지 단축한다.
④ 단축 가능한 작업이어야 한다.
⑤ 주공정(CP) 상의 작업을 선택한다.
⑥ 보조 주공정의 동시단축경로를 고려한다.
⑦ 앞의 순서를 반복시행 한다.

정답 ⑤ → ④ → ① → ③ → ② → ⑥ → ⑦

문제 4

최적공기 및 최적공사비의 개념을 설명하고 공기와 공사비의 관계도를 작도하시오.

① 최적공기 및 최적공사비의 개념

② 공기와 공사비의 관계도

정답 ① 최적공기 및 최적공사비의 개념

표준공기(정상공기)에서 공기를 단축함으로 총공사비가 최저인 공기를 최적공기 그리고 그때의 공사비를 최적공사비라 한다.

② 공기와 공사비의 관계도

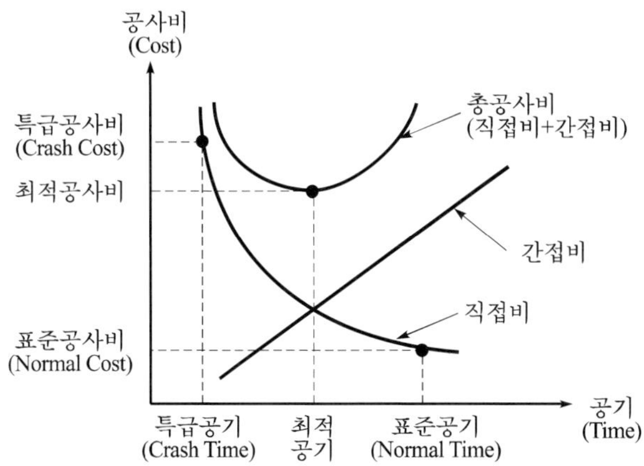

문제 5

다음 데이터를 이용하여 3일 공기단축 한 네트워크 공정표를 작성하고 공기단축 된 상태의 공사비를 산출하시오.

작업명	작업일수	선행작업	비용구배(원/일)	비고
A	3	없음	5,000	(1) 공기단축 된 각 작업의 일정은 다음과 같이 표기하고 결합점 번호는 원칙에 따라 부여한다.  (2) 공기단축은 작업일수의 1/2을 초과할 수 없다. (3) 표준공기 시 총공사비는 2,500,000원이다.
B	2	없음	1,000	
C	1	없음	–	
D	4	A, B, C	4,000	
E	6	B, C	3,000	
F	5	C	5,000	

1. 표준 네트워크 공정표

2. 총공사비

정답 1. 표준 네트워크 공정표

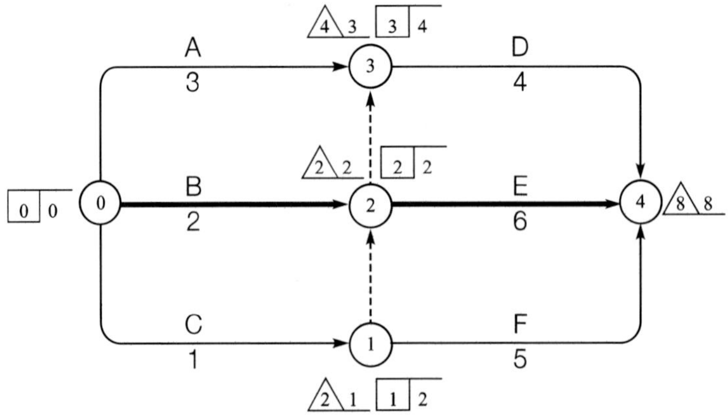

2. 공기단축(3일)

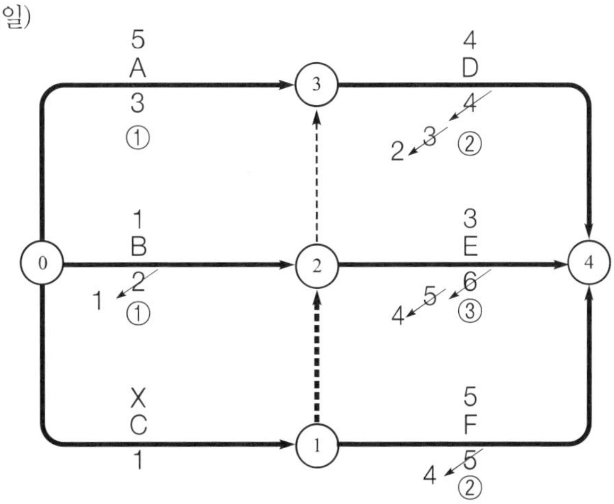

단축단계	공기단축				경로(Path)					
	작업명 (Act.)	일수	생성 CP	단축불가 작업명	A–D (7일)	B–D (6일)	B–E (8일)	C–D (5일)	C–E (7일)	C–F (6일)
1단계	B	1	A, C, D	B	7	5	7	5	7	6
2단계	D, E	1	F	–	6	4	6	4	6	6
3단계	D, E, F	1	–	–	5	3	5	3	5	5

3. 공기를 3일 단축한 네트워크 공정표

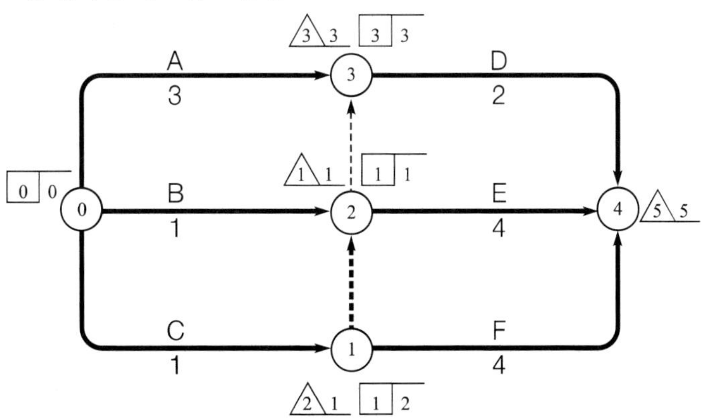

4. 공기단축 시 총공사비
 - 총공사비=표준공사비+추가공사비
 ① 표준공사비(NC, Normal Cost)
 표준공사비(NC)=2,500,000원
 ② 추가공사비(EC, Extra Cost)
 B+2(D+E)+F이므로
 추가공사비(EC)=1,000+2×(4,000+3,000)+5,000=20,000원
 ③ 총공사비(TC, Total Cost)
 총공사비(TC)=2,500,000+20,000=2,520,000원

문제 6

주어진 자료(Data)에 의하여 다음 물음에 답하시오.

㉮ 표준 네트워크(Normal Network) 공정표를 작성하시오.

㉯ 공기를 8일 단축한 네트워크 공정표를 작성하시오.

㉰ 공기단축 시 총공사비를 산출하시오.

단, ① 네트워크 공정표 작성은 화살형 네트워크(Arrow Network)로 한다.

② 주공정(CP)은 굵은 선 또는 이중선으로 표시한다.

③ 표준공기 시 총공사비는 1,000,000원이다.

작업명	공정관계	선행작업	비용구배 (CS, 원/일)	표준계획(Normal)		특급계획(Crash)		비 고
				소요일 (일)	소요 공사비(원)	소요일 (일)	소요 공사비(원)	
A	①→②	없음	10,000	4	125,000	2	145,000	 로 일정 및 작업을 표기하고, 주공정(CP)은 굵은 선으로 표기하시오.
B	①→③	없음	3,000	7	80,000	4	89,000	
C	②→④	A	8,000	8	100,000	4	132,000	
D	②→⑤	A	5,000	5	150,000	3	160,000	
E	③→④	B	8,000	3	95,000	2	103,000	
F	④→⑤	C, E	공기단축 불가	6	140,000	6	140,000	
G	④→⑥	C, E	10,000	5	160,000	3	180,000	
H	⑤→⑥	D, F	5,000	7	150,000	4	165,000	

1. 표준 네트워크 공정표

2. 공기를 8일 단축한 네트워크 공정표

3. 공기단축 시 총공사비

정답 1. 표준 네트워크 공정표

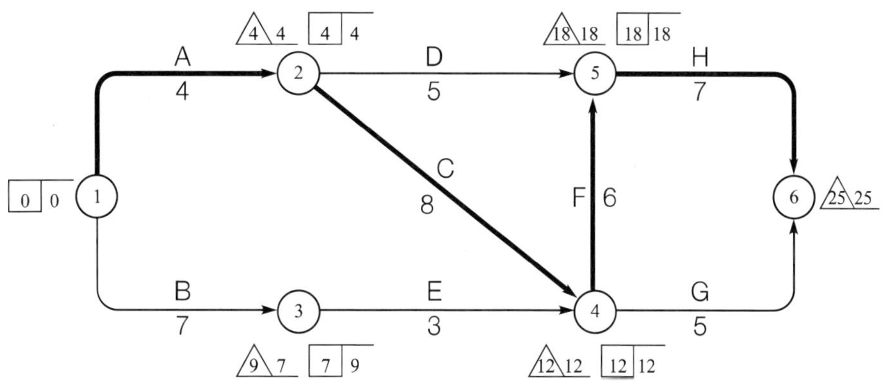

2. 공기단축(8일)

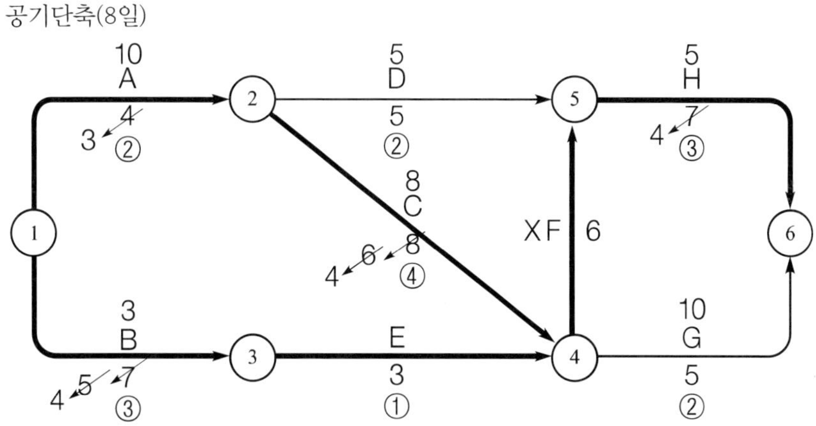

단축 단계	공기단축				경로(Path)					
	작업명 (Act.)	일수	생성 CP	단축불가 작업명	A–D–H (16일)	A–C–F–H (25일)	A–C–G (17일)	B–E–F–H (23일)	B–E–G (15일)	비고
1단계	H	3	–	H	13	22	17	20	15	
2단계	C	2	B, E	–	13	20	15	20	15	(주1)
3단계	B, C	2	–	C	13	18	13	18	13	(주2)
4단계	A, B	1	–	B	12	17	12	17	12	

주1 3일 단축 시 주공정(CP)이 SP가 됨, 즉 B-E-F-H의 20일까지 단축가능하다.

주2 병렬단축

① 제2단축으로 B, E가 주공정(CP)이 되어 병렬단축 해야 하므로 경우의 수를 검토한다.

② 경우의 수는 다음과 같고, 비용구배(CS)가 최소인 C+B에서 2일 단축한다.

작업명	비용구배(CS, 원/일)
A+B	13,000
A+E	18,000
C+B	11,000
C+E	16,000

3. 공기를 8일 단축한 네트워크 공정표

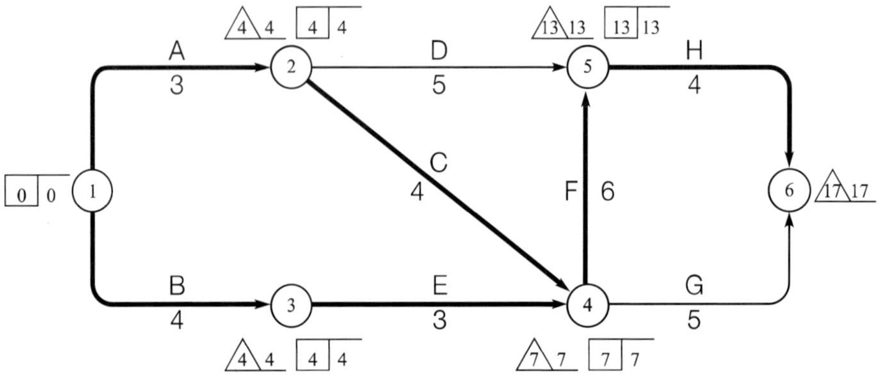

4. 공기단축 시 총공사비

- 총공사비=표준공사비+추가공사비

① 표준공사비(NC, Normal Cost)

표준공사비(NC)=125,000+80,000+100,000+150,000
+95,000+140,000+160,000+150,000
=1,000,000원

② 추가공사비(EC, Extra Cost)

3H+2C+2(C+B)+(A+B)이므로

추가공사비(EC)=3×5,000+2×8,000+2×(8,000+3,000)+(10,000+3,000)
=66,000원

③ 총공사비(TC, Total Cost)

총공사비(TC)=1,000,000+66,000=1,066,000원

문제 7

다음 데이터를 이용하여 표준공기(정상공기)를 산출한 결과 지정공기보다 3일이 지연되는 결과이었다. 공기를 조정하여 3일의 공기를 단축한 네트워크 공정표를 작성하고 아울러 총공사금액을 산출하시오.

<table>
<tr><th rowspan="2">작업명</th><th rowspan="2">선행
작업</th><th rowspan="2">비용구배
(CS, 원/일)</th><th colspan="2">표준계획(Normal)</th><th colspan="2">특급계획(Crash)</th><th rowspan="2">비 고</th></tr>
<tr><th>공기(일)</th><th>공비(원)</th><th>공기(일)</th><th>공비(원)</th></tr>
<tr><td>A</td><td>없음</td><td>–</td><td>3</td><td>7,000</td><td>3</td><td>7,000</td><td rowspan="9">단축된 공정표에서 CP는 굵은 선으로 표기하고 각 결합점에서는
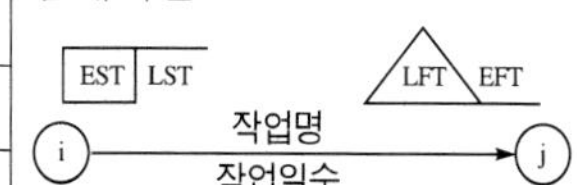
로 표기한다.(단, 표준공기는 답지에 표기하지 않고 시험지 여백을 이용할 것)</td></tr>
<tr><td>B</td><td>A</td><td>1,000</td><td>5</td><td>5,000</td><td>3</td><td>7,000</td></tr>
<tr><td>C</td><td>A</td><td>1,500</td><td>6</td><td>9,000</td><td>4</td><td>12,000</td></tr>
<tr><td>D</td><td>A</td><td>3,000</td><td>7</td><td>6,000</td><td>4</td><td>15,000</td></tr>
<tr><td>E</td><td>B</td><td>500</td><td>4</td><td>8,000</td><td>3</td><td>8,500</td></tr>
<tr><td>F</td><td>B</td><td>1,000</td><td>10</td><td>15,000</td><td>6</td><td>19,000</td></tr>
<tr><td>G</td><td>C, E</td><td>2,000</td><td>8</td><td>6,000</td><td>5</td><td>12,000</td></tr>
<tr><td>H</td><td>D</td><td>4,000</td><td>9</td><td>10,000</td><td>7</td><td>18,000</td></tr>
<tr><td>I</td><td>F, G, H</td><td>–</td><td>2</td><td>3,000</td><td>2</td><td>3,000</td></tr>
</table>

1. 단축한 네트워크 공정표

2. 총공사금액

정답 1. 표준 네트워크 공정표

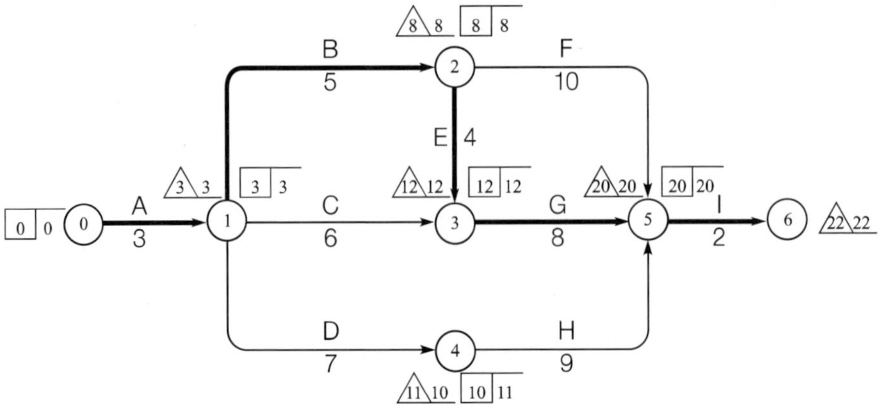

2. 공기단축(3일)

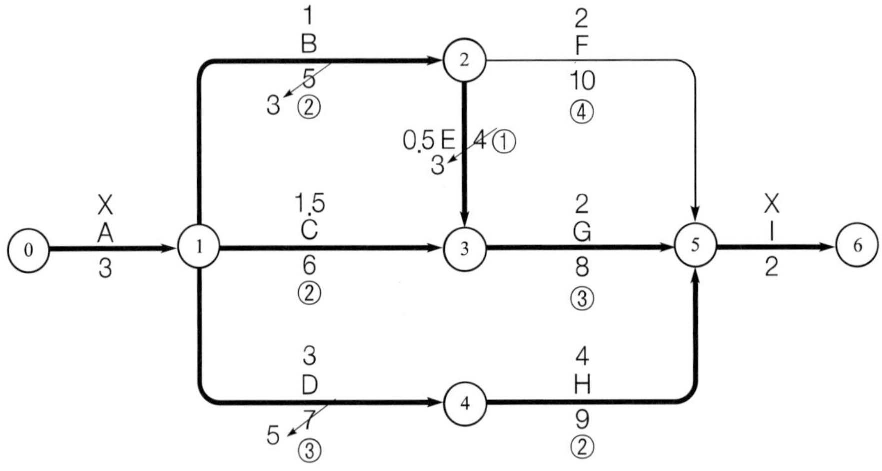

단축 단계	공기단축				경로(Path)				
	작업명 (Act.)	일수	생성 CP	단축불가 작업명	A–B–F–I (20일)	A–B–E–G–I (22일)	A–C–G–I (19일)	A–D–H–I (21일)	비고
1단계	E	1	D, H	E	20	21	19	21	
2단계	B, D	2	C	B	18	19	19	19	(주1)

주1 병렬단축 : 경우의 수는 다음과 같고, 비용구배(CS)가 최소인 곳에서 단축

작업명	비용구배(CS, 원/일)
B+D	4,000
B+H	5,000
G+D	5,000
G+H	6,000

3. 공기를 3일 단축한 네트워크 공정표

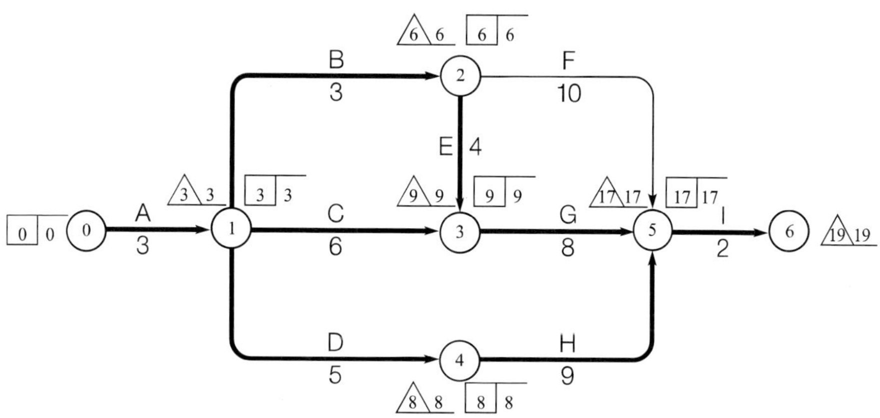

4. 총공사금액

- 총공사비=표준공사비+추가공사비

① 표준공사비(NC, Normal Cost)

표준공사비(NC)=7,000+5,000+9,000+6,000+8,000+15,000
+6,000+10,000+3,000
=69,000원

② 추가공사비(EC, Extra Cost)

E+2(B+D)이므로

추가공사비(EC)=500+2×(1,000+3,000)=8,500원

③ 총공사비(TC, Total Cost)

총공사비(TC)=69,000+8,500=77,500원

문제 8

다음 데이터를 이용하여 표준공기(정상공기)를 산출한 결과 지정공기보다 6일이 지연되었다. 공기를 조정하여 6일의 공기를 단축한 네트워크 공정표를 작성하고, 총공사금액을 산출하시오.

<table>
<tr><th rowspan="2">작업명</th><th rowspan="2">선행 작업</th><th rowspan="2">비용구배 (CS, 원/일)</th><th colspan="2">표준계획(Normal)</th><th colspan="2">특급계획(Crash)</th><th rowspan="2">비 고</th></tr>
<tr><th>공기(일)</th><th>공비(원)</th><th>공기(일)</th><th>공비(원)</th></tr>
<tr><td>A</td><td>없음</td><td>–</td><td>3</td><td>3,000</td><td>3</td><td>3,000</td><td rowspan="9">단축된 공정표에서 CP는 굵은 선으로 표기하고 각 결합점에서는

로 표기한다.(단, 표준공기는 답지에 표기하지 않고 시험지 여백을 이용할 것)</td></tr>
<tr><td>B</td><td>A</td><td>1,000</td><td>5</td><td>5,000</td><td>3</td><td>7,000</td></tr>
<tr><td>C</td><td>A</td><td>1,500</td><td>6</td><td>9,000</td><td>4</td><td>12,000</td></tr>
<tr><td>D</td><td>A</td><td>3,000</td><td>7</td><td>6,000</td><td>4</td><td>15,000</td></tr>
<tr><td>E</td><td>B</td><td>500</td><td>4</td><td>8,000</td><td>3</td><td>8,500</td></tr>
<tr><td>F</td><td>B</td><td>1,000</td><td>10</td><td>15,000</td><td>6</td><td>19,000</td></tr>
<tr><td>G</td><td>C, E</td><td>2,000</td><td>8</td><td>6,000</td><td>5</td><td>12,000</td></tr>
<tr><td>H</td><td>D</td><td>4,000</td><td>9</td><td>10,000</td><td>7</td><td>18,000</td></tr>
<tr><td>I</td><td>F, G, H</td><td>–</td><td>2</td><td>4,000</td><td>2</td><td>4,000</td></tr>
</table>

1. 단축한 네트워크 공정표

2. 총공사금액

정답 1. 표준 네트워크 공정표

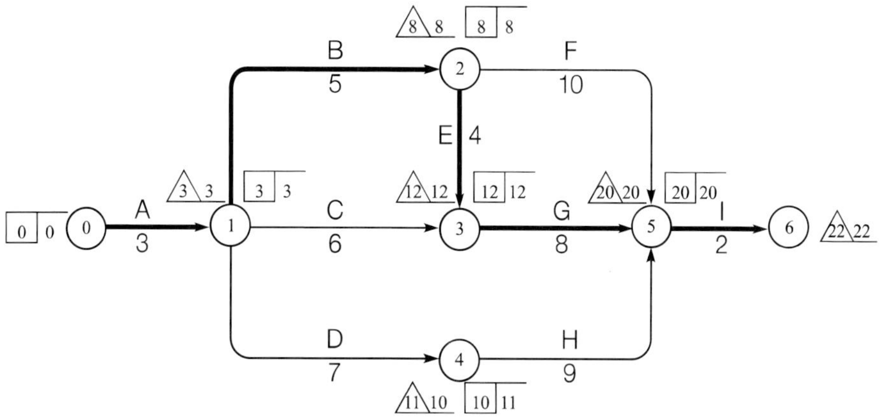

2. 공기단축(6일)

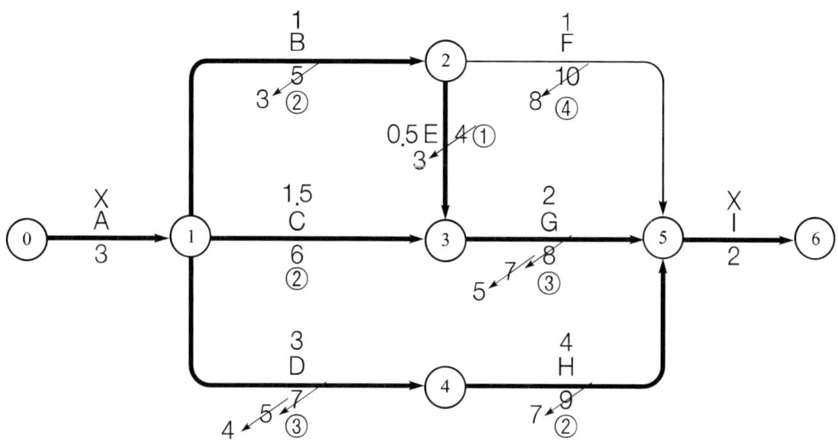

단축 단계	공기단축				경로(Path)				
	작업명 (Act.)	일수	생성 CP	단축불가 작업명	A–B–F–I (20일)	A–B–E–G–I (22일)	A–C–G–I (19일)	A–D–H–I (21일)	비고
1단계	E	1	D, H	E	20	21	19	21	–
2단계	B, D	2	C	B	18	19	19	19	(주1)
3단계	G, D	1	F	D	18	18	18	18	(주2)
4단계	F, G, H	2	–	G	16	16	16	16	(주3)

주1 병렬단축 : 경우의 수는 다음과 같고, 비용구배(CS)가 최소인 곳에서 단축한다.

작업명	비용구배(CS, 원/일)
B+D	4,000
B+H	5,000
G+D	5,000
G+H	6,000

주2 병렬단축 : 경우의 수는 다음과 같고, 비용구배(CS)가 최소인 곳에서 단축한다.

작업명	비용구배(CS, 원/일)
G+D	5,000
G+H	6,000

주3 F+G+H에서만 단축가능하다.

3. 공기를 6일 단축한 네트워크 공정표

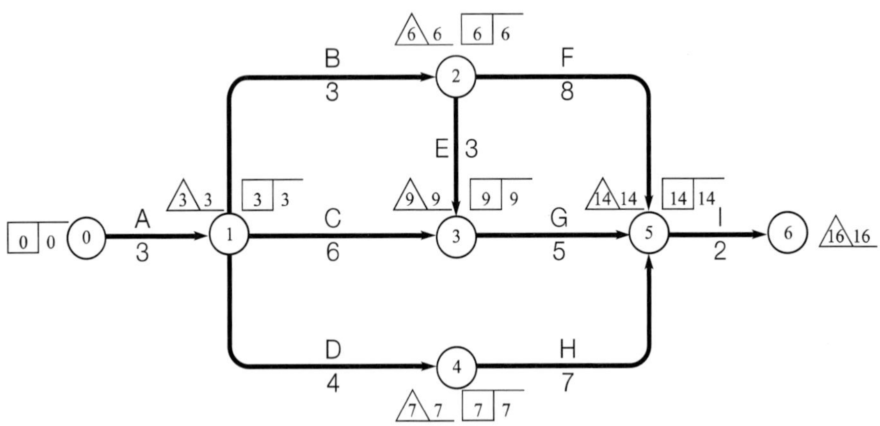

4. 총공사금액

- 총공사비=표준공사비+추가공사비

① 표준공사비(NC, Normal Cost)

표준공사비(NC)=7,000+5,000+9,000+6,000+8,000+15,000+6,000
+10,000+3,000=69,000원

② 추가공사비(EC, Extra Cost)

2B+3D+E+2F+3G+2H이므로

추가공사비(EC)=2×1,000+3×3,000+500+2×1,000+3×2,000
+2×4,000=27,500원

③ 총공사비(TC, Total Cost)

총공사비(TC)=66,000+27,500=93,500원

문제 9

아래와 같은 네트워크 공정표로부터 표와 같은 조건에 의하여 최소비용으로 공기를 22일이 되도록 조정하여 네트워크 공정표를 다시 작성하고, 추가공사비(비용증가액)를 계산하시오. (단, 주공정 굵은 선 표시)

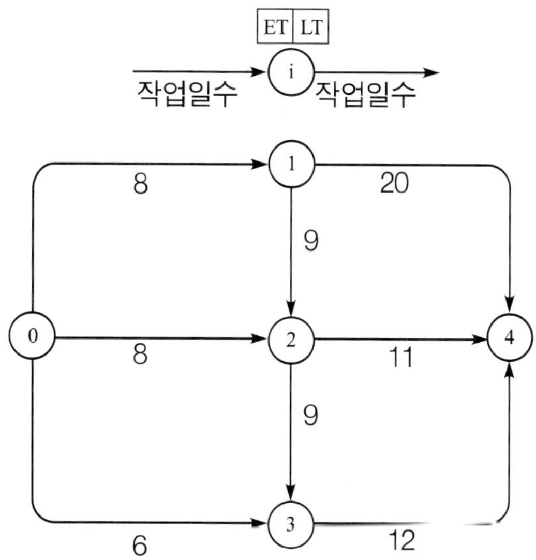

공정 관계	표준계획(Normal)		특급계획(Crash)		비고
	소요일(일)	소요공사비(원)	최대 단축할 가능일(일)	소요공사비(원)	
⓪ → ①	8	100,000	3	550,000	
⓪ → ②	8	200,000	4	280,000	
⓪ → ③	6	150,000	3	270,000	
① → ②	9	250,000	2	670,000	
① → ④	20	130,000	13	340,000	
② → ③	9	120,000	4	470,000	
② → ④	11	170,000	6	220,000	
③ → ④	12	190,000	5	750,000	
계	–	1,310,000	–	3,550,000	

1. 단축한 네트워크 공정표

2. 비용증가액

정답 1. 표준 네트워크 공정표

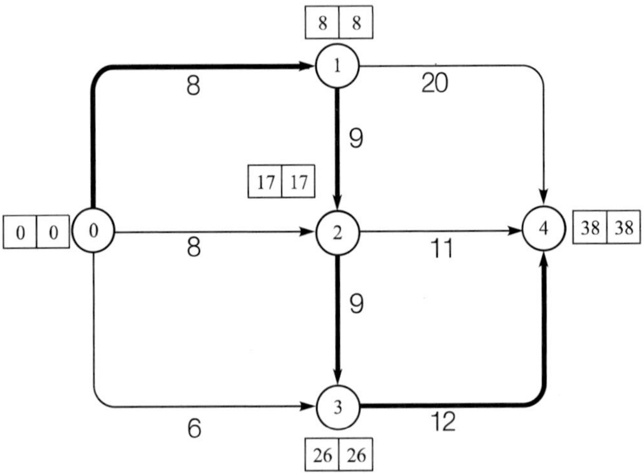

2. 공기단축(16일)

① 비용구배

공정관계(작업명)	단축가능일수(일)	비용구배(CS, 원/일)
⓪→①	5	90,000
⓪→②	4	20,000
⓪→③	3	40,000
①→②	7	60,000
①→④	7	30,000
②→③	5	70,000
②→④	5	10,000
③→④	7	80,000

② 공기단축

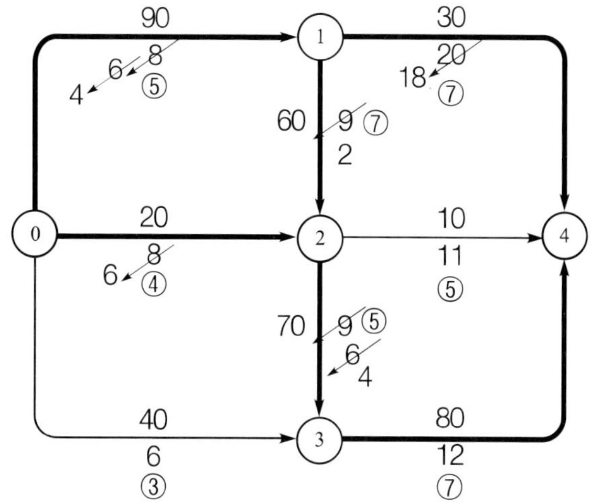

단축단계	공기단축				경로(Path)						비고
	작업명(Act.)	일수	생성 CP	단축불가 작업명	⓪→①→④ (28일)	⓪→①→②→④ (28일)	⓪→①→②→③→④ (38일)	⓪→②→④ (19일)	⓪→②→③→④ (29일)	⓪→③→④ (18일)	
1단계	①→②	7	–	①→②	28	21	31	19	29	18	
2단계	②→③	3	①→④	–	28	21	28	19	26	18	
3단계	⓪→①	2	⓪→②	–	26	19	26	19	26	18	(주1)
4단계	①→④ ②→③	2	–	②→③	24	19	24	19	24	18	(주2)
5단계	⓪→① ⓪→②	2	–	–	22	17	22	17	22	18	(주3)

주1 2단계에서 주공정(CP)은 공기 28일인 ⓪→①→④와 ⓪→①→②→③→④이다. 이 두 주공정(CP)에서 단축불가 작업을 제외한 곳에서 비용구배(CS)가 최소인 곳은 ②→③이나, ②→③에서 단축하게 되면 ⓪→①→④의 경로(Path) 중에서 동시에 단축해야 한다. 즉, ②→③과 ①→④에서 병렬단축 해야 되므로 비용구배(CS)는 70,000+30,000=100,000이므로 두 주공정(CP)의 공동 경로(Path)인 ⓪→①의 비용구배(CS)가 90,000으로 비용이 더욱 저렴하다. 따라서 3단계는 ⓪→①에서 ⓪→②→③→④의 2단계 공기 26일인 2일 까지 단축가능 하다.

주2 3단계의 단축결과 ⓪→①→④, ⓪→①→②→③→④ 및 ⓪→②→③→④가 주공정(CP)이 되었으므로, 세 개의 주공정(CP)을 동시에 단축해야 한다. 여기서, 서로 중복되지 않는 ⓪→②, ①→② 및 ①→④를 기준으로 하면 혼돈을 줄일 수 있다. 또한 ①→②는 1단계 단축결과 단축불가능한 작업임에 주의한다. 예를 들어 비용구배(CS)가 최소인 ⓪→②를 단축할 경우, ①→②는 단축불가능한 작업이고, ⓪→②→③→④ 경로(Path)에서 ⓪→②를 이미 단축하였으므로 더 이상 단축해서는 안 된다.[∵ 주공정(CP)이 변한다.] 따라서 비용구배(CS)가 최소인 ①→④와 ②→③에서 2일 단축가능 하다.

주3 4단계 단축결과 ②→③이 단축불가능 하므로 5단계에서는 ⓪→②와 ⓪→① 혹은 ①→④와 ③→④에서 단축가능하나 일반적으로 전반부에서 단축하므로 ⓪→②와 ⓪→①에서 단축한다.

공정관계(작업명)	비용구배(CS, 원/일)
⓪→②, ⓪→①	20,000+90,000=110,000
①→④, ③→④	30,000+80,000=110,000
①→④, ②→③	30,000+70,000=100,000

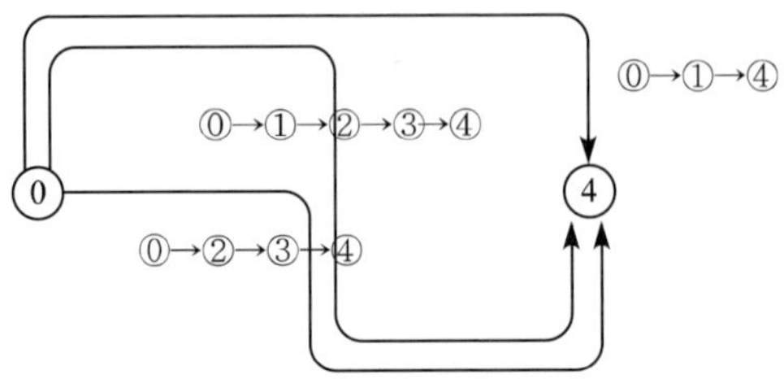

3. 공기를 16일 단축한 네트워크 공정표

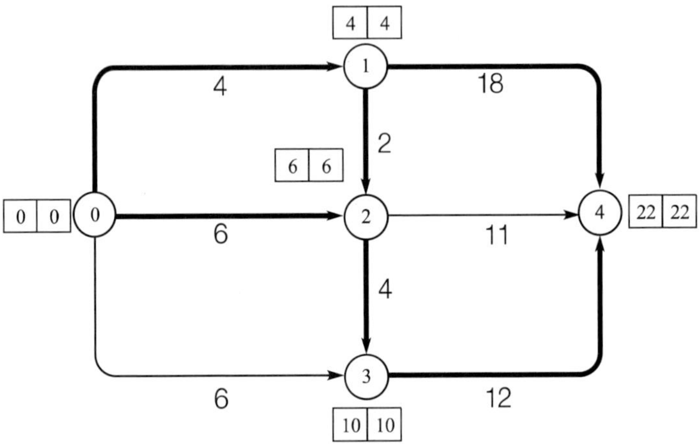

4. 추가공사비(비용증가액)

- 추가공사비(EC, Extra Cost) :

  7×(①−②)+3×(②−③)+2×(⓪−①)+2×(①−④+②−③)

  +2×(⓪−①+⓪−②)

  추가공사비(EC)=7×60,000+3×70,000+2×90,000+2×(30,000+70,000)

  +2×(90,000+20,000)=1,230,000원

문제 10

주어진 데이터에 의하여 다음 물음에 답하시오.

단, ① 네트워크 작성은 화살형 네트워크(Arrow Network)로 할 것

② 주공정(CP)은 굵은 선으로 표시할 것

③ 각 결합점에서는 다음과 같이 표시한다.

<table>
<tr><th>작업명</th><th>작업일수</th><th>선행작업</th><th>공기 1일 단축 시 비용(원)</th><th>비고</th></tr>
<tr><td>A</td><td>5</td><td>없음</td><td>10,000</td><td rowspan="11">(1) 공기단축은 Activity I 에서 2일, Activity H 에서 3일, Activity C 에서 5일로 한다.

(2) 표준공기 시 총공사비는 1,000,000원이다.</td></tr>
<tr><td>B</td><td>8</td><td>없음</td><td>15,000</td></tr>
<tr><td>C</td><td>15</td><td>없음</td><td>9,000</td></tr>
<tr><td>D</td><td>3</td><td>A</td><td>공기단축불가</td></tr>
<tr><td>E</td><td>6</td><td>A</td><td>25,000</td></tr>
<tr><td>F</td><td>7</td><td>B, D</td><td>30,000</td></tr>
<tr><td>G</td><td>9</td><td>B, D</td><td>21,000</td></tr>
<tr><td>H</td><td>10</td><td>C, E</td><td>8,500</td></tr>
<tr><td>I</td><td>4</td><td>H, F</td><td>9,500</td></tr>
<tr><td>J</td><td>3</td><td>G</td><td>공기단축불가</td></tr>
<tr><td>K</td><td>2</td><td>I, J</td><td>공기단축불가</td></tr>
</table>

1. 표준 네트워크

2. 공기를 10일 단축한 네트워크를 작성하시오.

3. 공기단축 된 총공사비를 산출하시오.

정답 1. 표준 네트워크 공정표

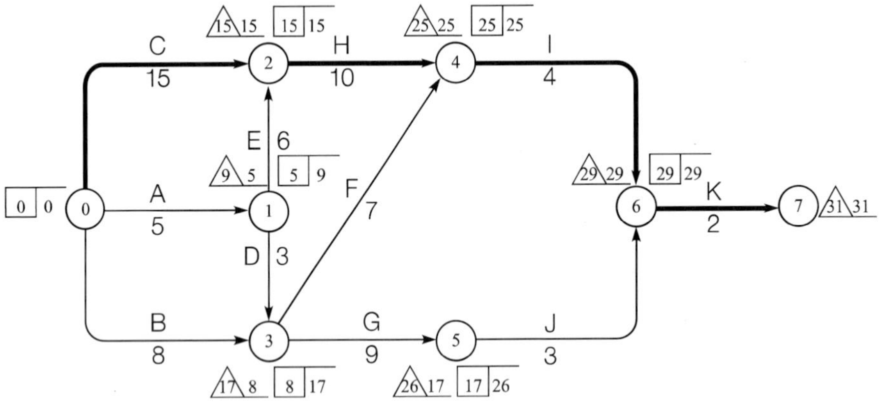

2. 공기단축(10일)

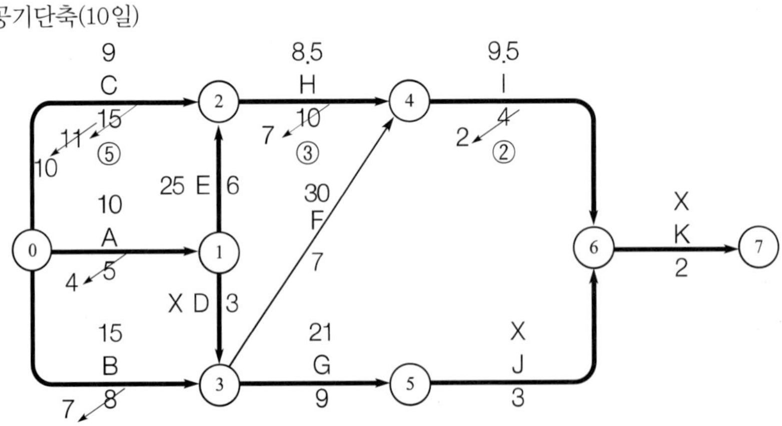

단축 단계	공기단축				경로(Path)					
	작업명 (Act.)	일수	생성 CP	단축불가 작업명	C-H-I-K (31일)	A-E-H-I-K (27일)	A-D-F-I-K (21일)	A-D-G-J-K (21일)	B-F-I-K (21일)	B-G-J-K (22일)
1단계	H	3	-	H	28	24	21	22	21	22
2단계	C	4	A, E	-	24	24	21	22	21	22
3단계	I	2	B, G, J, D	I	22	22	19	22	19	22
4단계	A, B, C	1	-	C	21	21	18	21	18	21

3. 공기를 10일 단축한 네트워크 공정표

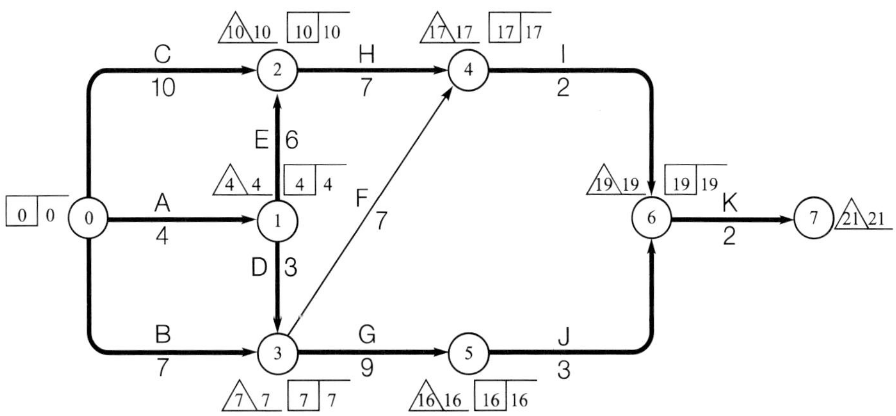

4. 총공사비

- 총공사비=표준공사비+추가공사비
  - ① 표준공사비(NC, Normal Cost)
    표준공사비(NC)=1,000,000원
  - ② 추가공사비(EC, Extra Cost)
    3H+4C+2I+(A+B+C)이므로
    추가공사비(EC)=3×8,500+4×9,000+2×9,500
    +(10,000+15,000+9,000)=114,500원
  - ③ 총공사비(TC, Total Cost)
    총공사비(TC)=1,000,000+114,500=1,114,500원

문제 11

다음 데이터를 이용하여 표준 네트워크 공정표를 작성하고, 아울러 3일 공기단축 네트워크 및 총 공사금액을 산출하시오.

작업명	공정 관계	표준계획(Normal) 소요일(일)	표준계획(Normal) 소요공사비(원)	특급계획(Crash) 소요일(일)	특급계획(Crash) 소요공사비(원)	비용구배 (CS, 원/일)
A	⓪→①	4	21,000	3	28,000	7,000
B	⓪→②	8	40,000	6	56,000	8,000
C	①→②	6	50,000	4	60,000	5,000
D	①→④	9	54,000	7	60,000	3,000
E	②→③	4	50,000	1	110,000	20,000
F	②→④	5	15,000	4	24,000	9,000
G	③→⑤	3	15,000	3	15,000	–
H	④→⑤	7	60,000	6	75,000	15,000
계		–	305,000	–	428,000	–

1. 표준 네트워크 공정표

2. 공기를 3일 단축한 네트워크 공정표

3. 총공사금액

정답 1. 표준 네트워크 공정표

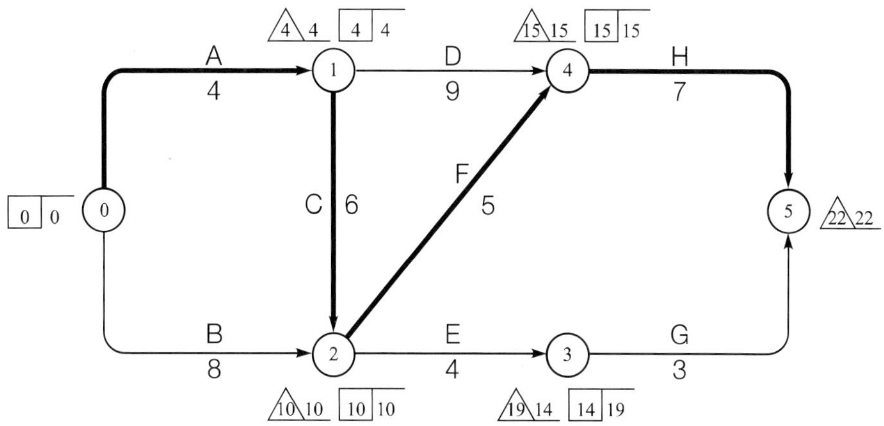

2. 공기단축(3일)

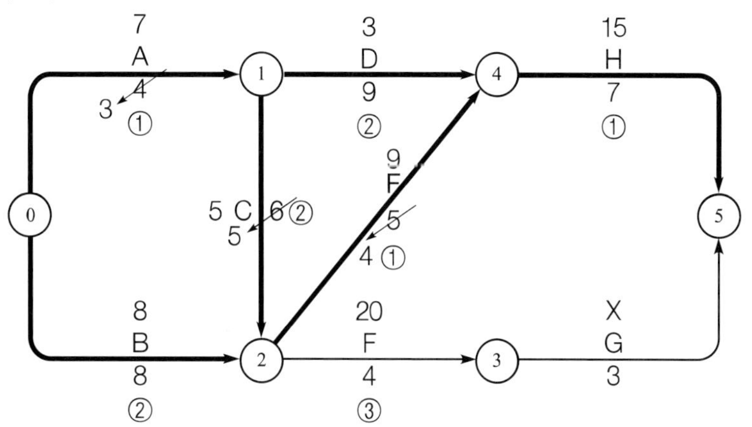

단축 단계	공기단축				경로(Path)				비고
	작업명 (Act.)	일수	생성 CP	단축불가 작업명	A-D-H (20일)	A-C-F-H (22일)	B-F-H (20일)	B-E-G (15일)	
1단계	C	1	–	–	20	21	20	15	(주1)
2단계	A	1	B	A	19	20	20	15	
3단계	F	1	D	F	19	19	19	15	

주1 비용구배(CS)가 가장 적은 작업 C에서 2일 단축가능하나, 작업 C에서 2일 단축할 경우 작업 B, D가 주공정(CP)이 되어 이후부터는 병렬단축이 된다. 따라서 C에서 1일 단축하고 나머지 작업에서 2일을 단축하는 것이 병렬단축보다 비용이 줄어든다.

3. 공기를 3일 단축한 네트워크 공정표

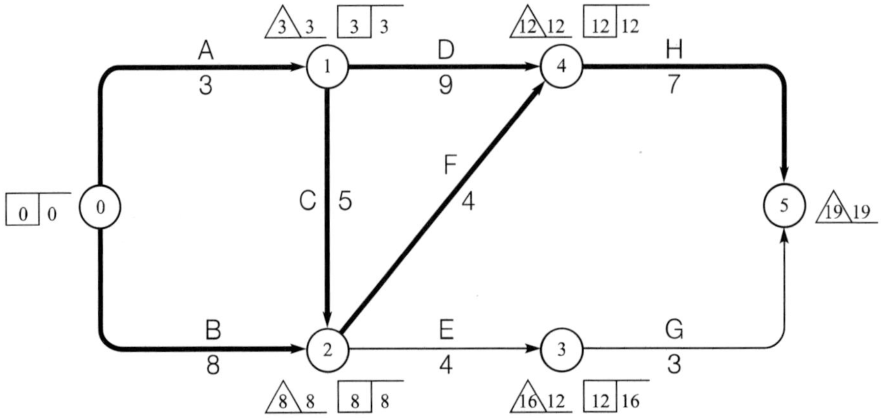

4. 총공사금액
- 총공사비=표준공사비+추가공사비
  ① 표준공사비(NC, Normal Cost)
  표준공사비(NC)=305,000원
  ② 추가공사비(EC, Extra Cost) : C+A+F이므로
  추가공사비(EC)=5,000+7,000+9,000=21,000원
  ③ 총공사비(TC, Total Cost)
  총공사비(TC)=305,000+21,000=326,000원

주1 작업 C에서 2일 단축할 경우, 추가공사비는 22,000원이 되어 공사비 증가를 최소화하는 MCX이론에 위배되므로 작업 C에서 1일 단축하여야 한다.

문제 12

다음 데이터를 이용하여 표준 네트워크 공정표를 작성하고, 아울러 3일 공기단축 네트워크 및 총 공사금액을 산출하시오.

<table>
<tr><th rowspan="2">작업명</th><th rowspan="2">공정
관계</th><th rowspan="2">비용구배
(CS, 원/일)</th><th colspan="2">표준계획(Normal)</th><th colspan="2">특급계획(Crash)</th><th rowspan="2">비고</th></tr>
<tr><th>공기
(일)</th><th>공사비
(원)</th><th>공기
(일)</th><th>공사비
(원)</th></tr>
<tr><td>A</td><td>⓪→①</td><td>6,000</td><td>3</td><td>20,000</td><td>2</td><td>26,000</td><td rowspan="9">① 네트워크 공정표는 화살형 네트워크 공정표로 한다.
② 주공정선(Critical Path)은 굵은선으로 한다.
③ 각 결합점에는 다음과 같이 표기하고 결합점 번호는 원칙에 따라 부여한다.
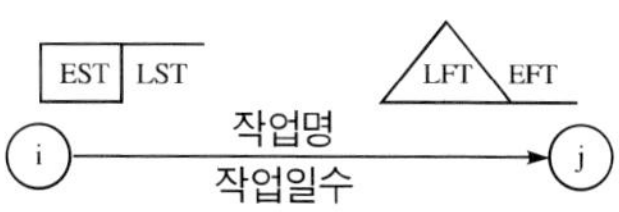</td></tr>
<tr><td>B</td><td>⓪→②</td><td>5,000</td><td>7</td><td>40,000</td><td>5</td><td>50,000</td></tr>
<tr><td>C</td><td>①→②</td><td>7,000</td><td>5</td><td>45,000</td><td>3</td><td>59,000</td></tr>
<tr><td>D</td><td>①→④</td><td>10,000</td><td>8</td><td>50,000</td><td>7</td><td>60,000</td></tr>
<tr><td>E</td><td>②→③</td><td>9,000</td><td>5</td><td>35,000</td><td>4</td><td>44,000</td></tr>
<tr><td>F</td><td>②→④</td><td>5,000</td><td>4</td><td>15,000</td><td>3</td><td>20,000</td></tr>
<tr><td>G</td><td>③→⑤</td><td>–</td><td>3</td><td>15,000</td><td>3</td><td>15,000</td></tr>
<tr><td>H</td><td>④→⑤</td><td>–</td><td>7</td><td>60,000</td><td>7</td><td>60,000</td></tr>
<tr><td colspan="2">계</td><td>–</td><td>–</td><td>280,000</td><td>–</td><td>334,000</td></tr>
</table>

1. 표준 네트워크 공정표

2. 공기를 3일 단축한 네트워크 공정표

3. 총공사비

정답 1. 표준 네트워크 공정표

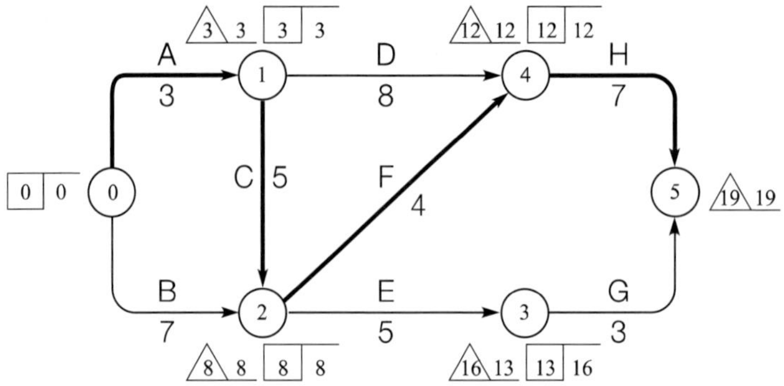

2. 공기단축(3일)

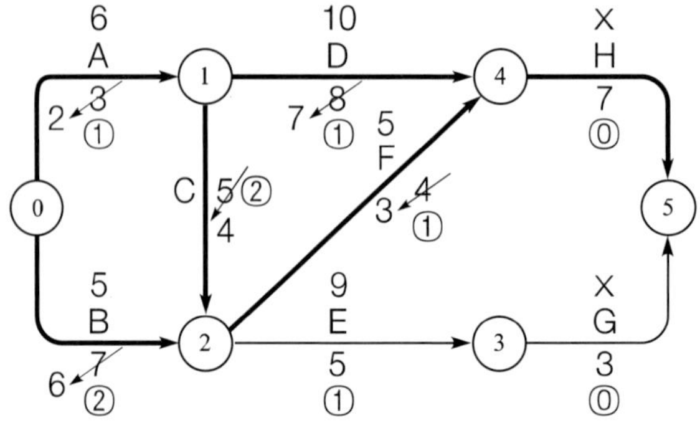

단축 단계	공기단축				경로(Path)					비고
	작업명 (Act.)	일수	생성 CP	단축불가 작업명	A−C−F−H (19일)	A−D−H (18일)	A−C−E (19일)	B−F−H (17일)	B−E−G (15일)	
1단계	F	1	D	F	18	18	16	17	15	
2단계	A	1	B	A	17	17	15	17	15	
3단계	B, C, D	1	−	D	16	16	15	16	15	(주1)

주1 병렬단축 : 경우의 수는 다음과 같고, 비용구배(CS)가 최소인 곳에서 단축

작업명	비용구배(CS)
B+C+D	22,000

3. 공기를 3일 단축한 네트워크 공정표

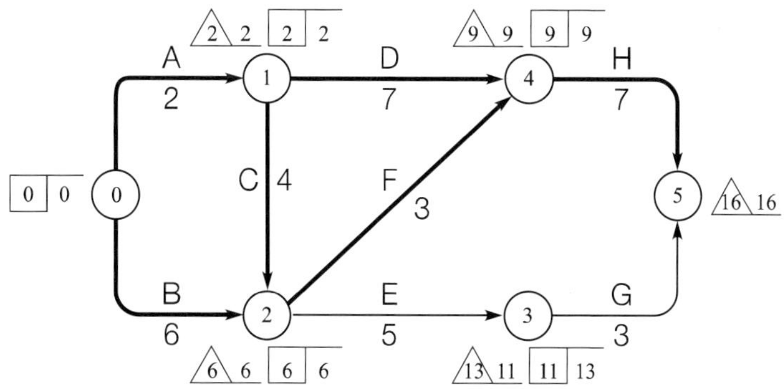

4. 총공사금액

- 총공사비=표준공사비+추가공사비
  ① 표준공사비(NC, Normal Cost)
  표준공사비(NC)=280,000원
  ② 추가공사비(EC, Extra Cost) : F+A+B+C+D이므로
  추가공사비(EC)=5,000+6,000+7,000+10,000=33,000원
  ③ 총공사비(TC, Total Cost)
  총공사비(TC)=280,000+23,000=313,000원

문제 13

주어진 Data에 의하여 다음 물음에 답하시오.

작업명	선행작업	Normal(표준)		Crash(급속)	
		Time(일)	Cost(만원)	Time(일)	Cost(만원)
A	없음	5	17	4	21
B	없음	18	30	13	45
C	없음	16	32	12	48
D	A	8	20	6	26
E	A	7	11	6	14
F	A	6	12	4	20
G	D, E, F	7	15	5	22

1. 표준 네트워크 공정표를 작성하시오.
   (단, CP는 굵은 선으로 표시하고 각 결합점에서는 다음과 같이 표시한다.)

2. 정상공기시 총공사비용 (①)과 공기를 4일 단축할 경우 총공사비용 (②)을 구하시오.
   ① 총공사비용

   계산과정 :

   답 :

   ② 공기단축시 총공사비용

   계산과정 :

   답 :

정답 1. 표준 네트워크 공정표

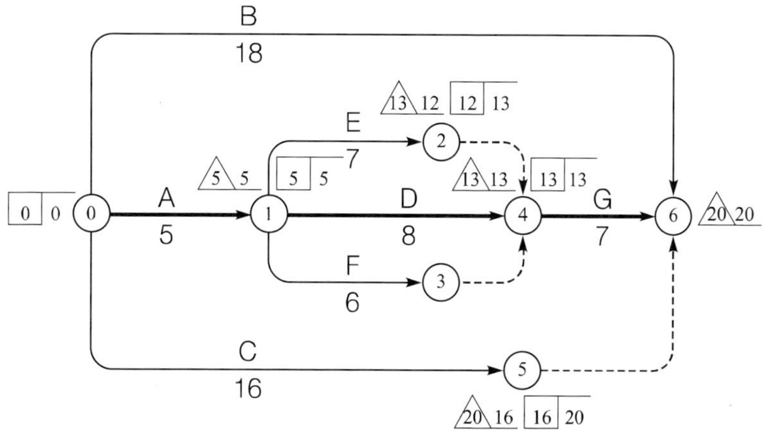

2. 공기단축(3일)

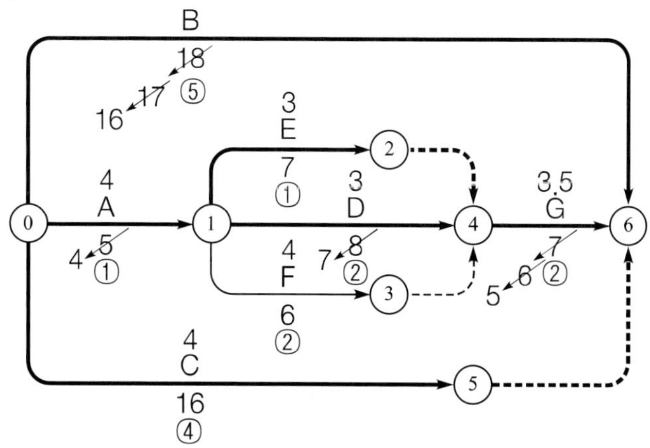

단축 단계	공기단축				Path				
	작업명 (Act.)	일수	생성 CP	단축불가 Path	B (18일)	A–E–G (19일)	A–D–G (20일)	A–F–G (18일)	C (16일)
1단계	D	1	E	–	18	19	19	18	16
2단계	G	1	B	–	18	18	18	17	16
3단계	B, G	1	–	G	17	17	17	16	16
4단계	B, A	1	C	A	16	16	16	15	16

3. 총공사비

- 총공사비=표준공사비+추가공사비

① 표준공사비(NC, Normal Cost)

표준공사비(Normal의 소요공사비 합계)

=170,000+300,000+320,000+200,000+110,000+120,000+150,000

=1,370,000원

② 추가공사비(EC, Extra Cost)
공기단축은 공정 D, 2G, 2B, A에서 이루어지므로
추가공사비(EC)=30,000+2×35,000+2×30,000+40,000=200,000원
③ 총공사비(TC, Total Cost)
총공사비=1,370,000+200,000=1,570,000원

문제 14

다음 데이터를 이용하여 7일 공기단축한 네트워크 공정표를 작성하고, 공기단축된 상태의 추가공사비를 산출하시오.

작업명	작업일수	선행작업	비용구배(천원/일)	비고
A	2	없음	50	(1) 공기단축된 각 작업의 일정은 다음과 같이 표기하고 결합점 번호는 원칙에 따라 부여한다. 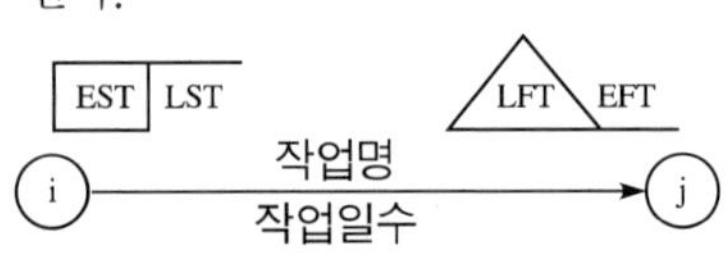 (2) 공기단축은 작업일수의 1/2을 초과할 수 없다.
B	3	없음	40	
C	4	없음	30	
D	5	A, B, C	20	
E	6	A, B, C	10	
F	4	B, C	15	
G	3	C	23	
H	6	D, F	37	
I	7	E, G	45	

1. 단축한 네트워크 공정표

2. 추가공사비

정답 1. 표준 네트워크 공정표

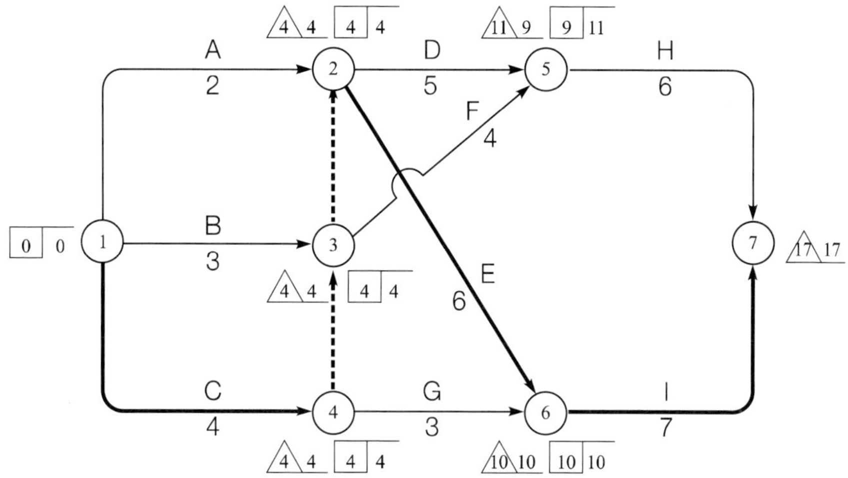

2. 공기단축(7일)

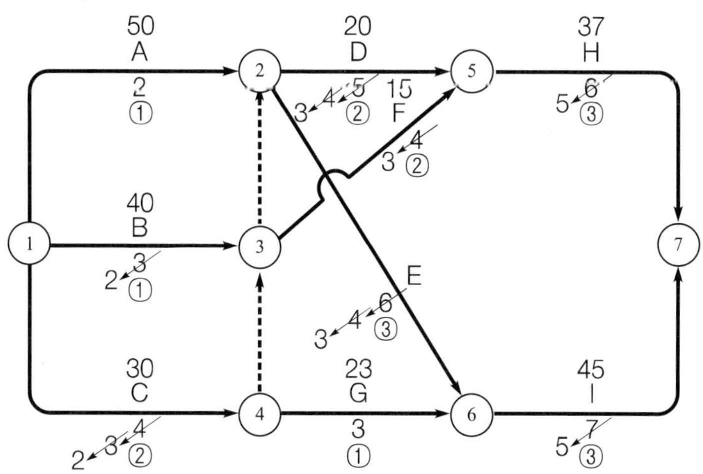

단축단계	공기단축				Path									비고
	작업명(Act.)	일수	생성 CP	단축불가 Path	A-D-H (13일)	A-E-I (15일)	B-D-H (14일)	B-E-I (16일)	B-F-H (13일)	C-G-I (14일)	C-F-H (14일)	C-D-H (15일)	C-E-I (17일)	
1단계	E	2	D, H	−	13	13	14	14	13	14	14	15	15	
2단계	C	1	B	−	13	13	14	14	13	13	13	14	14	
3단계	D, E	1	G, F	E	12	12	13	13	13	13	13	13	13	(주1)
4단계	B, C	1	A	B, C	12	12	12	12	12	12	12	12	12	(주2)
5단계	D, F, I	1	−	D	11	11	11	11	11	11	11	11	11	(주3)
6단계	H, I	1	−	−	10	10	10	10	10	10	10	10	10	

주1 병렬단축 : 경우의 수는 다음과 같고, 비용구배(CS)가 최소인 곳에서 단축

작업명	비용구배(CS)
B+C	70
D+E	30
D+I	65
H+E	47
H+I	82

주2 병렬단축 : 경우의 수는 다음과 같고, 비용구배(CS)가 최소인 곳에서 단축

작업명	비용구배(CS)
B+C	70
D+F+I	80
H+I	82

주3 병렬단축 : 경우의 수는 다음과 같고, 비용구배(CS)가 최소인 곳에서 단축

작업명	비용구배(CS)
D+F+I	80
H+I	82

3. 공기를 7일 단축한 네트워크 공정표

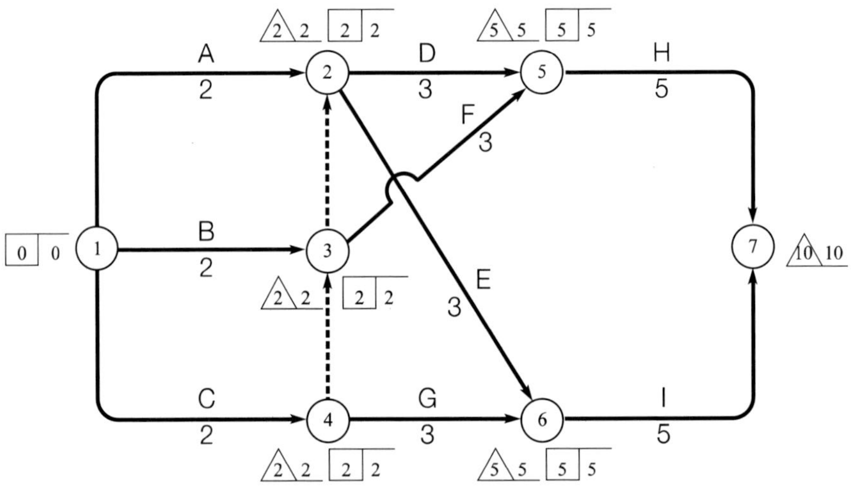

• 추가공사비

추가공사비(EC, Extra Cost) : 공기단축은 공정 B, 2C, 2D, 3E, H, 2I에서 이루어지므로

추가공사비(EC) $=40,000+2\times30,000+2\times20,000+3\times10,000+15,000+37,000+2\times45,000$

$=312,000$원

문제 15

다음 데이터에 의한 바차트(Bar Chart)로 작성하고 또한 공기를 14일로 단축했을 때의 네트워크 공정표를 완성하시오. 이때 공기를 단축함으로써 추가되는 최소 공사비를 산출하시오. (단, 공기단축 한 네트워크 공정표에 주공정(CP)은 굵은 선 또는 이중선으로 표시하고, 공정표상에는 다음 사항을 표시한다.)

작업명	작업일수(일)	선행작업	공기 1일 단축 시 비용(원)	비고
A	4	없음	50,000	단, 공기단축은 작업일수의 1/2을 초과할 수 없다.
B	2	없음	40,000	
C	3	없음	15,000	
D	2	B	20,000	
E	3	A	10,000	
F	5	E	18,000	
G	4	D, C	25,000	
H	2	D, C	37,000	
I	3	H	45,000	
J	2	G, F	45,000	
K	4	I, J	42,000	

1. 바차트(Bar Chart)

2. 단축한 네트워크 공정표

3. 추가공사금액

정답 1. 네트워크 공정표

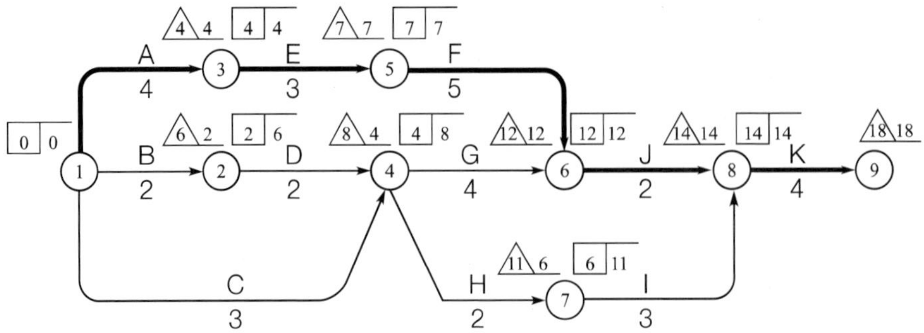

2. 여유시간

작업명(Act.)	공기(D)	EST	EFT	LST	LFT	TF	FF	DF	CP
A	4	0	4	0	4	0	0	0	*
B	2	0	2	4	6	4	0	4	
C	3	0	3	5	8	5	1	4	
D	2	2	4	6	8	4	0	4	
E	3	4	7	4	7	0	0	0	*
F	5	7	12	7	12	0	0	0	*
G	4	4	8	8	12	4	4	0	
H	2	4	6	9	11	5	0	5	
I	3	6	9	11	14	5	5	0	
J	2	12	14	12	14	0	0	0	*
K	4	14	18	14	18	0	0	0	*

3. 바차트

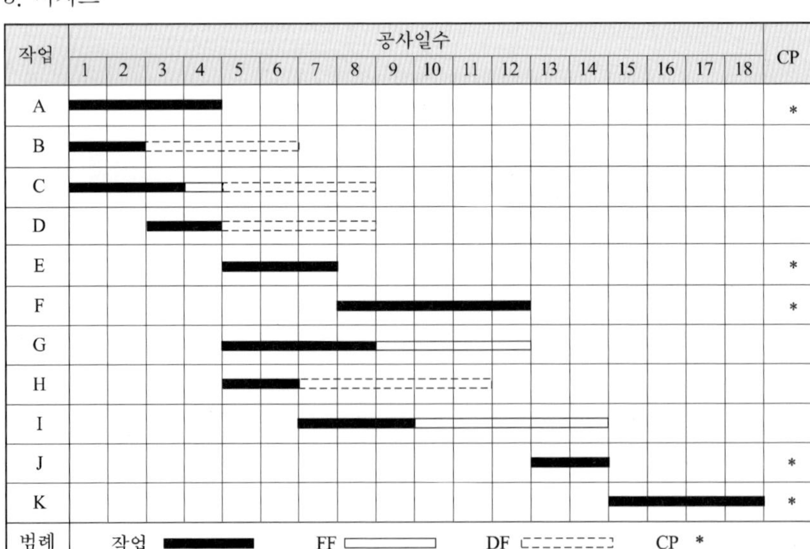

4. 공기단축(4일)

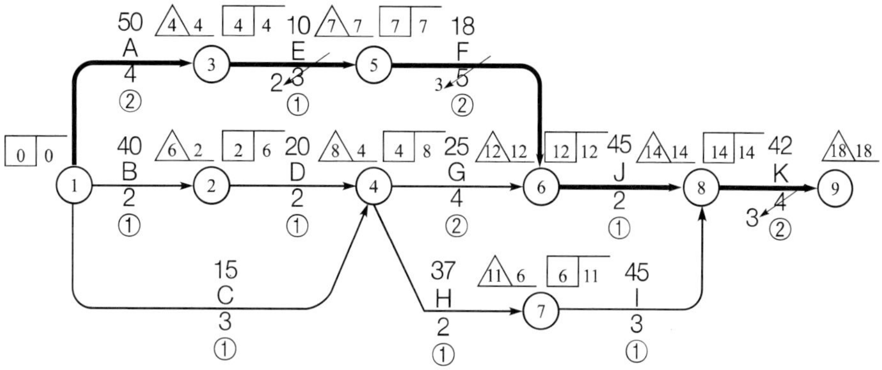

단축 단계	공기단축				경로(Path)					
	작업명 (Act.)	일수	생성 CP	단축불가 작업명	AEFJK (18일)	BDGJK (14일)	BDHIK (13일)	CGJK (15일)	CJIK (15일)	비고
1단계	E	1	–	E	17	14	13	12	12	
2단계	F	2	–	F	15	14	13	12	12	
3단계	K	1	–	–	14	13	12	11	11	

5. 공기단축 한 네트워크 공정표

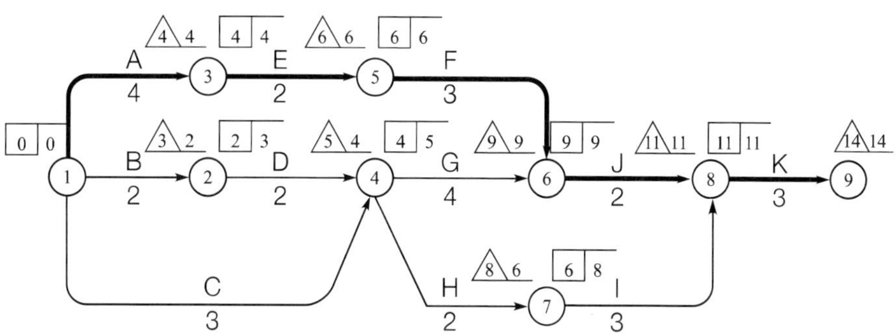

6. 추가공사비(EC, Extra Cost)

최종 공기단축은 E+2F+K이므로

추가공사비(EC)=10,000+2×18,000+42,000=88,000원

문제 16

다음 데이터를 네트워크 공정표로 작성하고, 4일의 공기를 단축한 최종 상태의 공사비를 산출하시오. [단, 최종 작성 네트워크 공정표에서 주공정(CP)은 굵은 선으로 표시하고 결합점 시간은 다음과 같이 표시한다.]

작업명	선행작업	표준계획(Normal)		특급계획(Crash)	
		소요일수(일)	공사비(원)	소요일수(일)	공사비(원)
A	없음	3	70,000	2	130,000
B	없음	4	60,000	2	80,000
C	A	4	50,000	3	90,000
D	A	6	90,000	3	120,000
E	A	5	70,000	3	140,000
F	B, C, D	3	80,000	2	120,000

㉮ 표준 네트워크 공정표

㉯ 공기단축 총공사비 산출

작업 \ 경로	A–E	A–D–F	A–C–F	B–F	비용구배	공기단축	추가비용
A							
B							
C							
D							
E							
F							
공기							

㉰ 총공사비

정답 1. 표준 네트워크 공정표

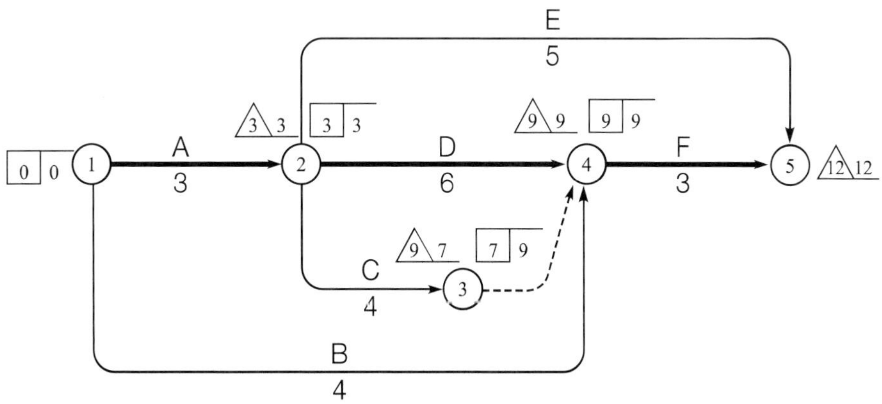

2. 공기단축(4일, SAM 기법을 이용)

작업 \ 경로	A–E	A–D–F	A–C–F	B–F	비용구배	공기 단축	추가비용
A	60,000 / 1	60,000 / 1	60,000 / 1		60,000	–	–
B				10,000 / 2	10,000	–	–
C			40,000 / 1 (1)		40,000	1	40,000
D		10,000 / 3 (3)			10,000	3	30,000
E	35,000 / 2				35,000	–	–
F		40,000 / 1 (1)	40,000 / 1 (1)	40,000 / 1 (1)	40,000	1	40,000
공기	8	8	8	6	–	–	110,000

주 문제에서 위와 같은 표가 주어졌을 경우, SAM 기법을 이용한 공기단축을 의미한다.

경로(Path)			A-E	A-D-F	A-C-F	B-F	해설
소요일수			8	12	10	7	
단축요구일수			0	4	2	0	(주1)
1단계	D	2일	0	4-2=2	2	0	(주2), (주3)
2단계	F	1일	0	2-1=1	2-1=1	0-1=-1	(주4)
3단계	C, D	1일	0	1-1=0	1-1=0	-1	(주5)

주1 주공정(A-D-F) 상에서 4일 단축하면 8일이 된다. 따라서 모든 경로는 8일을 초과할 수 없다.

주2 소요일수가 가장 큰 주공정(A-D-F) 상에서, 비용구배(CS)가 가장 적은 작업 D(2일 단축가능, 다른 Sub-Path의 단축요구일수까지 단축가능)에서 단축한다. 단축 후 위의 매트릭스에서 분모에 (단축일)을 삽입한다.

주3 기존의 주공정(A-D-F)과 Sub-Path(A-C-F)의 단축요구일수가 같아졌으므로 Sub-Path (A-D-F)는 새로운 주공정(CP)이 된다.

주4 따라서 전체 주공정(CP) 상에서 비용구배(CS)가 가장 적은 작업 D에서 단축하면 새로 생성된 주공정(CP)의 작업 C도 단축해야 하므로 비용구배(CS)는 5,000(=1,000 +4,000)원이 된다. 따라서 작업 F의 비용구배(CS)가 4,000이므로 F에서 단축해야 한다. 이때 네트워크 공정표를 함께 이용하면 편리하다.

주5 기존의 주공정(CP)과 추가로 생성된 주공정(CP)을 함께 고려하면, 작업 F는 단축불가능하며, 작업 A와 작업 C, D의 비용구배(CS)를 비교하여 적은 작업을 선택하여 공기를 단축해야 한다. 본 예제에서는 작업 C, D의 비용구배(CS)가 5,000(=1,000+4,000)원으로 작업 A의 비용구배(CS)보다 작다. 따라서 작업 C, D를 함께 공기단축 한다.

3. 공기단축 시 총공사비

- 총공사비=표준공사비+추가공사비
  ① 표준공사비(NC, Normal Cost) : 420,000원
  ② 추가공사비(EC, Extra Cost) : 110,000원
  ③ 총공사비 : 420,000+110,000=530,000원

문제 17

다음은 어떤 공사의 작업에 필요로 하는 시간과 비용의 관계를 나타낸 곡선이다. 다음 물음에 답하시오.

(1) 곡선 aa', bb', cc'은 각각 무엇을 나타내며, 이들 세 곡선 사이의 관계는?

(2) 점 d의 x, y값은 각각 무엇을 나타내는가?

(3) 공기를 Q에서 P로 단축할 때 bb'의 비용증가율은? (단, 점 b 및 b'의 x, y값은 다음과 같다. 점 b : $x=7$일, $y=45,000$원, 점 b' : $x=10$일, $y=30,000$원)

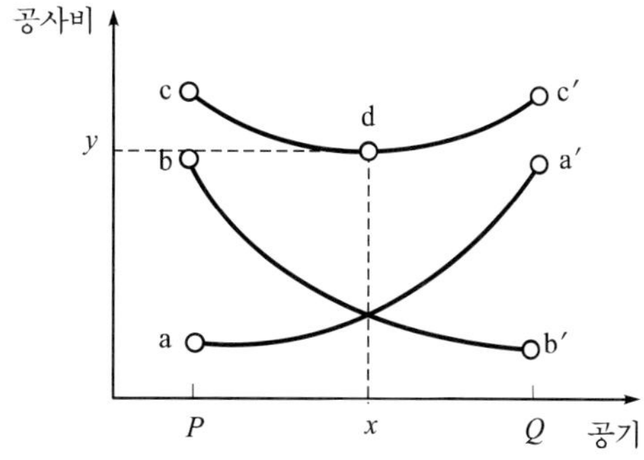

① 곡선 aa' : ____________ ② 곡선 bb' : ____________

③ 곡선 cc' : ____________ ④ 세 곡선의 관계 : ____________

⑤ x값 : ____________ ⑥ y값 : ____________

⑦ 비용구배 : ____________

정답

① 곡선 aa' : 간접비

② 곡선 bb' : 직접비

③ 곡선 cc' : 총공사비

④ 세 곡선의 관계 : 총공사비=간접비+직접비

⑤ x값 : 최적공기

⑥ y값 : 최적공사비

⑦ 비용구배 : 비용구배 $= \dfrac{\text{특급비용} - \text{표준비용}}{\text{표준공기} - \text{특급공기}} = \dfrac{45{,}000 - 30{,}000}{10-7} = 50{,}000$원/일

문제 18

다음 그림과 같은 네트워크에 대하여 표준공기(정상공기)와 표준공기(정상공기)에 의한 공비 그리고 특급공기와 특급공기에 의한 공사비가 다음과 같이 주어져 있다. 공기를 4일간 단축하려고 한다. 단축한 네트워크 공정표와 최소의 추가공사비를 계산하시오.

공정관계 (작업명)	표준계획(Normal)		특급계획(Crash)	
	공기(일)	공비(원)	공기(일)	공비(원)
①→②	10	20,000	9	30,000
①→③	22	24,000	10	50,000
②→③	14	28,000	13	50,000
②→④	24	20,000	22	25,000
③→④	12	68,000	8	84,000
합 계	–	160,000	–	239,000

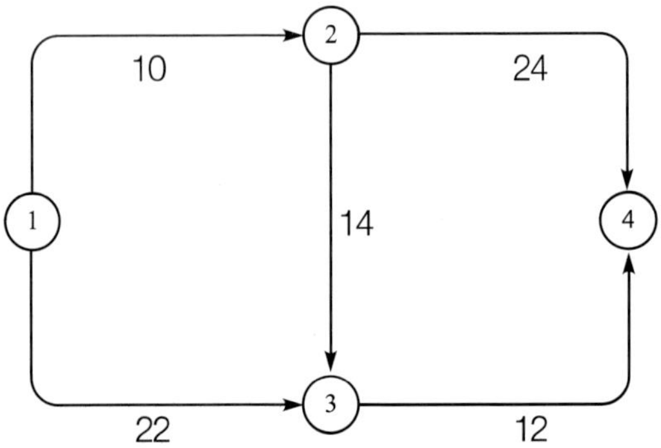

1. 단축한 네트워크 공정표

2. 추가공사비

정답 1. 표준 네트워크 공정표

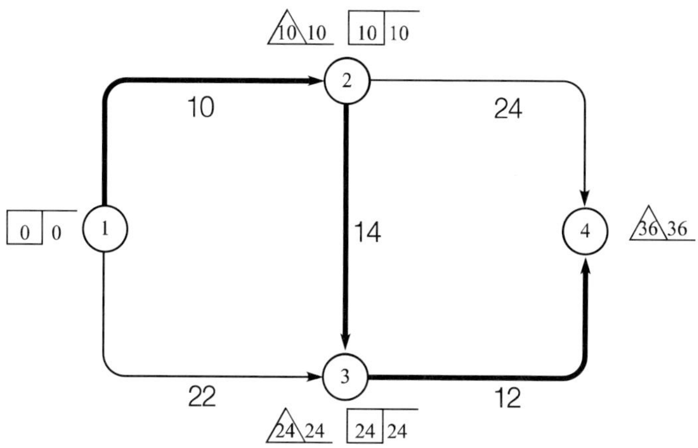

2. 공기단축(4일)

공정관계 (작업명)	표준계획(Normal)		특급계획(Crash)		비용 구배	단축 가능일수
	공기(일)	공비(원)	공기(일)	공비(원)		
①→②	10	20,000	9	30,000	10,000	1
①→③	22	24,000	10	50,000	2,167	12
②→③	14	28,000	13	50,000	22,000	1
②→④	24	20,000	22	25,000	2,500	2
③→④	12	68,000	8	84,000	4,000	4
합 계	–	160,000	–	239,000	–	–

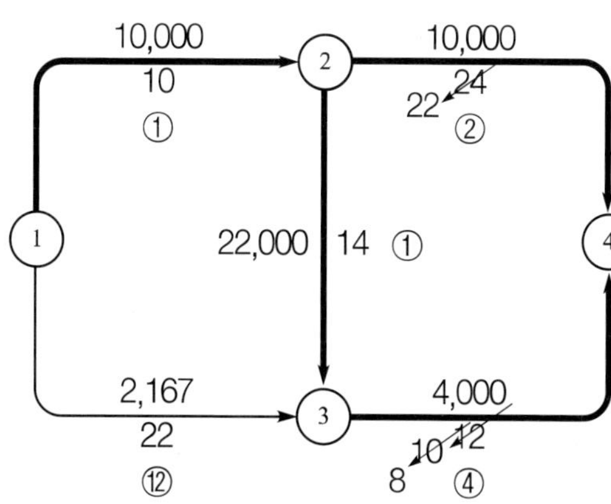

단축 단계	공기단축				경로(Path)			비고
	작업명 (Act.)	일수	생성 CP	단축불가 작업명	①-②-③-④ (36일)	①-②-④ (34일)	①-③-④ (34일)	
1단계	③→④	2	②→④	–	34	34	32	(주1)
2단계	②→④, ③→④	2	–	③→④	32	32	32	

주1 주공정(CP)의 작업일수가 36일이므로 다른 경로의 작업일수인 34일까지 단축가능 하다. 단축 후, 작업 ②→④가 주공정(CP)이 추가로 생성된다. 여러 가지의 전체 경로 중에 두 가지(①→②→③→④, ①→②→④)의 경로가 주공정(CP)이 된다. 1단계에서의 단축가능 한 경우와 비용구배는 아래의 표와 같고 여기서, 비용구비(CS)가 가장 적은 경로 ①→②→④의 작업 ②→④에서 2일 단축할 경우 경로 ①→②→③→④의 작업 ③→④에서 동시에 단축해야 하며, 그때의 비용구배가 최소가 된다.

공정관계(작업명)	비용구배(CS, 원/일)
①→②	10,000
②→④, ③→④	2,500+4,000=6,500
②→④, ②→③	2,500+22,000=24,500

③ 공기를 4일 단축한 네트워크 공정표

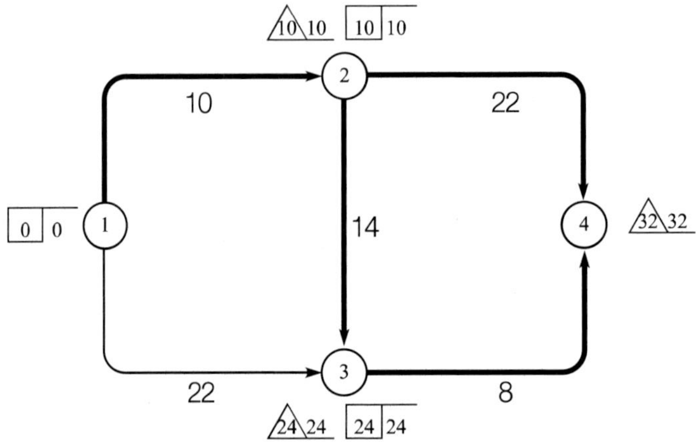

④ 추가공사비(EC, Extra Cost)

작업 ③→④에서 4일 단축하고, ②→④에서 2일 단축한다.

추가공사비(EC)=4,000×4+2,500×2=21,000원

문제 19

다음의 작업 리스트에서 네트워크 공정표를 작도하고, 공사기간을 6일 단축했을 때 추가로 소요되는 최소비용은 얼마인가?

작업명	작업일수	선행작업	단축가능일수(일)	비용구배(원/일)
A	5	없음	1	60,000
B	7	A	1	40,000
C	10	A	1	70,000
D	9	B	2	60,000
E	12	C	2	50,000
F	6	D	2	80,000
G	4	E, F	2	100,000

1. 네트워크 공정표

2. 추가공사비

정답 1. 표준 네트워크 공정표

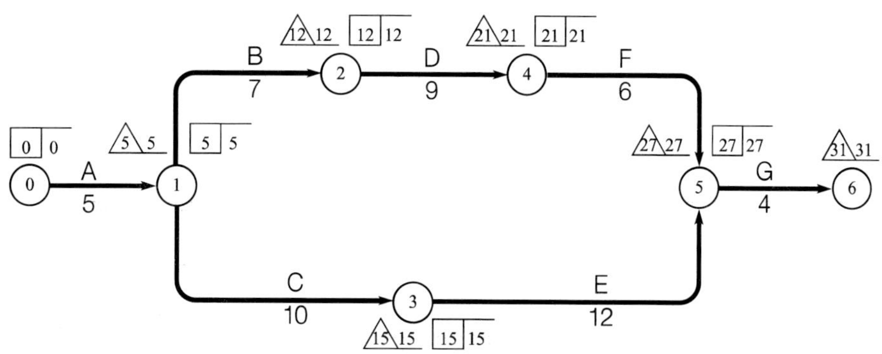

2. 공기단축(6일)

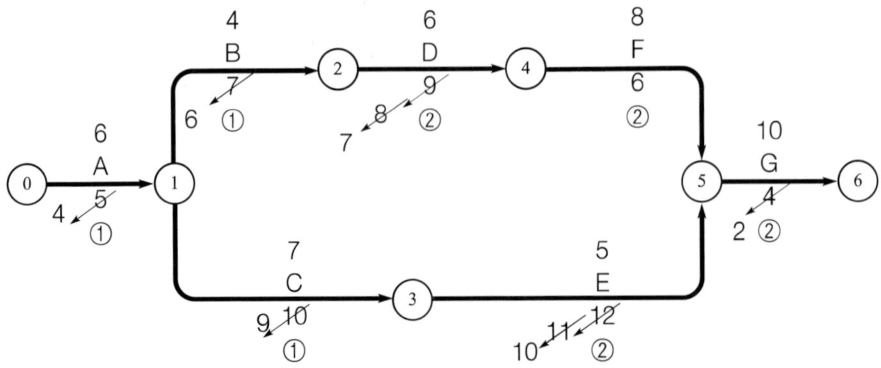

단축 단계	공기단축				경로(Path)		
	작업명 (Act.)	일수	생성 CP	단축불가 작업명	A-B-D-F-G (31일)	A-C-E-G (31일)	비고
1단계	A	1	-	A	30	30	(주1)
2단계	B, E	1	-	B	29	29	(주2)
3단계	G	2	-	G	27	27	(주3)
4단계	D, E	1	-	E	26	26	(주4)
5단계	D, C	1	-	D	25	25	

주1 모든 경로가 주공정(CP)이므로 주의한다. 작업 A와 G는 단독으로 공기단축하지만 나머지 작업들은 병렬단축하여야 한다. 병렬단축의 경우 최소 비용구배는 작업 B와 E가 동시에 단축되는 경우이며, 그 비용은 90,000원(=40,000+50,000)으로 작업 A의 비용구배(CS) 60,000원보다 크다.

주2 병렬단축되는 작업 B, E의 비용구배(CS)는 90,000원이고 작업 G의 비용구배(CS)는 100,000원이다. 따라서 작업 B, E에서 작업 B의 단축가능일수 1일 만큼 단축한다.

주3 병렬단축되는 작업 D, E의 비용구배(CS)는 110,000원이고 작업 G의 비용구배(CS)는 100,000원이다. 따라서 작업 G에서 단축가능일수 2일 만큼 단축한다.

주4 병렬단축되는 작업 D, E에서 작업 D의 나머지 단축가능일수 1일 만큼 단축한다.

3. 추가공사비(EC, Extra Cost)

작업 A에서 1일, 작업 B에서 1일, 작업 E에서 2, 작업 G에서 2일, 작업 D에서 2일, 작업 C에서 1일 단축한다. 즉, 1일 단축되는 작업은 A, B, C이고 2일 단축되는 작업은 E, G, D이다.

추가공사비(EC)=(60,000+40,000+70,000)+(50,000+100,000+60,000)×2
=590,000원

문제 20

다음과 같은 공정표에서 주공정(CP)을 구하고, 표준공기(정상공기)와 공사비용, 정상 공사기간을 4일간 줄일 때 발생하는 추가비용의 최소값을 구하시오.

공정관계	작업명	표준공기(일)	표준공비(만원)	특급공기(일)	특급공비(만원)
⓪→②	A	3	15	3	15
⓪→④	B	5	20	4	25
②→⑥	D	6	36	5	43
②→⑧	F	8	40	6	50
④→⑥	E	7	49	5	65
④→⑩	G	9	27	7	33
⑥→⑧	H	2	10	1	15
⑥→⑩	C	2	16	1	22
⑧→⑫	I	3	24	3	24
⑩→⑫	K	4	28	3	38

1. 주공정(CP)

2. 표준공기(정상공기)와 공사비용

3. 표준공기(정상공기)를 4일간 줄일 때 발생하는 추가비용의 최소값 계산

정답 1. 주공정(CP)

표준 네트워크 공정표는 다음과 같다.

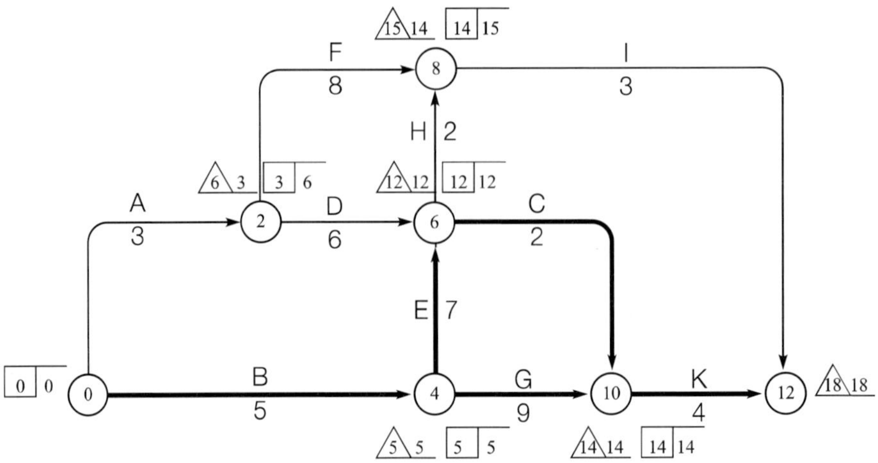

주공정(CP) ; B-G-K, B-E-C-K

2. 표준공기(정상공기)와 표준공비(정상공비)
   ① 표준공기(정상공기) ; 18일
   ② 표준공비(정상공비) : 265만원(=15+20+36+40+49+27+10+16+24+28)

3. 단축가능일수 및 비용구배

공정관계	작업명	단축가능일수(일)	비용구배(CS, 만원/일)
⓪→②	A	0	0
⓪→④	B	1	(25−20)/(5−4)=5
②→⑥	D	1	(43−36)/(6−5)=7
②→⑧	F	2	(50−40)/(8−6)=5
④→⑥	E	2	(65−49)/(7−5)=8
④→⑩	G	2	(33−27)/(9−7)=3
⑥→⑧	H	1	(15−10)/(2−1)=5
⑥→⑩	C	1	(22−16)/(2−1)=6
⑧→⑫	I	0	0
⑩→⑫	K	1	(38−28)/(4−3)=10

4. 공기단축(4일)

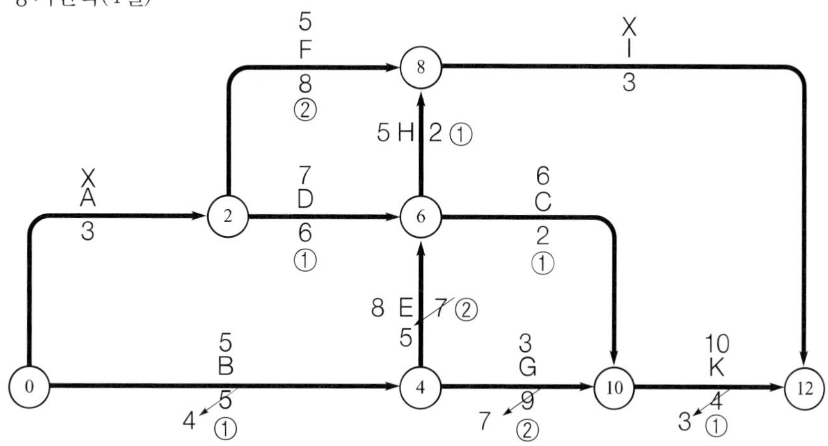

단축단계	공기단축				경로(Path)						비고
	작업명 (Act.)	일수	생성 CP	단축불가 작업명	BGK (18일)	BECK (18일)	BEHI (17일)	ADCK (15일)	ADHI (14일)	AFI (14일)	
1단계	B	1	–	B	17	17	16	15	14	14	
2단계	K	1	H,I	K	16	16	16	14	14	14	(주1)
3단계	G,E	2	All	G,E	14	14	14	14	14	14	(주2)

주1 2단계에서는 일반적인 원칙에 의할 경우 아래 표와 같은 공기단축이 가능하다. 하지만 아래와 같이 공기단축을 했을 경우 생성 주공정(CP) H, I와 먼저 1일 단축된 작업 G로 인해 작업 E에서 1일밖에 단축할 수 없다. 결과적으로 두 가지 단축결과를 보면 앞의 표와 같은 과정으로 단축한 것이 추가비용이 적다.

주2 작업 B와 K에서 각각 1일, 작업 G와 E에서 각각 2일 단축함으로써 최종적인 추가비용은 EC=(5+10)+(3+8)×2=37만원이 된다.

단축단계	공기단축				경로(Path)						비고
	작업명 (Act.)	일수	생성 CP	단축불가 작업명	BGK (18일)	BECK (18일)	BEHI (17일)	ADCK (15일)	ADHI (14일)	AFI (14일)	
1단계	B	1	–	B	17	17	16	15	14	14	
2단계	G, C	1	H, I	C	16	16	16	14	14	14	
3단계	G, E	1	–	G	15	15	15	14	14	14	
4단계	K, H	1	–	K, H	14	14	14	14	14	14	(주3)

주1 작업 B, C, E, K 및 H에서 각각 1일, 작업 G에서 2일 단축함으로써 최종적인 추가비용은 EC=(5+6+8+10+5)+3×2=40만원이 된다.

5. 추가공사비(EC, Extra Cost)

작업 B와 K에서 각각 1일, 작업 G와 E에서 각각 2일 단축한다.

추가공사비(EC)=(5+10)+(3+8)×2=37만원

문제 21

아래 그림과 같은 네트워크 공정표가 있다. 화살표 밑의 숫자 좌측이 표준시간, 우측이 특급시간을 표시하고 있다. (   ) 안의 숫자는 1일 단축하는데 필요한 직접비 할증비용, 즉 공비증가율이다. 표준시간에 대한 간접비가 60만원이고 1일 단축 시 5만원씩 감소하며, 표준시간에 대한 직접비는 60만원일 때 다음 사항을 구하시오.

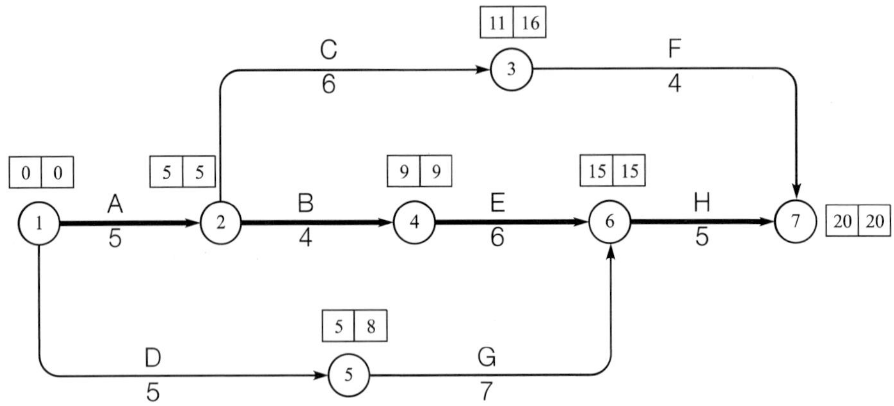

1. 표준 네트워크 공정표를 완성하시오. 단, 주공정(CP)은 굵은 선으로 표시하시오.

2. 공기단축을 8일 할 경우 그때의 직접비, 간접비 및 총공사비 곡선을 작도하시오.

3. 최적공기 및 그때의 총공사비를 구하시오.

정답 1. 표준 네트워크 공정표

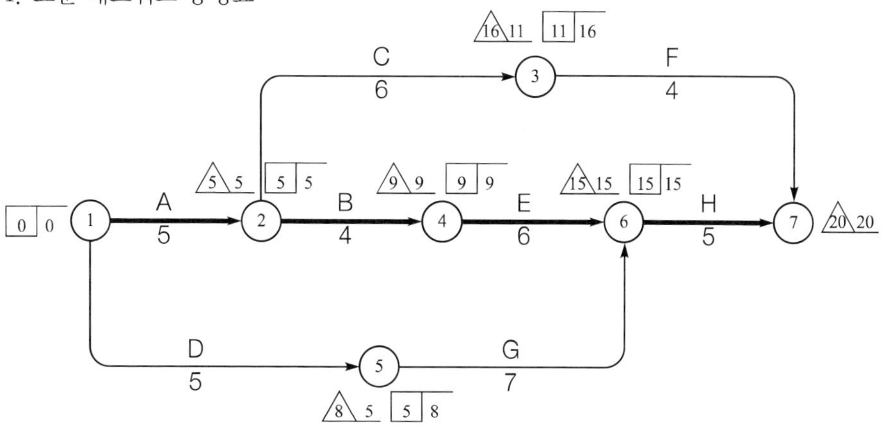

2. 공기단축(8일)

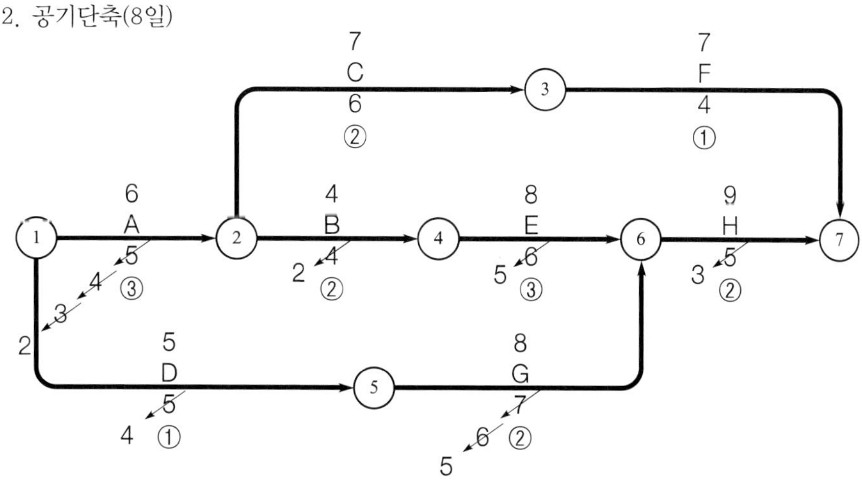

단축 단계	공기단축				경로(Path)			
	작업명 (Act.)	일수	생성 CP	단축불가 작업명	A–B–E–H (20일)	A–C–F (15일)	D–G–H (17일)	비고
1단계	B	2	–	B	18	15	17	
2단계	A	1	D, G	–	17	14	17	(주1)
3단계	H	2	–	H	15	14	15	(주2)
4단계	A, D	1	–	D	14	13	14	
5단계	A, G	1	–	A	13	12	13	
6단계	E, G	1	C, F	G	12	12	12	

주1 비용구배가 가장 적은 작업 A는 다른 경로가 주공정(CP)이 생길 때까지 단축할 수 있다. 즉 CP의 작업일수와 경로 D-G-H의 작업일수가 같아질 때까지 단축가능하다.

주2 작업 D, G가 CP로 추가됨으로써 비용구배가 가장 적은 작업 A를 단축할 경우, 작업 D 혹은 G에서 동시에 단축해야 한다. 즉 작업 A와 작업 D를 병렬단축하면 비용구배는 11만원(=6+5)이 되고 이것은 작업 H(비용구배 9만원)에서 단축하는 것보다 크게 된다. 따라서 작업 H에서 먼저 단축한다.

3. 직접비, 간접비 및 총공사비 곡선 작도

소요공기	작업명(Act.)	직접비(만원)	간접비(만원)	총공사비(만원)	비고
20일	표준작업 (정상작업)	60	60	120	
19일	B	60+4=64	60−5=55	119	
18일	B	64+4=68	55−5=50	118	(최소)
17일	A	68+6=74	50−5=45	119	
16일	H	74+9=83	45−5=40	123	
15일	H	83+9=92	40−5=35	127	
14일	A, D	92+6+5=103	35−5=30	133	
13일	A, G	103+6+8=117	30−5=25	142	
12일	E, G	117+8+8=133	25−5=20	153	

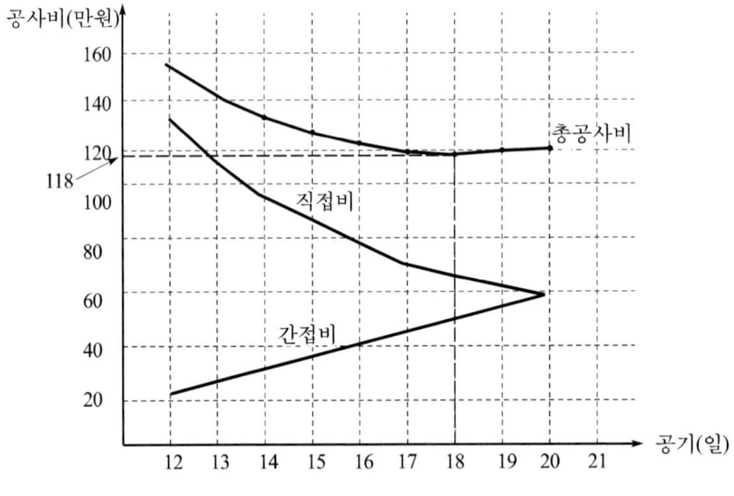

4. 최적공기 및 그때의 총공사비

① 최적공기 : 18일

② 최적 총공사비 : 118만원

Ⅰ-4

진도관리 및 자원배당

CHAPTER 06

진도관리 및 자원배당

6.1 진도관리

1) 개요

① 진도관리(Follow Up)란 일정기간 공사가 진행된 후 현장의 진도측정을 통해 예정된 공사일정으로부터 이탈하는 작업이 발생하면 시정조치 및 수정을 통해 일정을 관리하는 것을 말한다.

② 진도관리는 일반적으로 2주(15일)에서 4주(30일) 단위로 실시 공정표를 작성하여 관리한다. 하지만 30일이 넘지 않도록 한다.

③ 진도관리는 공사에 관계되는 설계자, 감리자, 도급자 등이 수시로 회의를 통해 결정한다.

2) 진도관리의 목적

① 공기지연에 따른 조치

② 지정공기 내에 공사 완료여부 확인

③ 작업 실적치의 기록 및 피드백(Feed Back)

3) 진도관리의 사이클

① 진도관리의 사이클(Cycle)은 일반적으로 2주 또는 4주 단위로 실시한다.

② 공사 종류 및 난이도에 따라 다르다.

③ 최대 30일을 초과할 수 없다.

4) 진도관리의 순서

① 작업이 진행되는 도중에 공정표에 따라 완료 작업량과 잔여 작업량을 조사한다.

② 조사된 작업량을 기준으로 계획 공정률과 실행 공정률을 비교한다.

③ 실행 공정률로 네트워크를 수정하고 지연 경로를 확인한다.

④ 지연 경로상의 작업에 대해 LFT를 계산하여 일정을 검토한다.

⑤ 공기단축이 필요한 경우 잔여작업에 대해 최소의 비용으로 공기단축 한다.

⑥ 단축된 공정표를 작성하여 관리한다.

그림 6.1 진도관리의 순서

6.2 자원배당

1) 개요 및 목적

(1) 개요

① 자원배당(Resource Allocation)은 건축공사에 필요한 소요 자원량과 투입 자원량의 상호조정 및 효과적인 분배를 통해 시간낭비를 제거함으로써 사원 효율화와 비용 증가의 최소화를 하는 것이다.

② 따라서 자원배당은 네트워크 상에서 여유를 가진 경로(Path)의 여유시간을 이용하여 논리적 순서에 따라 해당 경로의 이용 가능시간 내에서 적절히 작업기간을 조절하여 자원을 배당함으로써 자원이용에 대한 모순을 줄이고 자원의 수요를 평준화 하는 것이다.[4)]

③ 자원 평준화는 EST 또는 LST에 의한 인력부하도(人力負荷圖, Manpower Load Diagram)를 근거로 하여 여유시간을 가진 작업들의 여유 범위 내에서 작업 소요시간을 적절하게 배정하여 자원을 평준화(균배, Smoothing) 하는 것이다.

(2) 자원배당(자원 평준화)의 목적

① 소요자원의 급격한 변동을 줄일 것

② 소요자원의 유휴시간을 줄일 것

③ 소요자원을 적절히 배분할 것

④ 일일 동원자원을 최소로 할 것

⑤ 공기 내에 자원을 균등하게 할 것

---

4) 이택운, [특집] 자원배당과 평준화, 한국설비기술협회, pp.49, 2006. 5.

2) 자원배당의 대상 및 분류

(1) 자원배당의 대상이 되는 자원

① 인력(Manpower)

② 장비·설비(Machine·Equipment)

③ 자재(Material)

④ 자금(Money)

⑤ 기술방법(Method)

⑥ 공간(Space)

(2) 자원의 특성상 분류

(가) 내구성 자원(Carried Forward Resource)

내구성 자원(Carried Forward Resource)은 회전 사용이 가능한 자원으로 자원 투입량의 최소화와 자원배분의 평준화를 목적으로 하는 것으로 다음과 같은 것들이 있다.

① 인력(Manpower)

② 장비·설비(Machine·Equipment)

(나) 소모성 자원

소모성 자원(Used by Job Resource)은 한번 사용하면 재사용이 불가능한 자원으로 적기적량 공급을 목적으로 하는 것으로 다음과 같은 것들이 있다.

① 자재(Material)

② 자금(Money)

(3) 자원배상 시 추진사항

(가) 인력변동의 회피

인력변동 시 그 과정 중에 시간과 비용의 낭비가 초래될 수 있다.

(나) 한정된 자원의 선용(善用)

자원의 품질 및 비용증가와 추가반입이 어려운 경우 한정된 자원의 선용이 요구된다.

(다) 자원의 고정수준 유지

공장 및 사무실 등의 인원은 일정기간 동안 완전고용의 고정수준을 유지할 필요가 있다.

(라) 자원 일정계획의 효율화

자원수준의 상승 및 하강을 피한다.

3) 자원배당 방법

(1) 공기제한형(시간고정형)

공기제한형(시간고정형, Time Fixed Scheduling)은 공기의 제약이 있을 경우, 즉 지정된 공기 내에 공정계획을 하는 방법이다. 이 경우에 공사는 발주자(건축주)가 제시한 공기 내에 완료되어야 한다.

(2) 자원제한형(자원고정형)

자원제한형(자원고정형, Resource Fixed Scheduling)은 자원의 동원에 있어 제약이 있는 경우, 즉 사용 자원량의 범위 내에 공정계획을 하는 방법이다. 이 경우에도 공사는 발주자(건축주)가 제시한 공기 내에 완료되어야 한다.

(3) 혼합형

대부분의 공사는 공기와 자원의 제한을 받고 있으며, 이에 대응한 자원배당 방법을 혼합형 자원배당이라 한다.

4) 자원배당의 산출방법

(1) EST에 의한 자원배당(가장 빠른 개시 시각 계획에 의한 자원배당)

① 주공정(CP)의 작업을 하부에 먼저 작도(산적, 散積)한다.

② 여유시간을 갖는 나머지 작업들을 EST에서 시작하여 소요일수만큼 순서대로 전진 계산하여 작도(산적)한다.

③ EST에 의한 인력부하도(人力負荷圖)로 표시한 것이다.

(2) LST에 의한 자원배당(가장 늦은 개시 시각 계획에 의한 자원배당)

① 주공정(CP)의 작업을 하부에 먼저 작도(산적)한다.

② 여유시간을 갖는 나머지 작업들을 LST에서 시작하여 소요일수만큼 순서대로 역진계산하여 작도(산적)한다.

③ LST에 의한 인력부하도(人力負荷圖)로 표시한 것이다.

(3) 평준화(최적계획)에 의한 자원배당(자원 평준화에 의한 자원배당)

① 주공정(CP)의 작업을 하부에 먼저 작도(산적)한다.

② 여유시간을 갖는 나머지 작업들을 EST와 LST 범위 내에서 자유롭게 이동시켜 인원(높이)이 최소가 되도록 작도(산적)한다.

③ 평준화(최적계획)에 의한 균배도(均配圖, Smoothing Diagram)로 표시한 것이다.

5) 건설생산성에 영향을 미치는 요소5)

(1) 개념

건설생산성 향상의 장애요인인 수주산업, 일품생산 등으로 인한 생산성 향상을 위해 특정기법을 반복적으로 사용하기 힘들다고 인식되어 있으나, 건설 현장의 소단위 생산 활동을 들여다보면 비록 공사의 유형은 다르더라도 공통적이고 반복적인 작업이 반드시 존재하는 것을 알 수 있다. 이러한 개념을 바탕으로 짧은 작업주기를 가지고 반복적인 소단위 작업들을 대상으로 문제점을 해결하고 개선하면 한 작업에서 개선된 부분이 다음 작업 또는 다른 현장에서도 응용되어 전반적인 생산성 향상이 이루어질 수 있다.

(2) 작업개선 기법

(가) Crew-Balance 방식

초고층 건축물과 같이 반복되는 작업이 많은 건설 현장에서 몇 개의 작업팀을 구성하고, 각 공구의 작업을 작업팀에 균형 있게 배당하는 방식으로 흐름라인(Flow Line)이라고도 한다. 대상 작업의 주기가 짧은 작업(Short Cycle), 작업조 구성원의 수가 적은 작업(Small Crew), 매우 반복적인 작업(Very Repetitive)일 때 효과적이다.

(나) Flow Chart와 Process Chart 방식

이 기법은 작업의 내용과 자재, 장비, 인력 등의 흐름을 간단한 다이어그램(Flow Chart)과 심벌(Process Chart)로 도식화하고 이를 토대로 시간, 노력, 비용 등을 절감할 수 있는 기회를 분석하는 방법이다. 다이어그램으로부터 우리는 별다른 생각 없이 해오던 작업을 객관적으로 분석할 수 있고 개선점을 발견할 수 있다. 즉, 자재가 놓여진 장소는 적합한가, 이동거리를 단축시킬 수 없는가, 작업의 위치와 방법을 개선할 수 없는가 등의 의문을 던져봄으로써 다양한 아이디어를 얻을 수 있다.

---

5) 자료출처 : 건설관리 및 경영

기본 연습문제

01.

네트워크에 의한 공정표의 작성 및 활용할 때의 주의사항으로 틀린 것은?

㉮ 진도관리(Follow Up)는 공사감독자 또는 공사 감리자의 요구가 있을 때에만 행한다.
㉯ 현장 담당자의 공정계획 회의에 의해 작성한다.
㉰ 휴일 및 우천 예정일수를 고려하여 작성한다.
㉱ 공정단축에 있어서 보조 주공정(Sub-Critical Path)과의 관계를 고려한다.

풀이 ① 진도관리(Follow Up)는 공사도중 또는 시행도중에 공기가 지연되어 그대로 두었다가는 당초계획공기에 끝나지 않을 경우에 공기단축 하는 방법이다.
② 진도관리(Follow Up)는 공사에 관계되는 설계자, 감리자, 도급자 등이 수시로 회의를 통해 결정한다.

답 ㉮

02.

진도관리의 목적이 아닌 것은?

㉮ 공기지연에 따른 조치
㉯ 지정공기 내에 공사 완료여부 확인
㉰ 작업 실적치의 기록 및 피드백(Feed Back)
㉱ 공비초과에 따른 조치

풀이 진도관리의 목적에서 공비초과에 따른 조치는 관계없다.

답 ㉱

03.

다음은 진도관리에 대한 설명이다. 설명이 올바르지 않은 것은?

㉮ 작업이 진행되는 도중에 공정표에 따라 완료 작업량과 잔여 작업량을 조사한다.
㉯ 조사된 작업량을 기준으로 계획 공정률과 실행 공정률을 비교한다.
㉰ 실행 공정률로 네트워크를 수정하고 지연 경로를 확인한다.
㉱ 공기단축이 필요한 경우 잔여작업에 대해 최소의 공기로 공기단축 한다.

풀이 공기단축이 필요한 경우 잔여작업에 대해 최소의 비용으로 공기단축 한다.

답 ㉱

04.

다음은 자원배당의 목적에 대한 내용이다. 자원배당의 목적으로 올바르지 않은 것은?

㉮ 소요자원의 급격한 변동을 줄일 것
㉯ 소요자원을 적절히 배분할 것
㉰ 일일 동원자원을 최대로 할 것
㉱ 공기 내에 자원을 균등하게 할 것

풀이 일일 동원자원을 최소로 할 것.

답 ㉰

05.

자원배당의 대상이 되는 자원이 아닌 것은?

㉮ 인력(Manpower) ㉯ 장비·설비(Machine·Equipment)
㉰ 자재(Material) ㉱ 기억(Memory)

풀이 자원배당의 대상이 되는 자원
① 인력(Manpower) ② 장비·설비(Machine·Equipment)
③ 자재(Material) ④ 자금(Money)
⑤ 기술방법(Method) ⑥ 공간(Space)

답 ㉱

06.

다음 중에서 자원배당 방법이 아닌 것은?

㉮ 공기제한형 ㉯ 공사비제한형
㉰ 혼합형 ㉱ 자원제한형

풀이 자원배당 방법
① 공기제한형(시간고정형)
② 자원제한형(자원고정형)
③ 혼합형

답 ㉯

07.

다음 중에서 자원배당의 산출방법이 아닌 것은?

㉮ EFT에 의한 자원배당
㉯ EST에 의한 자원배당
㉰ LST에 의한 자원배당
㉱ 평준화에 의한 자원배당

풀이 자원배당의 산출방법
① EST에 의한 자원배당
② LST에 의한 자원배당
③ 평준화에 의한 자원배당

답 ㉮

08.

공사기간 내에 소요되는 자원이 일시에 투입되지 않도록 자원 평준화(Resource Levelling)하는 요령으로 가장 부적당한 것은?

㉮ 소요자원의 급격한 변동을 줄인다.
㉯ 소요자원의 유휴시간을 줄인다.
㉰ 공사기간이 최소가 되도록 한다.
㉱ 소요자원을 적절히 배분한다.

풀이 자원 평준화는 건축공사에 필요한 소요 자원량과 투입 자원량의 상호조정 및 효과적인 분배를 통해 시간낭비를 제거함으로써 자원 효율화와 비용 증가의 최소화를 하는 것이다.

답 ㉰

09.

아래 그림과 같은 네트워크 공정표를 근거로 가장 적합한 계획에 의해 인원배당을 행할 경우의 1일 최대 소요인원은 다음 중 어느 것인가? [단, ( )의 숫자는 1일당 소요인원, 지정공기는 계산공기임]

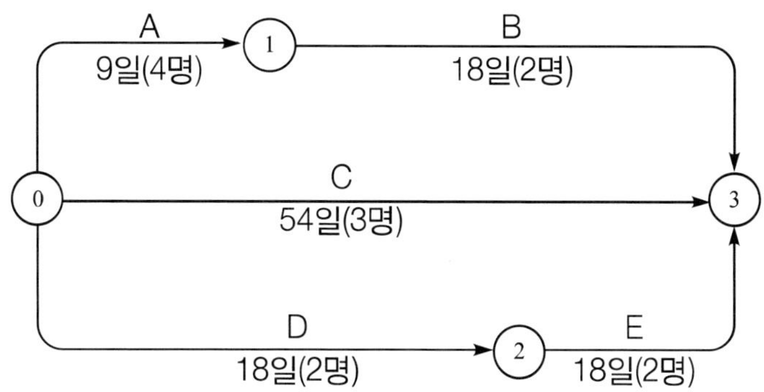

㉮ 7명　　㉯ 8명　　㉰ 9명　　㉱ 10명

풀이 균배도(가장 적합한 인력계획)

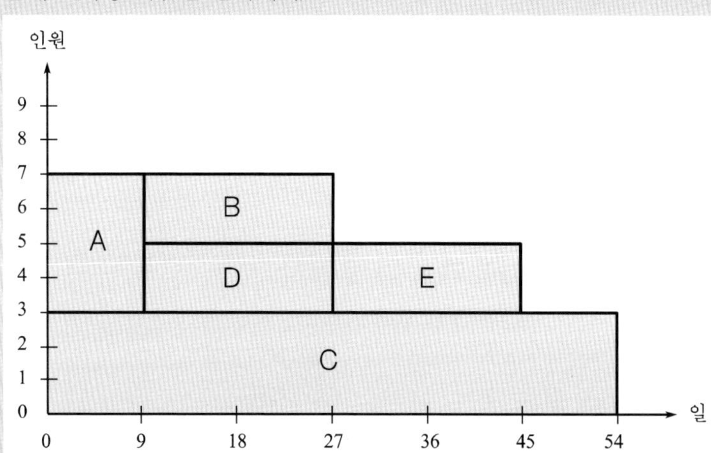

∴ 1일 최대 소요인원은 7명이다.

답 ㉮

심화 연습문제

문제 1

공정관리에 있어서 자원배당(자원 평준화)의 목적을 3가지 쓰시오.

① ____________________

② ____________________

③ ____________________

정답 ① 소요자원의 급격한 변동을 줄일 것
② 소요자원의 유휴시간을 줄일 것
③ 소요자원을 적절히 배분할 것
④ 일일 동원자원을 최소로 할 것
⑤ 공기 내에 자원을 균등하게 할 것

문제 2

네트워크 공정표에서 자원배당의 대상이 되는 자원을 쓰시오.

㉮ (①)	㉯ 장비 · 설비
㉰ (②)	㉱ 자금
㉲ (③)	㉳ (④)

① ____________ ② ____________

③ ____________ ④ ____________

정답 ① 인력, ② 자재, ③ 기술방법, ④ 공간

문제 3

네트워크 공정표에서 자원배당의 대상이 되는 자원 3가지는?

① ____________ ② ____________ ③ ____________

정답 ① 인력, ② 장비·설비, ③ 자재, ④ 자금, ⑤ 기술방법, ⑥ 공간

문제 4

공사관리를 실시하는 데에는 자원에 대한 배당이 매우 중요하다 할 수 있다. 이때 소요되는 자원을 아래와 같이 특성상으로 분류하면 그 대상은 어떤 것인지 ( ) 안에 기입하시오.

> ㉮ 내구성 자원(Carried Forward Resource) : (①), (②)
> ㉯ 소모성 자원(Used by Job Resource) : (③), (④)

① ____________ ② ____________

③ ____________ ④ ____________

정답 ① 인력, ② 장비·설비, ③ 자재, ④ 자금

문제 5

공정관리에 있어서 자원배당의 산출방법 세 가지를 적으시오.

① ________________________________

② ________________________________

③ ________________________________

정답 ① EST에 의한 자원배당(가장 빠른 개시 시각 계획에 의한 자원배당)
② LST에 의한 자원배당(가장 늦은 개시 시각 계획에 의한 자원배당)
③ 평준화(최적계획)에 의한 자원배당(자원 평준화에 의한 자원배당)

문제 6

다음 네트워크 공정표를 근거로 아래 물음에 답하시오. [단, (　) 안의 숫자는 1일당 소요인원이고, 지정공기는 계산공기와 같다.]

① 각 작업을 EST에 따라 실시할 경우 1일 최대 소요인원은 몇 명인가?

② 각 작업을 LST에 따라 실시할 경우 1일 최대 소요인원은 몇 명인가?

③ 가장 적합한 계획에 의해 인원배당을 행할 경우의 1일 최대 소요인원은 몇 명인가?

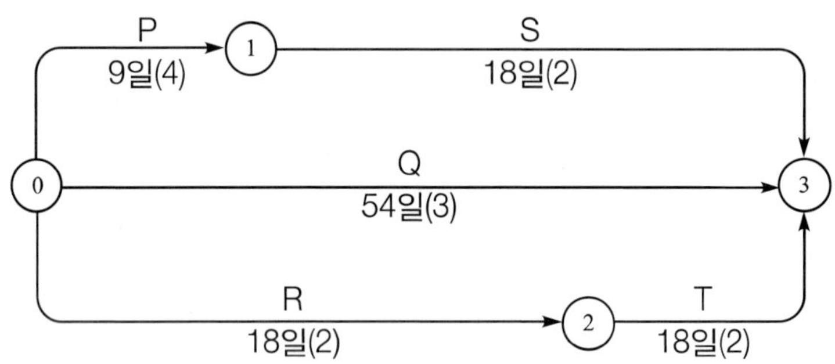

① ____________　　② ____________　　③ ____________

정답 1. EST에 의한 산적도

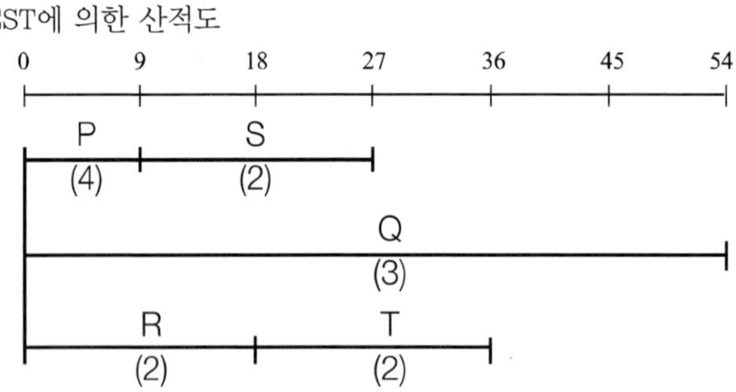

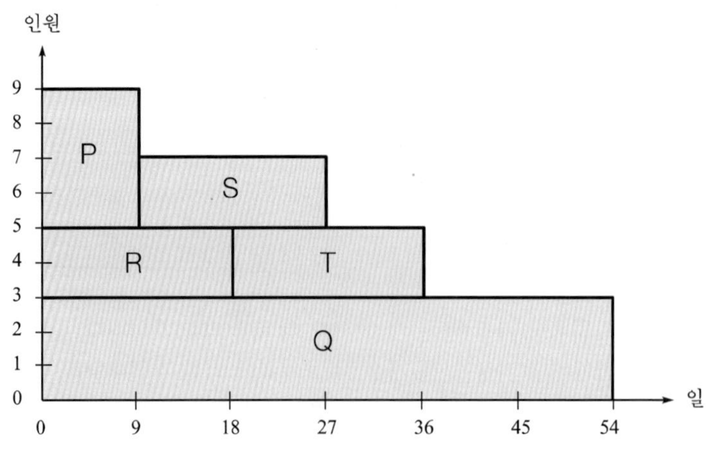

2. LST에 의한 산적도

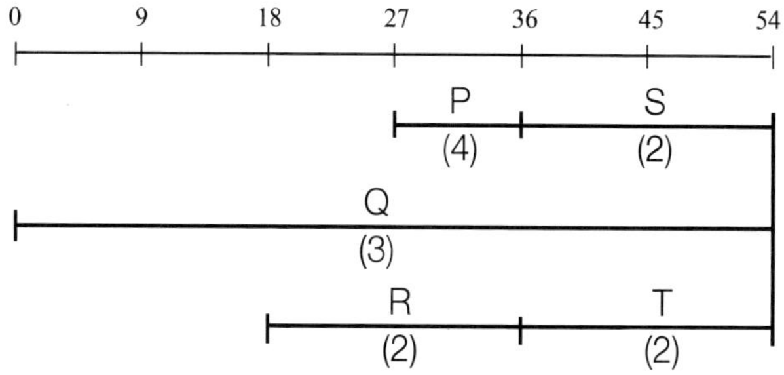

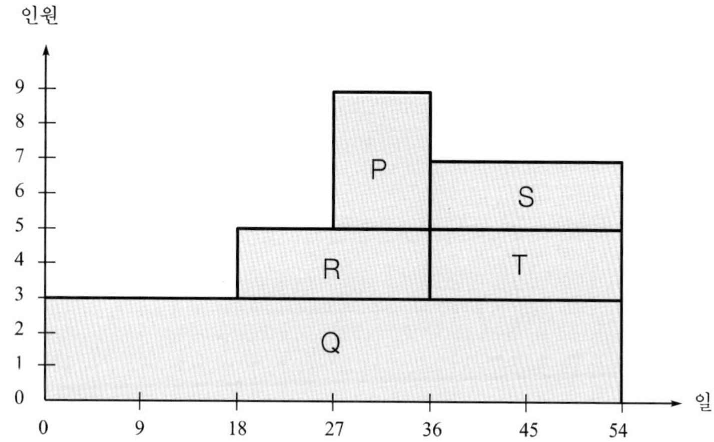

3. 균배도(가장 적합한 인력계획)

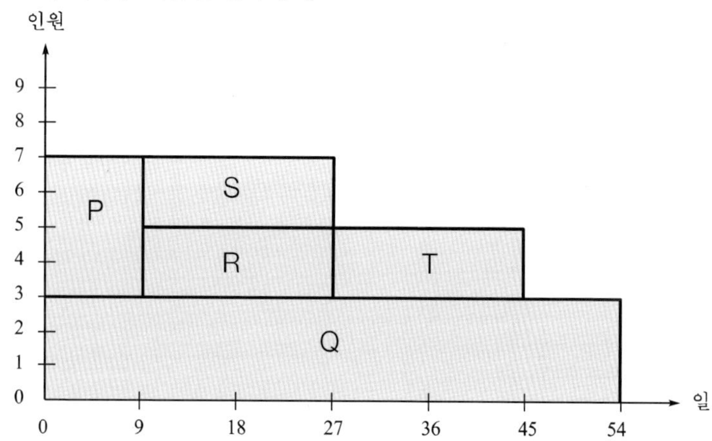

4. 최대 소요인원

① 각 작업을 EST(EST에 의한 산적도)에 따라 실시할 경우 1일 최대 소요인원 : 9명

② 각 작업을 LST(LST에 의한 산적도)에 따라 실시할 경우 1일 최대 소요인원 : 9명

③ 가장 적합한 계획(균배도)에 의해 인원배당을 행할 경우의 1일 최대 소요인원 : 7명

문제 7

다음의 네트워크(Network)에 의하여 공사를 시작한 후 24일째 진도관리(Follow Up)한 바 작업의 잔여일수는 각각 표와 같다. 당초 공기를 초과한다면 어느 작업에서 며칠 단축해야 하는지 조치를 취하시오.6)

작업명	당초작업일수(일)	잔여소요일수(일)	비고
A	5	0	완료
B	4	0	완료
C	29	5	작업 중
D	18	2	작업 중
E	10	0	완료
F	22	4	작업 중
G	19	19	미착수
H	15	15	미착수

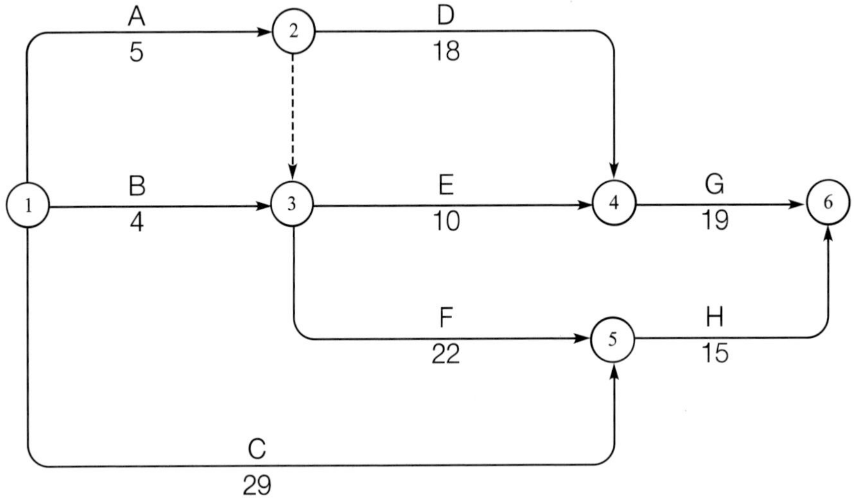

6) 김경래 외 공저, 최신건축공정관리학, 기문당, p.200, 2002.

정답 1. 네트워크 공정표

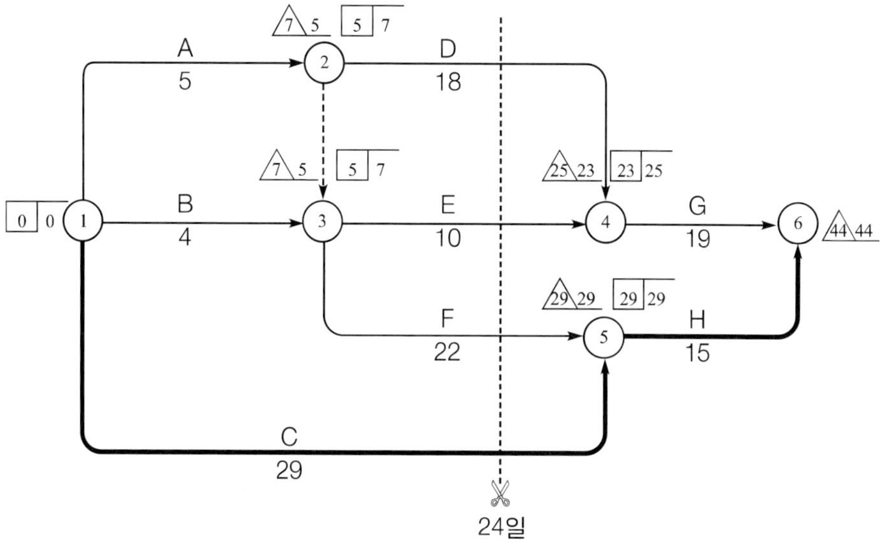

참고 ① 작업 D, E : LFT=25일이므로 25-24=1일 물량이 남아 있으면 공사 진행속도가 정상이다.
② 작업 F, C : LFT=29일이므로 29-24=5일 물량이 남아 있으면 공사 진행속도가 정상이다.

2. 실시공정표

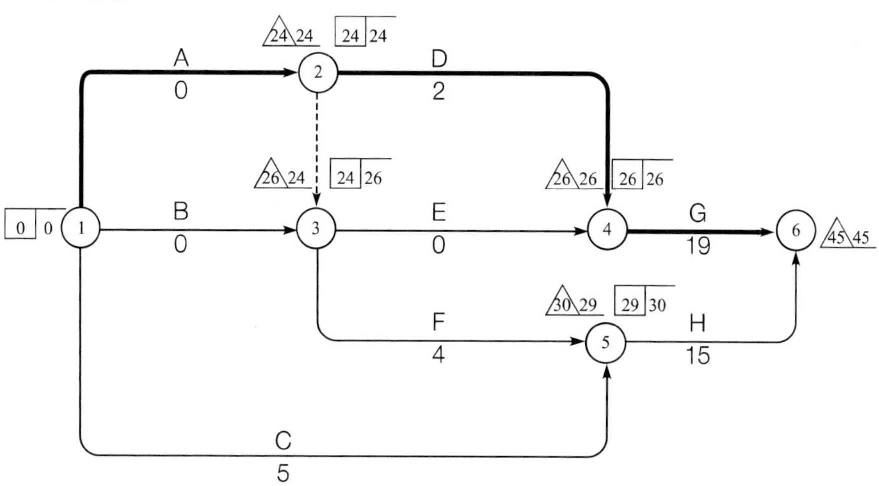

3. 공기분석

작업명	여유일수(일)	잔여일수(일)	공기분석
A	–	0	작업 완료
B	–	0	작업 완료
C	△29–24=5	5	(정상)
D	△25–24=1	2	1일 지연
E	△25–24=1	0	1일 빠름
F	△29–24=5	4	1일 빠름
G	–	19	미착수
H	–	15	미착수

4. 조치

공기분석 결과, 작업 D에서 1일 지연되었으므로 주공정(CP)과 관계없이 작업 D에서 1일 단축해야 하나 잔여일이 적으므로 후속작업인 G에서 1일 단축하는 것이 바람직하다.

문제 8

공정관리에 있어서 자원 평준화 중 Crew Balance 방식에 관하여 기술하시오.

______

정답 초고층 건축물과 같이 반복되는 작업이 많은 건설 현장에서 몇 개의 작업팀을 구성하고, 각 공구의 작업을 작업팀에 균형 있게 배당하는 방식이다.

문제 9

공정관리에 있어서 자원 평준화 중 Crew–Balance 방식이 효과적인 경우의 작업에 관하여 기술하시오.

① ______

② ______

③ ______

정답 ① 대상 작업의 주기가 짧은 작업(Short Cycle)
② 작업조 구성원의 수가 적은 작업(Small Crew)
③ 매우 반복적인 작업(Very Repetitive)

문제 10

아래 그림의 네트워크에서 공사 시작 후 15일째에 진도관리를 행한 결과, 각 작업별 잔여공기가 표와 같이 판단되었다면 당초의 공기와 비교하여 전체 공기에는 어떠한 영향이 미치는가? (단, 숫자는 각 작업의 공기이다.)

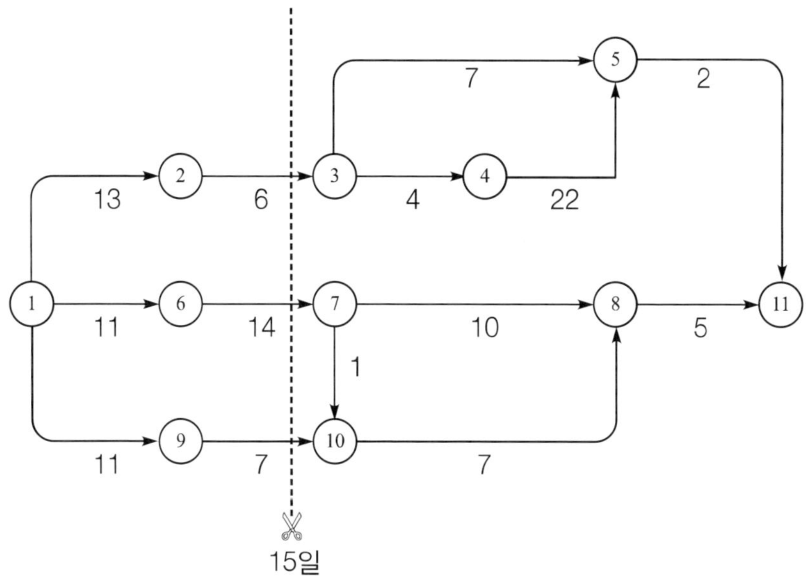

공정관계(작업명)	잔여공기(일)	공정관계(작업명)	잔여공기(일)
①→②	0	③→⑤	7
①→⑥	0	④→⑤	2
①→⑨	0	⑦→⑧	10
②→③	3	⑩→⑧	7
⑥→⑦	2	⑤→⑪	2
⑨→⑩	3	⑧→⑪	5
③→④	4	–	–

정답 1. 네트워크 공정표

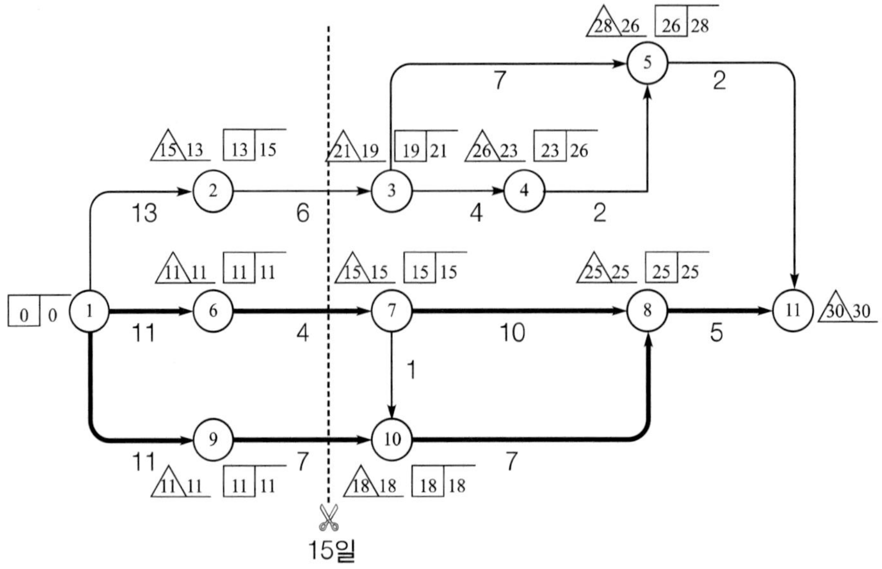

2. 공기분석

작업명	여유일수(일)	잔여일수(일)	공기분석
②→③	△21−15=6	3	3일 빠름
⑥→⑦	△15−15=0	2	2일 지연
⑨→⑩	△18−15=3	3	정상

3. 조치

공기분석 결과, 작업 ⑥→⑦에서 2일 지연되었으므로 주공정(CP)과 관계없이 작업 ⑥→⑦에서 2일 단축해야 하나, 잔여일이 적으므로 후속작업인 작업 ⑦→⑧에서 2일 단축하는 것이 바람직하다.

참고문헌

1. 이배호, 건설공사관리, 구미서관, 2000.
2. 전진구, 건설정보관리학, 구미서관, 2002.
3. 황해근 외3인, 건설관리의 CM·CS 이론과 실무, 구미서관, 2003.
4. 한천구, 네트워크 공정관리, 기문당, 2006.
5. 배강희, CPM 공정관리, 기문당, 2016.
6. 이양규, 건설공사관리학 및 적산개론, 보문당, 2002.
7. 이상범 외8인, 최신 건축공정관리학, 기문당, 2005.
8. 김인호, 건설경영, 기문당, 1999.
9. 강병두, 건축기사실기, 건기원, 2020.
10. 김종철 외1인, 건축기사1급 실기, 청운문화사, 1996.
11. 이장춘 외1인, 건축기사실기, 기문당, 2003.
12. 김우식 외4인, 건축기사실기, 예문사, 2020.
13. 현정기 외2인, 건축기사실기, 성안당, 2004.
14. 원유필 외2인, 건축기사실기, 성안당, 2012.
15. 한규대 외3인, 건축기사실기, 한솔아카데미, 2020.
16. 김문한 외공저, 건설경영공학, 기문당, 1999.
17. 임남기 외4인, 건축품질관리, 기문당, 2004.
18. 이광량, 공정관리와 네트워크, 신기술, 1997.

PART Ⅱ

건축 품질관리

Construction Quality Control

Ⅱ-1

품질관리 개론

CHAPTER 07

품질관리의 개요

7.1 건축 품질의 개요

1) 관련 용어[7)]

(1) 품질방침

품질방침(QP, Quality Policy)은 최고경영층에 의하여 공식적으로 표면화 된 것으로서, 품질에 관한 조직의 전반적인 의지와 방향이다.

(2) 품질경영

품질경영(QM, Quality Management)은 품질방침, 목표 및 책임 등을 결정하고 실행하는 총체적인 경영기능의 향상 및 품질계획 수립, 품질관리, 품질보증(감리), 품질개선 등과 같은 수단에 의하여 품질시스템 내에서 실행하는 전반적 관리기능에 관한 모든 활동이다. 일반적으로 품질관리(QC), 품질보증(감리)(QA), 품질인증(QV)의 3단계 활동으로 구성된다.

(3) 품질시스템

품질시스템(QS, Quality System)은 품질경영을 실행하기 이한 조직구조, 책임, 절차, 과정 및 자원. 품질체계라고도 한다.

(4) 품질관리

품질관리(QC, Quality Control)는 수요자의 요구에 맞는 품질의 제품을 경제적으로 만들어내기 위한 모든 수단의 체계를 말한다.

(5) 품질보증

품질보증(QA, Quality Assurance, 품질감리)은 주어진 품질요건을 만족시키기 위해 관련 계약규정 및 법규정과 일치여부를 확인하는 체계적인 행위이다.

---

7) 김문한 외, 건설경영공학, 기문당, pp.334~335, 1999.

(6) 품질인증

품질인증(QV, Quality Verification)은 규정된 품질의 구현이 의심되거나 품질관리 규정 및 관련 법규정에서 특정한 품질검사나 실험을 요구할 때 행하는 검사활동이나 실험행위이다.

(7) 통계적 품질관리

통계적 품질관리(SQC, Statistical Quality Control)는 유용하고 수요자가 있는 제품을 가장 경제적으로 생산하기 위하여 생산의 모든 단계에 통계의 이론과 수법을 응용한 것이다.

(8) 종합적 품질관리

종합적 품질관리(TQC, Total Quality Control)는 고객의 만족을 고려하면서 가장 경제적인 수준에서 생산과 서비스를 할 수 있도록 조직 내의 모든 부서의 품질개발, 품질유지, 품질개선의 노력을 통합하기 위한 유효한 시스템이다. 이후 모든 부서뿐만 아니라 회사의 모든 계층의 사람들이 참가하는 전사적 품질관리(CWQC, Company Wide Quality Control)로 발전한다.

(9) 종합적 품질경영

종합적 품질경영(TQM, Total Quality Management)은 종합적 품질관리(TQC)와 본질적으로 추구하는 바는 동일하며, 종합적 품질관리(TQC)와 구별하면 관리와 경영의 개념 차이이다.

2) 품질관리

(1) 정의

품질관리란 수요자의 요구에 맞는 품질의 제품을 경제적으로 만들어내기 위한 모든 수단의 체계를 말한다.

(2) 목적

① 소정의 품질확보(불량률 감소)
② 시공(시공)능률 향상
③ 품질 및 신뢰성 향상
④ 설계의 합리화
⑤ 작업의 표준화
⑥ 고급품의 생산

3) 품질경영

(1) 정의와 목표

(가) 정의

품질의 방침, 목표 및 책임 등을 결정하고 실행하는 총체적인 경영기능의 양상 및 품질계획 수립, 품질관리, 품질보증(감리), 품질개선 등과 같은 수단에 의하여 품질시스템 내에서 실행하는 전반적 관리기능에 관한 모든 활동이다.

(나) 목표

① 고객만족　　② 인간성존중　　③ 사회에 대한 공헌

(2) 품질경영의 3단계 활동

표 7.1 품질경영의 3단계

1단계	품질관리 (QC, Quality Control)	수요자의 요구에 맞는 품질의 제품을 경제적으로 만들어내기 위한 모든 수단의 체계이다.
2단계	품질보증 (QA, Quality Assurance)	주어진 품질 요건을 만족시키기 위해 관련 계약규정 및 법규정과 일치 여부를 확인하는 체계적인 행위이다.
3단계	품질인증 (QV, Quality Verification)	규정된 품질의 구현이 의심되거나 품질관리 규정 및 관련 법규정에서 특정한 품질검사나 실험을 요구할 때 행하는 검사활동이나 실험행위이다.

(3) ISO 품질시스템

(가) 개요

ISO(International Standardization Organization, 국제표준화기구)가 1987년 제정한 품질경영 및 품질보증에 관한 국제규격이다.

(나) ISO 인증의 기대효과

① PQ 심사 시 가산점 부여　　② 기업 이미지 제고
③ 품질경영 도입　　④ 조직의 일체감 형성
⑤ 이윤의 극대화

(4) ISO 9000 시리즈

(가) 정의

① ISO가 제정한 품질보증 및 품질관리를 위한 국제규격이다.

② 국제적으로 인정할 수 있는 품질보증에 대한 기준을 설정하여 국가 간 기술 장벽을 제거하고 국가 간에 상호 인정할 수 있는 여건을 조성하여 세계시장에서 공급자와 수요자 모두에게 품질에 대한 신뢰감을 제공하기 위해서이다.

(나) 기본규격

표 7.2 ISO 9000 시리즈의 기본규격

기본규격	내용	
ISO 8402	품질용어 정의	
ISO 9000	품질경영과 품질보증 규격 선택과 사용에 대한 지침	
ISO 9001	품질 시스템	설계·개발, 생산, 설치 및 서비스의 품질보증모델
ISO 9002		생산과 설치에서의 품질보증모델
ISO 9003		최종 검사 및 시험의 품질보증모델
ISO 9004	품질경영과 품질시스템 요소	

(다) 적용 범위

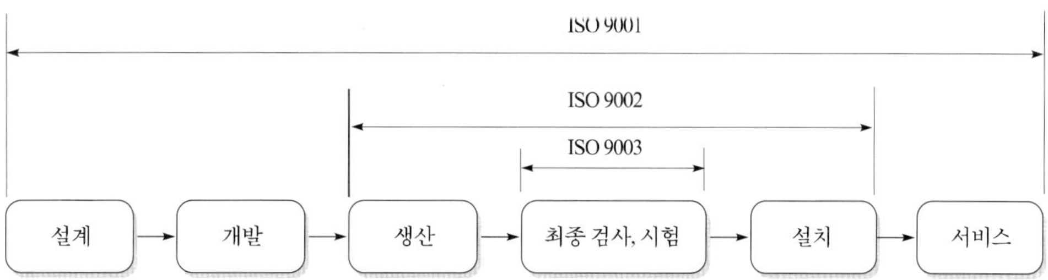

그림 7.1 ISO 9000 시리즈의 적용 범위

(5) ISO 14000 시리즈

(가) 정의

① ISO가 제정한 기업의 환경경영체제를 평가하여 국제규격임을 인증하는 제도로 국제환경규격이라 한다.

② 기업 활동 전반에 걸친 환경경영체제를 평가하여 객관적으로 인증(認證)하는 것이다.

(나) 평가내용

① 기업의 환경법규나 국제기준 준수 여부

② 경영 활동 전반에 대한 환경방침, 추진계획, 실행 및 시정 조치, 경영자 검토, 지속적 개선 등의 포괄적인 환경 경영 실시 여부

7.2 품질관리의 개요

1) 품질관리의 발전과정

① 작업자 중심의 품질관리(QC)
② 감독자 중심의 품질관리(QC)
③ 검사 중심의 품질관리(QC)
④ 통계적 품질관리(SQC)
⑤ 종합적 품질관리(TQC)
⑥ 전사적 품질관리(CWQC)
⑦ 품질경영(QM)

2) 품질관리의 목적 및 기본사상

표 7.3 품질관리의 목적 및 기본사상

목적	기본사상
① 소정의 품질확보 ② 시공능률 향상 ③ 품질 및 신뢰성 향상 ④ 설계의 합리화 ⑤ 작업의 표준화	① 품질제일주의 ② 고객지향주의 ③ 사실제일주의 ④ 과정 및 원인의 중시 ⑤ 중점지향주의 ⑥ 인간성 존중주의

3) 품질관리의 원칙 및 기능

(1) 품질관리의 원칙

(가) 예방원칙

불량품 발생 전에 사전예방하여 불량품 발생에 따른 수정작업을 줄여 원가절감을 통해 품질관리를 한다.

(나) 과학적 관리원칙

사실적 근거에 의한 관리(데이터에 의한 관리)를 통해 자료를 정량화시켜 객관적 해석의 근거를 마련하여 품질관리를 한다.

(다) 스태프 원조원칙

전문적 품질관리 기술자(Staff)의 원조로 효율적인 품질관리를 한다.

(라) 협조원칙

품질, 공정, 원가 및 안전 등에 있어 상호 협조하여 품질관리를 한다.

(2) 품질관리의 기능

① 품질의 설계(Design)
② 공정의 관리(Make)
③ 품질의 보증(Sell)
④ 품질의 조사(Test)

4) 품질관리의 활성화 방안

① 기업의 체질개선
② 품질경영 도입
③ 품질관리 사고방식 고취
④ 조직체계 구성
⑤ 의식혁명
⑥ 과학적 관리기법 도입
⑦ 교육훈련

5) 품질관리의 단계

모든 품질관리 단계(Deming's Cycle)는 Plan(계획) → Do(실시) → Check(검토) → Action(조치)을 반복 진행한다.

표 7.4 품질관리 단계

단계	내용	품질관리 단계
Plan (계획)	목표달성을 위한 품질계획수립 및 작업표준 설정을 한다.	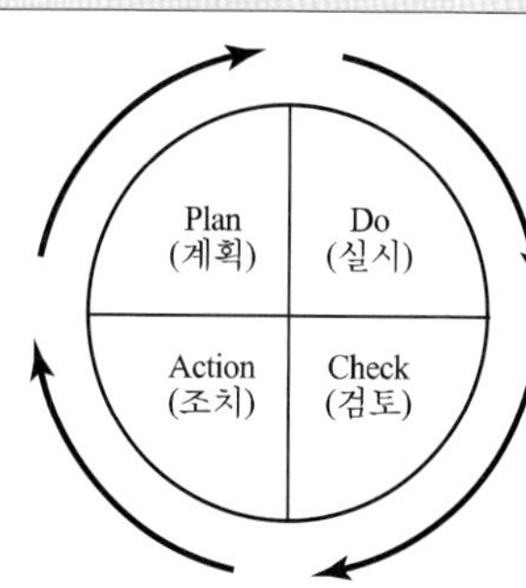
Do (실시)	설정된 계획에 따라 교육을 실시하고, 적정한 관리도를 선정한다.	
Check (검토)	실시된 결과를 측정하여 관리도를 작성하고 계획과 비교 검토한다.	
Action (조치)	목표된 계획과 실시 결과의 차이가 있으면 계획변경 및 이상 원인에 대해 수정 조치한다.	

6) 품질관리의 절차 및 순서

(1) 품질관리의 절차

① 품질관리 항목선정
② 품질 및 작업기준 결정
③ 교육 및 작업 실시
④ 품질관리 시험 및 검사
⑤ 공정의 안정성 검토
⑥ 이상원인 조사 및 수정조치
⑦ 관리한계선의 재결정

(2) 품질관리의 순서

① 품질표준 ② 작업표준 ③ 품질조사
④ 수정조치 ⑤ 수정조치의 조사

7) 품질관리의 시험

(1) 선정 시험(재료 시험)

① 건설공사의 설계 또는 시공을 위해 필요한 공사 관련 시험 및 재료선정을 위한 시험
② 철근, 시멘트, 모래, 골재 등의 선정 및 콘크리트의 배합비 선정을 위한 시험

(2) 관리 시험

① 건설공사에서 관련 규정에 적합하도록 사용되는 재료 등의 품질확보 여부에 관한 시험
② 콘크리트의 슬럼프 시험, 공기량 측정 시험, 각종 강도 시험, 벽돌 및 블록의 형상 및 치수 측정 시험 등의 공사 관련 규정의 적합성 및 품질확보 여부를 위한 시험

(3) 검사 시험

① 건설공사의 품질확보를 위해 실시한 선정 시험과 관리 시험의 적정여부를 확인하는 시험
② 감리자의 상근 상태, 감리일지, 공사일지 및 시험 작업일지 등의 검사를 통해 적정여부를 판단

8) 품질관리의 모델화

표 7.5 품질관리의 모델화 종류

모델화 종류	내용
구체적 모델	모형 제작, 원척도 작성 등의 구체적 방법으로 표시한다.
픽토리얼 모델 (Pictorial Model)	만화 또는 일러스틱, 이미지를 환기시키는 것이다.
그래픽 모델 (Graphic Model)	각종 변수를 선이나 면적 등의 그래프화 하여 표시한다.
스키마틱 모델 (Schematic Model)	정보의 흐름, 공정의 분석, 조직도 등의 모델로 표시한다.
수학적 모델 (Mathematical Model)	생산계획, 생산활동도 등이 있다.
시뮬레이션 모델 (Simulation Model)	어떠한 현상을 훈련이나 실험용 현상으로 모의하는 것이다.

9) 품질관리를 위한 실험실 규모

건설기술진흥법 시행규칙 별표 5에서 규정하고 있는 '건설공사 품질관리를 위한 시설 및 건설기술인 배치기준'은 다음 표와 같다.[8)]

표 7.6 건설공사 품질관리를 위한 시설 및 건설기술인 배치기준

대상 공사 구분	공사 규모	시험실 규모	건설기술인
특급품질관리 대상 공사	영 제89조제1항제1호 및 제2호에 따라 품질관리계획을 수립해야 하는 건설공사로서 총공사비가 1000억원 이상인 건설공사 또는 연면적 50,000m^2 이상인 다중이용건축물의 건설공사	50m^2 이상	(1) 특급기술인 1명 이상 (2) 중급기술인 이상인 사람 1명 이상 (3) 초급기술인 이상인 사람 1명 이상
고급품질관리 대상 공사	영 제89조제1항제1호 및 제2호에 따라 품질관리계획을 수립해야 하는 건설공사로서 특급품질관리 대상 공사가 아닌 건설공사	50m^2 이상	(1) 고급기술인 이상인 사람 1명 이상 (2) 중급기술인 이상인 사람 1명 이상 (3) 초급기술인 이상인 사람 1명 이상
중급품질관리 대상 공사	총공사비가 100억원 이상인 건설공사 또는 연면적 5,000m^2 이상인 다중이용 건축물의 건설공사로서 특급 및 고급품직관리 대상 공사가 아닌 건설공사	30m^2 이상	(1) 중급기술인 이상인 사람 1명 이상 (2) 초급기술인 이상인 사람 1명 이상
초급품질관리 대상 공사	영 제89조제2항에 따라 품질 시험계획을 수립해야 하는 건설공사로서 중급품질관리 대상 공사가 아닌 건설공사	20m^2 이상	초급기술인 이상인 사람 1명 이상

8) 건설기술진흥법 시행규칙 별표 5, 국토교통부령 제758호, 2020. 9. 9.

기본 연습문제

01.

품질관리의 목적으로 가장 부적당한 것은?

㉮ 작업의 최소화
㉯ 설계의 합리화
㉰ 시공능률의 향상
㉱ 품질 및 신뢰성 향상

풀이 작업의 표준화가 되어야 한다.

답 ㉮

02.

QC의 목표가 아닌 것은?

㉮ 불량률의 감소
㉯ 생산능률의 향상
㉰ 자기개발
㉱ 고급품의 생산

풀이 품질관리의 목적
① 소정의 품질확보(불량률 감소)
② 생산(시공)능률의 향상
③ 품질 및 신뢰성 향상
④ 설계의 합리화
⑤ 작업의 표준화
⑥ 고급품의 생산

답 ㉰

03.

품질관리에 대한 기술 중에서 부적당한 것은?

㉮ 불량발생의 예방
㉯ 불량품의 처치
㉰ 작업표준의 준수
㉱ 동일한 하자의 재발방지

풀이 품질관리의 목표는 불량품을 발견하여 제거하는 것이 아니라 불량률을 감소시키고, 생산능률을 향상시키는 것 등이다.

답 ㉯

04.

건설공사의 품질관리로서 가장 부적당한 것은?

㉮ 품질관리의 효과를 품질뿐만 아니라 공사비 및 공기에도 절감효과를 유발할 수 있어야 한다.
㉯ 품질관리의 목표는 공정의 최후 단계에서 검사를 통해 불량부위를 제거함으로써 달성된다.
㉰ 일정수준의 품질을 계속 유지하기 위해서는 공정의 표준화가 필요하다.
㉱ 품질관리에서 가장 중요한 것은 품질관리 방법이 아니라 품질관리에 대한 조직의 확고한 의지라고 할 수 있다.

풀이 품질관리란 수요자의 요구에 맞는 품질의 제품을 경제적으로 만들어내기 위한 모든 수단의 체계를 말한다. 품질관리의 목표는 불량률 감소를 통해 소정의 품질을 확보하는 것이다.

답 ㉯

05.

다음 중 건설공사의 품질관리와 가장 거리가 먼 것은?

㉮ ISO 9000 ㉯ CIC
㉰ TQC ㉱ Control Chart

풀이 ① ISO 9000은 품질경영과 품질보증 규격 및 선택과 사용에 대한 지침이다.
② CIC는 모든 건설 단계에서 발생되는 각기 다른 형태의 정보들을 상호 연결시켜 건설 생산 과정에 참여하는 참가자들이 모든 과정에 걸쳐 정보를 공유하고, 상호협조하여 하나의 팀으로 구성하는 건설정보의 통합화이다.
③ TQC는 종합적 품질관리이다.
④ Control Chart는 관리도이다.

답 ㉯

06.

건설공사에서 품질관리의 순서로 가장 적당한 것은? (단, Action : 조치, Check : 검토, Do : 실시, Plan : 계획)

㉮ Plan → Do → Check → Action
㉯ Do → Plan → Check → Action
㉰ Action → Check → Plan → Do
㉱ Do → Action → Plan → Check

풀이 품질관리 단계(Deming's Cycle)
Plan(계획) → Do(실시) → Check(검토) → Action(조치)

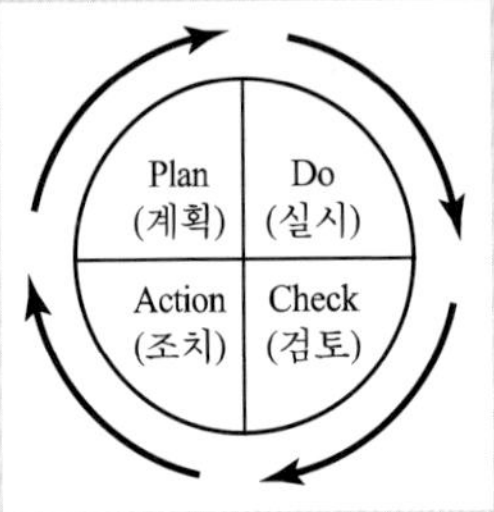

답 ㉮

07.

관리 사이클의 단계를 바르게 나열한 것은?

㉮ Plan → Check → Do → Action
㉯ Plan → Do → Check → Action
㉰ Plan → Do → Action → Check
㉱ Plan → Action → Do → Check

풀이 품질관리 단계(Deming's Cycle)
Plan(계획) → Do(실시) → Check(검토) → Action(조치)

답 ㉯

08.

체계적인 품질관리를 추진하기 위한 데밍 사이클(Deming's Cycle)로 가장 적합한 것은 어느 것인가?

㉮ 계획(Plan) → 추진(Do) → 조치(Action) → 검토(Check)
㉯ 계획(Plan) → 검토(Check) → 추진(Do) → 조치(Action)
㉰ 계획(Plan) → 조치(Action) → 검토(Check) → 추진(Do)
㉱ 계획(Plan) → 추진(Do) → 검토(Check) → 조치(Action)

풀이 품질관리 단계(Deming's Cycle)
Plan(계획) → Do(실시) → Check(검토) → Action(조치)

답 ㉱

09.

발주자가 요규하는 설계시방서에 적합한 품질의 구조물을 경제적으로 축조하는 수단의 시스템을 품질관리의 4단계라 한다. 품질관리의 4단계의 순서로 올바른 것은?

㉮ 계획 → 실시 → 검토 → 시정
㉯ 계획 → 검토 → 실시 → 시정
㉰ 시정 → 계획 → 실시 → 검토
㉱ 시정 → 계획 → 검토 → 실시

풀이 품질관리 단계(Deming's Cycle)
Plan(계획) → Do(실시) → Check(검토) → Action(조치)

답 ㉮

10.

총공사비가 100억원 이상인 중급품질관리 대상 공사의 시험실 최소 규모로 가장 타당한 것은?

㉮ $20m^2$ ㉯ $30m^2$ ㉰ $50m^2$ ㉱ $100m^2$

풀이 총공사비가 100억원 이상인 중급품질관리 대상 공사의 실험실 규모는 $30m^2$ 이상이다.

답 ㉯

심화 연습문제

문제 1

건설업의 품질관리에 이용되는 관리 사이클(Cycle)의 단계 명칭을 4가지로 나누어 쓰시오.

① ______________　② ______________

③ ______________　④ ______________

정답 ① Plan(계획), ② Do(실시), ③ Check(검토), ④ Action(조치)

문제 2

건설업 품질관리의 4 사이클 순서를 [보기]에서 골라 번호를 쓰시오.

[보기]

① 시정	② 보정	③ 실시
④ 계획	⑤ 제한	⑥ 확인

____

정답 ④ → ③ → ⑥ → ①

문제 3

건설업에 있어서 일반적인 품질관리 절차를 [보기]에서 맞게 기호로 쓰시오.

[보기]

㉮ 품질관리 항목선정	㉯ 교육 및 작업 실시
㉰ 품질관리 시험 및 검사	㉱ 관리한계선의 재결정
㉲ 공정의 안정성 검토	㉳ 품질 및 작업기준 결정
㉴ 이상원인 조사 및 수정조치	

정답 ㉮ → ㉳ → ㉯ → ㉰ → ㉲ → ㉴ → ㉱

문제 4

품질관리의 순서를 [보기]에서 골라 번호를 순서대로 나열하시오.

[보기]

㉮ 작업표준	㉯ 품질표준	㉰ 품질조사
㉱ 수정조치의 조사	㉲ 수정조치	

정답 ㉯ → ㉮ → ㉰ → ㉲ → ㉱

문제 5

품질관리 시험의 종류를 3가지 쓰시오.

① ______________ ② ______________ ③ ______________

> **정답** ① 선정 시험, ② 관리 시험, ③ 검사 시험

문제 6

품질관리의 모델화 종류를 3가지 쓰시오.

① ______________ ② ______________ ③ ______________

> **정답** ① 구체적 모델 ② 픽토리얼 모델 ③ 그래픽 모델
> ④ 스키마틱 모델 ⑤ 수학적 모델 ⑥ 시뮬레이션 모델

문제 7

품질경영의 3단계 활동을 쓰시오.

① ______________ ② ______________ ③ ______________

> **정답** ① 품질관리(QC)
> ② 품질보증(감리)(QA)
> ③ 품질인증(QV)

문제 8

ISO 인증의 기대효과를 4가지만 쓰시오.

① ______________ ② ______________

③ ______________ ④ ______________

정답 ① PQ 심사 시 가산점 부여 ② 기업 이미지 제고
③ 품질경영 도입 ④ 조직의 일체감 형성
⑤ 이윤의 극대화

문제 9

품질경영의 정의와 목표 3가지를 쓰시오.

㉮ 정의

____

㉯ 목표

① ______________ ② ______________ ③ ______________

정답 ㉮ 정의

품질의 방침, 목표 및 책임 등을 결정하고 실행하는 총체적인 경영기능의 양상 및 품질계획 수립, 품질관리, 품질보증(감리), 품질개선 등과 같은 수단에 의하여 품질시스템 내에서 실행하는 전반적 관리기능에 관한 모든 활동이다.

㉯ 목표

① 고객만족
② 인간성존중
③ 사회에 대한 공헌

문제 10

다음 그림은 공사관리의 3요소인 품질, 공정, 원가의 관계를 나타낸 것이다. X축, Y축, Z축은 각각 무엇을 나타내는가?

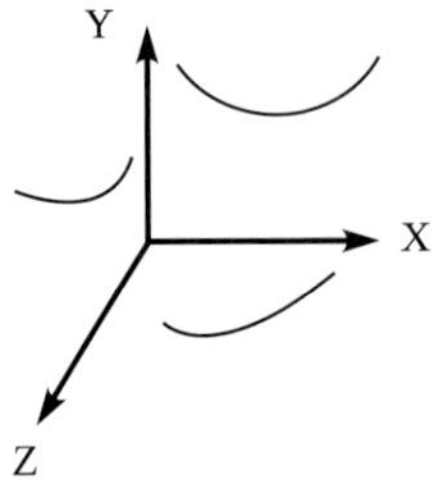

① X축 : ________________

② Y축 : ________________

③ Z축 : ________________

정답	① X축 : 공정, ② Y축 : 원가, ③ Z축 : 품질

문제 11

품질관리의 목적을 4가지 쓰시오.

① ________________ ② ________________

③ ________________ ④ ________________

정답	① 소정의 품질확보	② 시공능률 향상	③ 품질 및 신뢰성 향상
	④ 설계의 합리화	⑤ 작업의 표준화	

문제 12

품질관리의 기본사상을 4가지 쓰시오.

① ______________ ② ______________

③ ______________ ④ ______________

> **정답** ① 품질제일주의 ② 고객지향주의
> ③ 사실제일주의 ④ 과정 및 원인의 중시
> ⑤ 중점지향주의 ⑥ 인간성 존중주의

문제 13

품실관리의 원칙을 4가지 쓰시오.

① ______________ ② ______________

③ ______________ ④ ______________

> **정답** ① 예방원칙 ② 과학적 관리원칙
> ③ 스태프 원조원칙 ④ 협조원칙

문제 14

품질관리의 기능을 4가지 쓰시오.

① ________________ ② ________________

③ ________________ ④ ________________

정답 ① 품질의 설계(Design) ② 공정의 관리(Make)
③ 품질의 보증(Sell) ④ 품질의 조사(Test)

문제 15

다음 [보기]는 품질관리 시험 사항이다. 그 순서를 기호로 쓰시오.

[보기]

① 품질표준을 정한다. ② 데이터를 취한다.
③ 작업표준을 정한다. ④ 품질특성을 정한다.
⑤ 관리도에 의하여 공정의 안전을 체크한다. ⑥ 관리한계를 계산한다.

____

정답 ④ → ① → ③ → ② → ⑥ → ⑤

문제 16

건설공사의 품질관리 순서 4가지를 [보기]에서 골라 번호를 쓰시오.

[보기]

① 실시	② 통계	③ 조치
④ 계측	⑤ 방침	⑥ 계획

정답 ⑥ → ① → ④ → ③

문제 17

건설공사의 품질관리에 있어서 생산자 위험(Producer Risk)이란?

정답 합격으로 판정되어야 할 Lot(대상물)가 잘못하여 불합격으로 판정될 확률이다.

CHAPTER 08

통계적 품질관리

8.1 개요

① 통계적 품질관리(SQC, Statistical Quality Control)는 유용하고 수요자가 있는 제품을 가장 경제적으로 생산하기 위하여 생산의 모든 단계에 통계의 이론과 수법을 응용한 것이다.

② 통계적 품질관리 수법을 사용하여 나온 결론은 학문적 표현보다 누구나 이해할 수 있도록 표현되어야 한다.

8.2 품질 문제해결의 통계적 품질관리 과정

① 품질 문제

② 모집단의 구성

③ 표본의 추출

④ 관측 후 데이터 획득

⑤ 데이터의 분석처리

⑥ 모집단의 정보 획득

⑦ 검토

⑧ 의사결정

⑨ 조치, 행동

8.3 데이터의 분류

표 8.1 데이터의 분류

구분	내용
계량값	① 양의 의미를 갖는 데이터 ② 콘크리트 강도, 성토재료의 입도, 함수량, 질량 등, 양의 크기
계수값	① 수의 의미를 갖는 데이터 ② 공시체의 수, 코어의 수, 불량품의 수 등, 수의 크기

8.4 데이터의 정리

1) 중심적 경향을 표시하는 방법

표 8.2 데이터의 정리에서 중심적 경향을 표시하는 방법

분류 (데이터 : x_1, x_2, ……, x_n)	예제 (데이터 : 9, 4, 2, 7, 6)
① 평균(Mean, $\bar{x}$) $\bar{x}=\dfrac{\sum x_i}{n}=\dfrac{x_1+x_2+\cdots\cdots+x_n}{n}$	$\bar{x}=\dfrac{\sum x_i}{n}=\dfrac{9+4+2+7+6}{5}=5.6$
② 중앙값(중위수, Median, $\tilde{x}$) ㉠ 데이터의 수 n이 홀수 : 중간값 ㉡ 데이터의 수 n이 짝수 : 중간의 두 값의 평균	데이터 : 2, 4, 6, 7, 9 $\tilde{x}=6$
③ 최빈값(Mode, Mod) 도수표에 따라 히스토그램을 작성할 경우 일반적으로 가로축(횡축)에 특성치, 세로축(종축)에 도수를 설정하는데 이때 도수가 최대인 곳의 특성치를 최빈값이라 한다.	-
④ 중간범위수(M_d) $M_d=\dfrac{x_{\min}+x_{\max}}{2}$	$M_d=\dfrac{2+9}{2}=5.5$

2) 산포상태를 표시하는 방법

표 8.3 데이터의 정리에서 산포상태를 표시하는 방법

분류 (데이터 : x_1, x_2, ……, x_n)	예제 (데이터 : 9, 4, 2, 7, 6)
① 편차(Deviation, D) $D=(x_i-\bar{x})$	$\bar{x}=5.6$ 데이터 9의 경우 $D=(9-5.6)=3.4$ 나머지 데이터의 경우 −1.6, −3.6, 1.4, 0.4
② 편차제곱합(Sum Square, S, 변동(Variation)) $S=\sum_{i=1}^{n}(x_i-\bar{x})^2$ $=(x_1-\bar{x})^2+(x_2-\bar{x})^2 + \cdot\cdot\cdot\cdot + (x_n-\bar{x})^2$	$S=(9-5.6)^2+(4-5.6)^2+(2-5.6)^2$ $+(7-5.6)^2+(6-5.6)^2=29.2$
③ 분산(Variance, σ^2) $\sigma^2=\frac{S}{n}$	$\sigma^2=\frac{29.2}{5}=5.84$
④ 불편분산(Unbiased Variance, V) $V=\frac{S}{n-1}=\frac{S}{\phi}$ ($\phi=n-1$: 자유도)	$V=\frac{29.2}{5-1}=7.30$
⑤ 표준편차(Standard Deviation, σ) $\sigma=\sqrt{\frac{S}{n}}$	$\sigma=\sqrt{5.84}=2.42$
⑥ 불편분산 제곱근($\sqrt{V}$) $\sqrt{V}=\sqrt{\frac{S}{n-1}}$	$\sqrt{V}=\sqrt{7.30}=2.70$
⑦ 범위(Range, R) $R=x_{max}-x_{min}$	$R=9-2=7$
⑧ 변동계수(Coefficient of Variation, CV) $CV=\frac{\sigma}{\bar{x}}\times 100(\%)$	$CV=\frac{2.42}{5.6}\times 100=43.21(\%)$

참고 변동계수와 품질관리 상태의 일반적인 관계

표 8.4 변동계수와 품질관리 상태

변동계수	품질관리 상태
10% 이하	우수
10~15%	양호
15~20%	보통
20% 이상	불량

기본 연습문제

01.

품질관리에 있어서 통계적 수법을 활용할 때의 유의사항으로 옳지 않은 것은?

㉮ 사실을 나타내는 올바른 데이터를 사용할 것
㉯ 간단한 수법을 효율적으로 사용할 것
㉰ 통계적 수법을 사용하여 나은 결론을 학문적으로 표현할 것
㉱ 통계적 수법의 활용과 아울러 문제해결을 위한 기술적인 뒷받침이 있어야 함

풀이 통계적 수법을 사용하여 나온 결론은 학문적 표현보다는 누구나 이해할 수 있게 쉽게 표현되어야 한다.

답 ㉰

02.

통계적 품질관리에서 측정값의 산포상태를 표현하는 용어가 아닌 것은 다음 중 어느 것인가?

㉮ 분산　　㉯ 중앙치
㉰ 범위　　㉱ 표준편차

풀이 ① 중심적 경향을 표시하는 방법은 평균, 중앙치(중위수), 최빈값, 중간범위수 등이 있다.
② 산포상태를 표시하는 방법은 편차, 편차제곱합, 변동, 분산, 불편분산, 표준편차, 범위, 변동계수 등이 있다.

답 ㉯

03.

아래 사항은 품질문제 해결의 각 단계이다. 그 사이클로써 올바르게 나열된 것은 다음 중 어느 것인가?

ⓐ 품질문제	ⓑ 모집단의 구성	ⓒ 관측
ⓓ 모집단의 정보	ⓔ 의사결정	ⓕ 검토
ⓖ 조치행동	ⓗ 데이터의 분석처리	ⓘ 표본의 추출

㉮ ⓐ → ⓑ → ⓘ → ⓒ → ⓗ → ⓓ → ⓕ → ⓔ → ⓖ
㉯ ⓐ → ⓑ → ⓓ → ⓗ → ⓒ → ⓘ → ⓕ → ⓔ → ⓖ
㉰ ⓐ → ⓑ → ⓘ → ⓗ → ⓕ → ⓓ → ⓔ → ⓒ → ⓖ
㉱ ⓐ → ⓑ → ⓓ → ⓘ → ⓗ → ⓕ → ⓔ → ⓒ → ⓖ

풀이 품질문제 해결의 통계적 품질관리 과정

① 품질문제	② 모집단의 구성	③ 표본의 추출
④ 관측후 데이터 획득	⑤ 데이터의 분석처리	⑥ 모집단의 정보 획득
⑦ 검토	⑧ 의사결정	⑨ 조치, 행동

답 ㉮

04.

아래의 데이터는 콘크리트의 압축강도 시험 결과(MPa)이다. 이 데이터의 중앙치($\tilde{x}$, Median)를 구하면 다음 중 어느 것인가?

22, 40, 27, 25, 21, 21. 5, 30, 36, 26

㉮ 25.8　　㉯ 26.0　　㉰ 27.0　　㉱ 27.6

풀이 중앙치(중위수, Median, $\tilde{x}$)은 데이터를 크기순으로 나열했을 때 중간에 위치하는 값이다. 데이터의 수 n이 홀수 개이면 중간값, 데이터의 수 n이 짝수 개이면 중간의 두 값의 평균값이 된다. 측정 데이터를 나열하면 다음과 같고 홀수 개이므로 중간값인 26이 된다.
① 21 ② 21.5 ③ 22 ④ 25 ⑤ 26 ⑥ 27 ⑦ 30 ⑧ 36 ⑨ 40

답 ㉯

05.

통계적 품질관리에서 사용하는 용어의 설명으로 가장 부적당한 것은 어느 것인가?

㉮ 산술평균이란 모든 데이터의 합을 데이터의 개수로 나눈 것이다.
㉯ 중앙치란 데이터를 측정 순으로 나열해서 중앙에 위치한 값이다.
㉰ 표준편차란 분산의 제곱근을 말한다.
㉱ 변동계수는 표준편차를 산술평균으로 나눈 백분율이다.

풀이 중앙치(중위수, Median, $\tilde{x}$)은 데이터를 크기 순으로 나열했을 때 중간에 위치하는 값이다. 데이터의 수 n이 홀수 개이면 중간값, 데이터의 수 n이 짝수 개이면 중간의 두 값의 평균값이 된다. 예를 들어 측정 데이터의 순서가 9, 4, 2, 7, 6일 경우, 크기 순으로 나열하면 2, 4, 6, 7, 9이 되고, 이때 $\tilde{x}=6$이 된다.

답 ㉯

심화 연습문제

문제 1

다음 철근의 인장강도 시험 결과의 데이터를 이용하여 다음 물음에 답하시오. (단, 소수점 셋째 자리에서 반올림하시오.)

Data : 460, 540, 450, 490, 470, 500, 530, 480, 490 (MPa)

① 평균값($\bar{x}$) : ____________________

② 분산(σ^2) : ____________________

③ 표준편차(σ) : ____________________

④ 불편분산(V) : ____________________

⑤ 불편분산의 제곱근($\sqrt{V}$) : ____________________

정답 $\Sigma x = 460+540+450+490+470+500+530+480+490 = 4{,}410$

$n = 9$

① 평균값

$$\bar{x} = \frac{\Sigma x}{n} = \frac{4{,}410}{9} = 490.00$$

② 분산

ⓐ 편차제곱합(S)

$$S = (460-490)^2 + (540-490)^2 + (450-490)^2 + (490-490)^2 + (470-490)^2 + (500-490)^2 + (530-490)^2 + (480-490)^2 + (490-490)^2 = 7{,}200.00$$

ⓑ 분산(σ^2)

$$\sigma^2 = \frac{S}{n} = \frac{7{,}200.00}{9} = 800.00$$

③ 표준편차

$$\sigma = \sqrt{\frac{S}{n}} = \sqrt{800.00} = 28.28$$

④ 불편분산

$$V = \frac{S}{n-1} = \frac{7,200.00}{9-1} = 900.00$$

⑤ 불편분산의 제곱근

$$\sqrt{V} = \sqrt{900.00} = 30.00$$

문제 2

조강 포틀랜드 시멘트의 압축강도로 표준사를 이용하여 10회 시험한 결과는 다음과 같다. 이 데이터를 이용하여 시멘트강도의 변동계수(CV)를 구하시오.

> Data : 41.7, 48.0, 44.7, 42.8, 39.7, 40.0, 38.9, 42.2, 42.7, 41.9 (MPa)
> $n=10$
> $\Sigma x = 41.7+48.0+44.7+42.8+39.7+40.0+38.9+42.2+42.7+41.9=422.6$

변동계수(CV) : ______________________

정답 ① 평균값

$$\bar{x} = \frac{\Sigma x}{n} = \frac{422.6}{10} = 42.26$$

② 편차제곱합

$$S = (41.7-42.26)^2+(48.0-42.26)^2+(44.7-42.26)^2+(42.8-42.26)^2+(39.7-42.26)^2$$
$$+(40.0-42.26)^2+(38.9-42.26)^2+(42.2-42.26)^2+(42.7-42.26)^2+(41.9-42.26)^2$$
$$=62.78$$

③ 표준편차

$$\sigma = \sqrt{\frac{S}{n}} = \sqrt{\frac{62.78}{10}} = 2.51$$

④ 변동계수

$$CV = \frac{\sigma}{x} \times 100 = \frac{2.51}{42.26} \times 100 = 5.94\%$$

∴ 변동계수는 다음과 같다.

변동계수 : $CV = 5.94\%$

문제 3

다음 데이터의 중위수(메디안 : $\tilde{x}$), 분산(σ^2), 표준편차(σ)를 구하시오.

Data : 9, 4, 2, 7, 6

① 중 위 수 : ______________________

② 분　　산 : ______________________

③ 표준편차 : ______________________

정답 ① 중위수

$\tilde{x} = 6$

② 평균값

$$\bar{x} = \frac{\Sigma x}{n} = \frac{9+4+2+7+6}{5} = \frac{28}{5} = 5.60$$

③ 편차제곱합

$$S = (9-5.60)^2 + (4-5.60)^2 + (2-5.60)^2 + (7-5.60)^2 + (6-5.60)^2 = 29.20$$

④ 분산

$$\sigma^2 = \frac{S}{n} = \frac{29.20}{5} = 5.84$$

⑤ 표준편차

$$\sigma = \sqrt{\frac{S}{n}} = \sqrt{5.84} = 2.42$$

∴ 중위수, 분산, 표준편차는 다음과 같다.

① 중 위 수 : $\tilde{x} = 6$

② 분　　산 : $\sigma^2 = 5.84$

③ 표준편차 : $\sigma = 2.42$

문제 4

다음 데이터는 일정한 산지에서 계속 반입되고 있는 잔골재의 단위용적중량을 매 차량마다 1회씩 10대를 측정한 자료이다. 이 데이터를 이용하여 다음 물음에 답하시오.

Data : 17.6, 17.4, 17.5, 17.3, 17.6, 17.7, 17.4, 17.6, 17.4, 17.5 (kN/m^3) 산술평균 $\bar{x}$=17.5 (kN/m^3)

① 편차제곱합(Sum Squares : S) : ______

② 분산(Variance : σ^2) : ______

③ 불편편차(Unbiased Variance : V) : ______

④ 표준편차(Standard Deviation : σ) : ______

⑤ 불편분산의 제곱근(혹은 표본표준편차 : Sample Standard Deviation : $\sqrt{V}$) :

______

⑥ 변동계수(Coefficient of Variation : CV) : ______

정답 문제의 조건 : $n=10$, $\bar{x}=17.50$

① 편차제곱합 :

$$S=(17.6-17.5)^2+(17.4-17.5)^2+(17.5-17.5)^2+(17.3-17.5)^2+(17.6-17.5)^2+(17.7-17.5)^2+(17.4-17.5)^2+(17.6-17.5)^2+(17.4-17.5)^2+(17.5-17.5)^2=0.14$$

② 분산 : $\sigma^2=\dfrac{S}{n}=\dfrac{0.14}{10}=0.014$

③ 불편분산 : $V=\dfrac{S}{n-1}=\dfrac{0.14}{10-1}=0.016$

④ 표준편차 : $\sigma=\sqrt{\dfrac{S}{n}}=\sqrt{0.014}=0.118$

⑤ 불편분산의 제곱근 : $\sqrt{V}=\sqrt{0.016}=0.125$

⑥ 변동계수 : $CV=\dfrac{\sigma}{\bar{x}}\times 100=\dfrac{0.118}{17.5}\times 100=0.68\%$

문제 5

다음의 데이터는 비중 0.4인 경량기포콘크리트의 압축강도 시험 결과이다. 이 데이터를 이용하여 표준편차와 변동계수를 구하시오.

> Data : 21.9, 21.7, 22.7, 28.0, 22.2, 24.7, 18.9, 22.8, 20.0, 19.7 (MPa)
> $n=10$
> $\Sigma x=21.9+21.7+22.7+28.0+22.2+24.7+18.9+22.8+20.0+19.7=222.6$

① 표준편차 : ____________________

② 변동계수 : ____________________

정답

① 평균값 : $\bar{x}=\frac{\Sigma x}{n}=\frac{222.6}{10}=22.26$

② 편차제곱합 :

$$S=(21.9-22.26)^2+(21.7-22.26)^2+(22.7-22.26)^2+(28.0-22.26)^2+(22.2-22.26)^2$$
$$+(24.7-22.26)^2+(18.9-22.29)^2+(22.8-22.26)^2+(20.0-22.26)^2+(19.7-22.26)^2$$
$$=62.78$$

③ 표준편차 : $\sigma=\sqrt{\frac{S}{n}}=\sqrt{\frac{62.78}{10}}=2.51$

④ 변동계수 : $CV=\frac{\sigma}{\bar{x}}\times 100=\frac{2.51}{22.26}\times 100=11.26\%$

∴ 표준편차와 변동계수는 다음과 같다.
① 표준편차 : $\sigma=2.51$
② 변동계수 : $CV=11.94\%$

문제 6

콘크리트의 설계기준강도가 21MPa, 배합강도가 24MPa인 콘크리트에서 표준편차가 2.0MPa 라면 배합설계 시 이 콘크리트의 변동계수를 구하시오.

변동계수 : ____________________

정답 변동계수$(CV)=\frac{\sigma}{\bar{x}}\times 100=\frac{2.0}{21}\times 100=9.52\%$

문제 7

어떤 콘크리트 구조물 공사에서 4개의 콘크리트 시료에 대한 압축강도를 측정하여 각각 19.4MPa, 20.0MPa, 21.0MPa, 22.0MPa을 얻었다. 이 콘크리트 시료의 변동계수를 구하고 이 구조물의 품질관리 상태에 대해 쓰시오. (단, 소수 둘째 자리에서 반올림하시오. 또한 변동계수에 따른 품진관리 상태는 다음 표와 같다.)

변동계수	품질관리 상태
10% 이하	우수
10~15%	양호
15~20%	보통
20% 이상	불량

① 변동계수 : ______________________

② 품질관리의 판정 : ______________________

정답

① 평균값($\bar{x}$) : $\bar{x}=\dfrac{\Sigma x}{n}=\dfrac{19.4+20.0+21.0+22.0}{4}=20.6$

② 편차제곱합(S) :

$S=(19.4-20.6)^2+(20.0-20.6)^2+(21.0-20.6)^2+(22.0-20.6)^2=3.92$

③ 표준편차(σ) : $\sigma=\sqrt{\dfrac{S}{n}}=\sqrt{\dfrac{3.92}{4}}=0.99$

④ 변동계수(CV) : $CV=\dfrac{\sigma}{\bar{x}}\times 100=\dfrac{0.99}{20.6}\times 100=4.81\%$

⑤ 품질관리의 판정 : $CV=4.81\% \leq 10\%$이므로 품질관리 상태는 매우 우수하다.

∴ 변동계수와 품질관리의 판정은 다음과 같다.

① 변동계수 : $CV=4.81\%$

② 품질관리의 판정 : $CV=4.81\% \leq 10\%$이므로 품질관리 상태는 매우 우수하다.

CHAPTER 09

종합적 품질관리

9.1 일반사항[9),10)]

1) 개요

종합적 품질관리(TQC, Total Quality Control)는 제조 현장의 품질관리 향상뿐만 아니라 영업·기획·개발·총무·경리 따위의 모든 비제조 부문의 업무 수행의 질까지 높임으로써 기업의 생산공정 모두에 걸쳐 제품의 품질을 향상시키기 위해 종합적으로 관리하는 체제이다.

2) TQC의 기본사항

① 품질제일주의
② 소비자 지향
③ 인간성 존중의 경영
④ 부문별 협조
⑤ 사실 및 데이터에 의한 관리

3) TQC의 목적

체질개선을 통한 개선의 습관을 배양하는 것이다.

4) 체질개선의 종류

① 문제파악 체질
② 계획 중시 체질
③ 프로세스 중시 체질
④ 중점지향 체질
⑤ 전원의 시스템 지향 체질

5) TQC의 효과

① 기업의 체질 개선
② 부문 간 의사소통 활발
③ 생산합리화
④ 불량감소
⑤ 비용절감
⑥ 고객중심의 사상 철저
⑧ 기업 번영
⑦ 품질향상, 품질보증에 의한 신뢰성 확보

9) 신현식 외6인, 건축시공학, 문운당, p.557, 1998.
10) 김문한 외, 건설경영공학, 기문당, p.337, 1999.

9.2 품질관리의 도구

1) 품질관리의 7가지 도구

표 9.1 품질관리의 도구

QC 도구	내용
히스토그램 (Histogram)	계량치의 데이터가 어떠한 분포를 하고 있는지 알아보기 위하여 작성하는 그림이다.
특성요인도 (Characteristics Diagram or Cause and Effect Diagram)	결과에 원인이 어떻게 관계하고 있는가를 한눈으로 알 수 있도록 작성한 그림이다.
파레토도 (Pareto Diagram)	불량 등 발생건수를 분류항목별로 구분하여 크기 순서대로 나누어 놓은 그림이다.
체크시트 (Check Sheet)	계수치의 데이터가 분류항목의 어디에 집중되어 있는가를 알아보기 쉽게 나타낸 그림이나 표이다.
각종 그래프 (Graph)	막대, 원, 꺾은선 등 단번에 뜻하는 것을 알 수 있도록 한 그림이며 각종 관리도 등이 있다.
산점도 (Scatter Diagram, 산포도)	대응되는 두 개의 짝으로 된 데이터를 그래프 용지 위에 점으로 나타낸 그림이다.
층별 (Stratification)	집단을 구성하고 있는 많은 데이터를 어떤 특징에 따라 몇 개의 부분집단으로 나누는 것이다.

2) 신 품질관리의 7가지 도구

표 9.2 신 품질관리(QC)의 도구

신 QC 도구	내용
연관도법 (Relation Diagram)	서로 관련 있는 원인과 결과를 정리하여 복잡한 문제에 대한 다른 측면의 연결고리를 분석하는 방법
친화도법 (Affinity Diagram)	혼돈의 상태로부터 문제의 본질을 명확히 하는 방법으로 의견을 자연스럽게 발표하도록 하여 창의력을 조장하여 데이터의 상호관계를 분석하는 방법
계통도법 (Tree Diagram)	목표달성을 위해 높은 수준에서부터 낮은 수준까지의 방법을 계통적으로 표시하는 방법
매트릭스도법 (Matrix Diagram)	매트릭스를 이용하여 다원적 사고에 의해 문제를 발견하는 방법
매트릭스 데이터 해석법 (Matrix Data Analysis)	매트릭스 데이터로부터 주성분을 추출하는 방법
PDPC법(과정결정 계획도법) (Process Decision Program Chart)	문제 진전과정에서 바람직한 방향으로 이끌어 가는 방법
애로우 다이아그램법 (Arrow Diagram)	화살형에 의한 계획, 관리기법으로 복잡한 순서를 목적 달성 때까지의 작업순서와 시간배정을 나타낸 방법

9.3 품질관리의 7가지 도구

1) 히스토그램

(1) 개요

히스토그램(Histogram)이란 계량치의 품질특성을 알기 위해 모집단의 분포상태, 분포의 중심위치, 분포의 산포 등이 어떠한 분포를 하는지 쉽게 파악하기 위해 막대그래프 형식으로 작성한 도수분포도를 말한다.

(2) 히스토그램의 작업순서

① 데이터를 수집한다.
② 데이터에서 최소값과 최대값을 구하여 전 범위를 구한다.
③ 구간폭을 정한다.
④ 도수분포도를 만든다.
⑤ 히스토그램을 작성한다.
⑥ 히스토그램과 규격값을 대조하여 안정상태인지 검토한다.

(3) 히스토그램의 종류

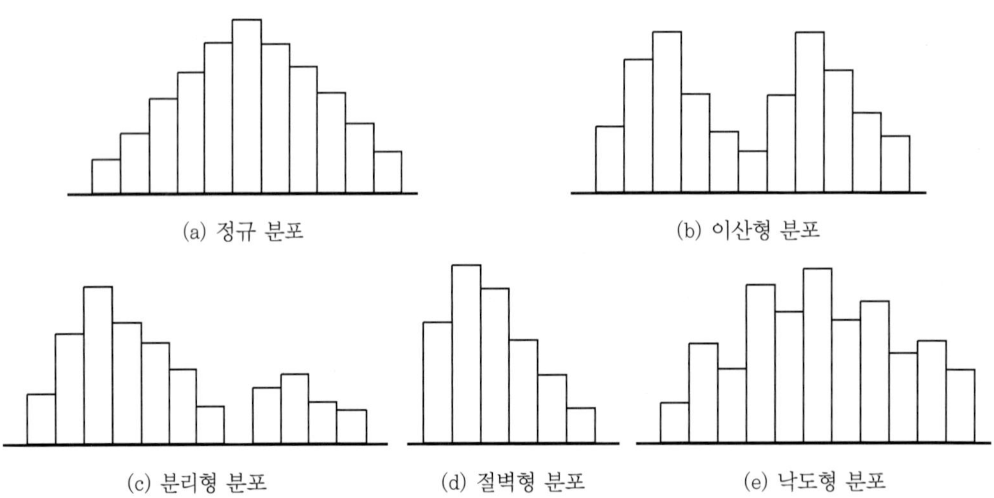

(a) 정규 분포 (b) 이산형 분포 (c) 분리형 분포 (d) 절벽형 분포 (e) 낙도형 분포

그림 9.1 히스토그램의 종류

(4) 히스토그램과 규격

(가) 상한규격치와 하한규격치가 있을 때

$$\frac{SU-SL}{\sigma} \geq 6 \text{ 가능하면 } 8$$

(나) 한쪽 규격치만 있을 때

$$\frac{|S-\overline{x}|}{\sigma} \geq 3 \text{ 가능하면 } 6$$

여기서, SU : 상한규격치 　　SL : 하한규격치

S : 한쪽 규격치(SU 혹은 SL) 　　$\overline{x}$: 평균값

σ : 표준편차

(5) 공정능력 지수

(가) 양측 규격의 경우

$$C_p = \frac{|SU-SL|}{6\sigma}$$

(나) 편측 규격의 경우

$$C_p = \frac{|SU(\text{또는 } SL)-\overline{x}|}{3\sigma}$$

예제 9.1

어느 현장의 콘크리트 일축압축강도의 하한규격치는 18.0MPa이고, 상한규격치는 24.0MPa로 정해져 있다. 측정결과 평균값($\overline{x}$)은 19.5MPa이고 표준편차의 추정값(σ)은 0.8MPa이라 할 때, 공정능력지수와 규격치에 대한 여유치를 구한 값은 얼마인가?

풀이

1. 공정능력 지수(C_p)

$$C_p = \frac{|SU-SL|}{6\,\sigma} = \frac{|24.0-18.0|}{6\times 0.8} = 1.25$$

2. 여유치

① $\frac{SU-SL}{\sigma} = \frac{24.0-18.0}{0.8} = 7.50 \geq 6$ (충분한 여유가 있다.)

② 여유치 $= (7.50-6)\times 0.8 = 1.20$MPa

2) 특성요인도

(1) 개요

특성요인도(Characteristics Diagram)는 원인과 결과의 상호관계를 쉽게 이해할 수 있도록 화살표를 이용하여 나타낸 그림으로 생선뼈 모양을 닮았다고 해서 생선뼈 그림(Fish Bone Diagram)이라고도 한다.

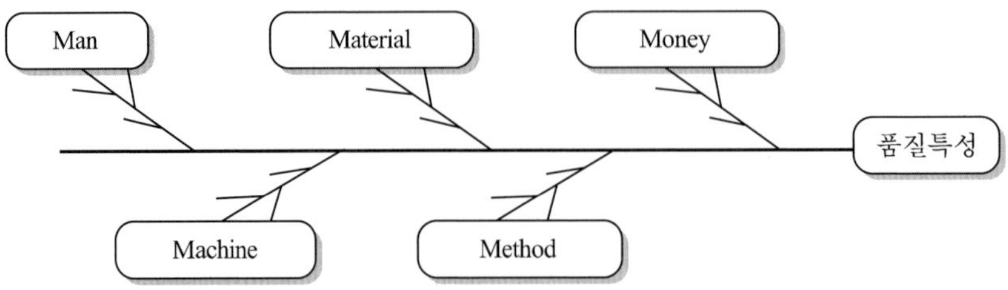

그림 9.2 특성요인도

(2) 작성순서

① 문제로 하는 품질특성을 선정한다.

② 특성에 영향을 미치는 요인(일반적으로 5M)을 열거한다.

③ 특성요인도를 정리한다.

④ 요인마다 더 작은 요인을 세분화하여 기입한다.

⑤ 필요한 사항을 기입한다.

3) 파레토도

(1) 개요

① 파레토도(Pareto Diagram)는 특성에 대한 불량 요인을 항목 및 발생 건수별로 정리하여 크기 순으로 정렬한 후 불량 점유율로 나타낸 그림으로 가장 많은 결함의 항목을 집중적으로 관리하여 결함을 감소시킬 수 있다.

② 가로축에 층별 요인 혹은 특성을 표시하고 세로축에는 누적 불량 건수 및 누적 불량 비율 등을 표시하여 점유율을 나타낸다.

(2) 작성순서

① 데이터의 분류항목(불량항목)을 결정한다.

② 데이터를 수집한다.

③ 데이터를 정리하여 크기 순서대로 정렬한다.

④ 누적돗수와 누적비율을 산정한다.

⑤ 그래프의 가로축에 분류항목(불량항목), 세로축에 데이터 눈금(누적불량건수 및 누적불량비율 등)을 그린다.

⑥ 데이터가 큰 것부터 순서대로 막대그래프를 그린다. 단, 기타는 모아서 맨 오른편 끝에 기입한다.

⑦ 데이터 누적돗수를 꺾은선으로 기입한다.

⑧ 오른쪽 세로축에 %를 기입한다.

⑨ 데이터의 기간, 기록자, 목적 등을 기입한다.

(3) 작성 예

(가) 레미콘 불량에 대한 데이터

표 9.3 불량항목과 불량개수

불량항목	불량개수
슬럼프 불량	17
공기량 불량	4
재료량 부족 불량	8
압축강도 불량	9
균열발생 불량	10
기타	2

(나) 데이터가 큰 것부터 순서대로 정렬

표 9.4 불량개수에 따른 정렬

불량항목	불량개수	누적수	누적비율(%)
슬럼프 불량	17	17	34
균열발생 불량	10	27	54
압축강도 불량	9	36	72
재료량 부족 불량	8	44	88
공기량 불량	4	48	96
기타	2	50	100
합계	50	50	100

(다) 파레토도의 작성

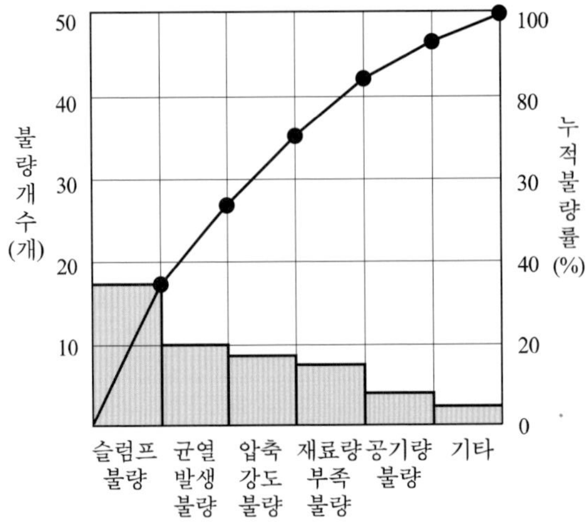

그림 9.3 파레토도의 작성

4) 체크시트

(1) 개요

① 체크시트(Check Sheet)는 계수치의 데이터가 분류항목의 어디에 집중되어 있는가를 알아보기 쉽게 나타낸 그림이나 표로서 불량수나 결점수 등의 문제점이 어디에 집중되어 있는지 쉽게 판단할 수 있다.

② 데이터 수집과 점검을 위해 만들어진 시트를 체크시트라 하며, 일상의 관리 및 개선을 위해 사용된다.

(2) 작성 예

표 9.5 체크시트의 작성 예

날짜 / 항목	7월 11일	7월 12일	7월 13일	7월 14일	7월 15일	7월 16일	7월 17일	계
결품발생	//	///	/		~~////~~	//	///	16
나사조임	/		//	//		~~////~~	//	12
램프교환	////	/	~~////~~	///	~~////~~	//	~~////~~	25
위치교정	//	//	/		///		//	10
기타	/	/		//	///			7
계	10	7	9	7	16	9	12	70

5) 각종 그래프

(1) 개요

각종 그래프(Graph)는 막대, 원, 꺾은선 그래프 등 단번에 뜻하는 것을 알 수 있도록 한 그림으로서, 특히 꺾은선 그래프에서 중심선, 상하 관리한계선을 이용하여 데이터의 이상 유무를 판단하는 그래프를 관리도(Control Chart)라 한다.

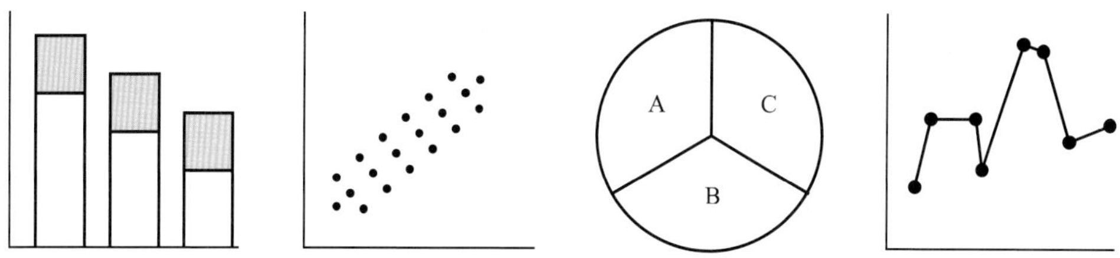

(a) 막대그래프 (b) 점 그래프 (c) 분리형 분포 (d) 절벽형 분포

그림 9.4 각종 그래프

(2) 관리도

(가) 개요

① 관리도는 품질의 산포를 관리하기 위해 품질의 특성값과 시료번호를 축으로 하는 그래프 상에 관리한계선을 그려 넣은 그림이다.

② 각종 관리도 데이터의 편차에서 관리 상황과 문제점을 판단하기 위한 도구이다.

③ 관리한계는 관리를 하기 위한 한계로서, 시방서 및 설계도서 등에 지시되는 것이 원칙이나 발주자의 요구품질 수준과 현장감리 및 감독자 등의 지시에 따라 조정될 수 있다.

(나) 관리도의 종류

① 계량치 관리도

표 9.6 계량치 관리도

종 류	관리대상	내 용
$\bar{x}-R$ 관리도	평균값과 범위	몇 개의 계량치를 평균값과 범위로 관리함
$\tilde{x}-R$ 관리도	메디안과 범위	몇 개의 계량치를 메디안과 범위로 관리함
$x-R_s$ 관리도	측정치와 범위	데이터를 군으로 나누지 않고 개개의 계량치와 앞뒤 값의 범위로 관리함
x 관리도	개개 측정치	데이터를 조로 나누지 않고 하나 하나의 측정치를 그대로 사용하여 관리함

② 계수치 관리도

표 9.7 계수치 관리도

종 류	관리대상	내 용
P_n 관리도	불량개수	계수치를 불량개수로 관리함
P 관리도	불량률	계수치를 불량률로 관리함
C 관리도	결점수	일정 단위 중 결점 수로 관리함
U 관리도	단위당 결점수	시료의 크기가 일정하지 않을 경우 단위시료당 나타나는 결점수에 따라 관리함

(3) $\bar{x} - R$ 관리도 작성순서

(가) 각 조별 평균값($\bar{x}$)과 범위(R)를 계산한다.

① 평균값 : $\bar{x} = \dfrac{\Sigma x}{n_1}$

② 범위 : $R = x_{max} - x_{min}$

(나) 각 조별 평균값에 대한 평균인 총평균값($\bar{\bar{x}}$)을 계산한다.

총평균값 : $\bar{\bar{x}} = \dfrac{\Sigma \bar{x}}{n_2}$

(다) 각 조별 범위에 대한 평균값($\bar{R}$)을 계산한다.

범위의 평균값 : $\bar{R} = \dfrac{\Sigma R}{n_2}$

(라) $\bar{x}$ 관리한계선을 구한다.

표 9.8 평균값의 중심선과 관리한계선

구 분	관리도
중심선(CL, Center Line)	$CL = \bar{\bar{x}}$
상부관리한계선(UCL, Upper Control Line)	$UCL = \bar{\bar{x}} + A_2\bar{R}$
하부관리한계선(LCL, Lower Control Line)	$LCL = \bar{\bar{x}} - A_2\bar{R}$

여기서, A_2는 각 조의 크기(n)에 따라 정하는 계수로 아래와 같다.

(마) R 관리한계선을 구한다.

표 9.9 범위의 중심선과 관리한계선

구 분	관리도
중심선(CL, Center Line)	$CL = \overline{R}$
상부관리한계선(UCL, Upper Control Line)	$UCL = D_4\overline{R}$
하부관리한계선(LCL, Lower Control Line)	$LCL = D_3\overline{R}$

여기서, D_3, D_4는 각 시료(조)의 크기(n)에 따라 정하는 계수로 다음과 같다.

표 9.10 각 시료(조)의 크기에 따른 계수

시료의 크기(n)	2	3	4	5	6	7	8	9	10
A_2	1.88	1.02	0.73	0.58	0.48	0.42	0.37	0.34	0.31
D_3	0	0	0	0	0	0.08	0.14	0.18	0.22
D_4	3.27	2.57	2.28	2.11	2.00	1.92	1.86	1.82	1.78

(바) 관리선을 기입한다.

① $\overline{x}$관리도에 $\overline{\overline{x}}$의 값(CL)은 실선으로 표시한다. UCL과 LCL의 값은 각각 점선으로 표시한다.

② R관리도에 $\overline{R}$의 값(CL)은 실선으로 표시한다. UCL과 LCL의 값은 각각 점선으로 표시한다.

(사) 관리상태를 조사한다.

① 타점이 한계선 내에 있을 경우 공정은 관리상태하(Under Control)에 있다고 한다.

② 타점이 한계선 외에 있을 경우 공정은 이상상태하(Out of Control)에 있다고 한다.

(4) $\overline{x} - R$ 관리도 작성 예

콘크리트 공사에서 하루에 3번씩 시료를 채취하여 제작된 공시체로 28일 재령의 압축강도를 시험한 데이터가 다음과 같을 때, $\overline{x} - R$관리도를 작성하시오.

표 9.11 각 시료(조)의 측정값

조번호	측정값(3회/일)		
	x_1	x_2	x_3
1	32.8	31.1	28.9
2	31.5	29.6	29.9
3	31.4	29.6	30.5
4	30.8	30.5	30.5
5	31.5	33.5	29.8

표 9.12 각 시료(조)의 크기에 따른 계수

시료의 크기(n)	2	3	4	5
A_2	1.88	1.02	0.73	0.58
D_3	0	0	0	0
D_4	3.27	2.57	2.28	2.11

정답

1. 각 조별 평균값($\bar{x}$)과 범위(R)를 계산한다.

표 9.13 각 시료(조)의 평균값과 범위

조번호	측정값(3회/일)			Σx	$\bar{x}$	R
	x_1	x_2	x_3			
1	32.8	31.1	28.9	32.8+31.1+28.9=92.8	92.8/3=30.9	32.8−28.9=3.9
2	31.5	29.6	29.9	31.5+29.6+29.9=91.0	91.0/3=30.3	31.5−29.6=1.9
3	31.4	29.6	30.5	31.4+29.6+30.5=91.5	91.5/3=30.5	31.4−29.6=1.8
4	30.8	30.5	30.5	30.8+30.5+30.5=91.8	91.8/3=30.6	30.8−30.5=0.3
5	31.5	33.5	29.8	31.5+33.5+29.8=94.8	94.8/3=31.6	33.5−29.8=3.7
계	−	−	−	−	$\Sigma\bar{x}$=153.9	ΣR=11.6

2. 각 조별 평균값에 대한 평균인 총평균값($\bar{\bar{x}}$)을 계산한다.

$$\bar{\bar{x}} = \frac{\Sigma\bar{x}}{n} = \frac{153.9}{5} = 30.8$$

3. 각 조별 범위에 대한 평균값($\bar{R}$)을 계산한다.

$$\bar{R} = \frac{\Sigma R}{n} = \frac{11.6}{5} = 2.3$$

4. $\bar{x}$ 관리한계선을 구한다.

표 9.14 평균값의 중심선과 관리한계선

구 분	관리도
중심선(CL)	$CL = \bar{\bar{x}} = 30.8$
상부관리한계선(UCL)	$UCL = \bar{\bar{x}} + A_2\bar{R} = 30.8 + (1.02 \times 23) = 33.1$
하부관리한계선(LCL)	$LCL = \bar{\bar{x}} - A_2\bar{R} = 30.8 - (1.02 \times 23) = 28.5$

5. R 관리한계선을 구한다.

표 9.15 범위의 중심선과 관리한계선

구 분	관리도
중심선(CL)	$CL = \bar{R} = 2.3$
상부관리한계선(UCL)	$UCL = D_4\bar{R} = 2.57 \times 2.3 = 5.9$
하부관리한계선(LCL)	$LCL = D_3\bar{R} = 0$

6. $\bar{x} - R$ 관리도를 작성한다.

① $\bar{x}$ 관리도에 $\bar{\bar{x}}$의 값(CL)은 실선으로 표시한다. UCL과 LCL의 값은 각각 점선으로 표시한다.

② R 관리도에 $\bar{R}$의 값(CL)은 실선으로 표시한다. UCL과 LCL의 값은 각각 점선으로 표시한다.

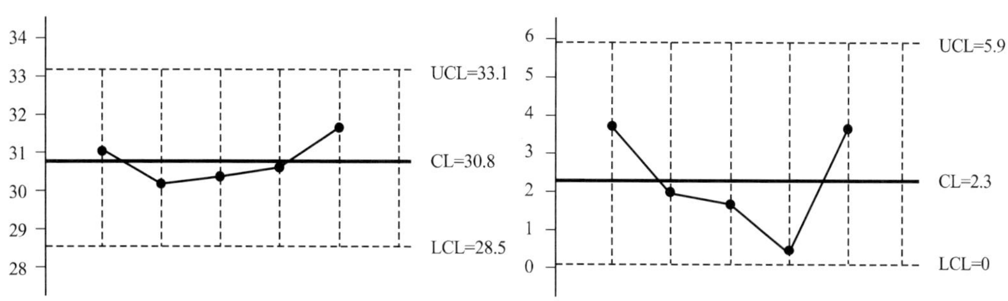

(a) $\bar{x}$ 관리도 (b) R 관리도

그림 9.5 관리도의 작성

예제 9.2

다음 표는 어떤 공사의 콘크리트 슬럼프 시험 결과의 평균값($\bar{x}$), 범위(R)를 발췌한 것이다. 이들 데이터를 사용하여 $\bar{x}$관리도의 상부관리한계선(UCL)과 하부관리한계선(LCL)을 결정하시오. [단, 시료의 크기(n)=3, A_2=1.023]

표 9.16 각 시료(조)의 평균값과 범위

조번호	1	2	3	4	5
$\bar{x}$	9.0	8.0	7.0	7.5	8.5
R	1.5	0.5	1.5	0.5	1.0

풀이

1. 총평균값($\bar{\bar{x}}$)

$$\bar{\bar{x}} = \frac{\Sigma \bar{x}}{n} = \frac{9+8+7+7.5+8.5}{5} = 8.0$$

2. 각 조별 범위에 대한 평균값($\bar{R}$)

$$\bar{R} = \frac{\Sigma R}{n} = \frac{1.5+0.5+1.5+0.5+1.0}{5} = 1.0$$

3. $\bar{x}$ 관리도의 상부관리한계선(UCL)

$$UCL = \bar{\bar{x}} + A_2\bar{R} = 8 + (1.023 \times 1.0) = 9.023$$

4. $\bar{x}$ 관리도의 하부관리한계선(LCL)

$$LCL = \bar{\bar{x}} - A_2\bar{R} = 8 - (1.023 \times 1.0) = 6.977$$

6) 산점도(산포도)

(1) 개요

① 산점도(Scatter Diagram, 산포도)는 대응되는 두 개의 짝으로 된 데이터를 그래프용지 위에 점으로 나타낸 그림이다.

② 대응하는 한 쌍의 데이터의 문제발견을 위한 도구이다.

(2) 작성순서

① 대응되는 두 종류의 특성치 데이터(x, y)를 모은다.

② 데이터의 최대치와 최소치를 산정한다.

③ 좌표축과 눈금을 결정한다.

④ 그래프 위에 특성치를 타점한다.

⑤ 필요사항을 기입한다.

(3) 산점도와 상관계수

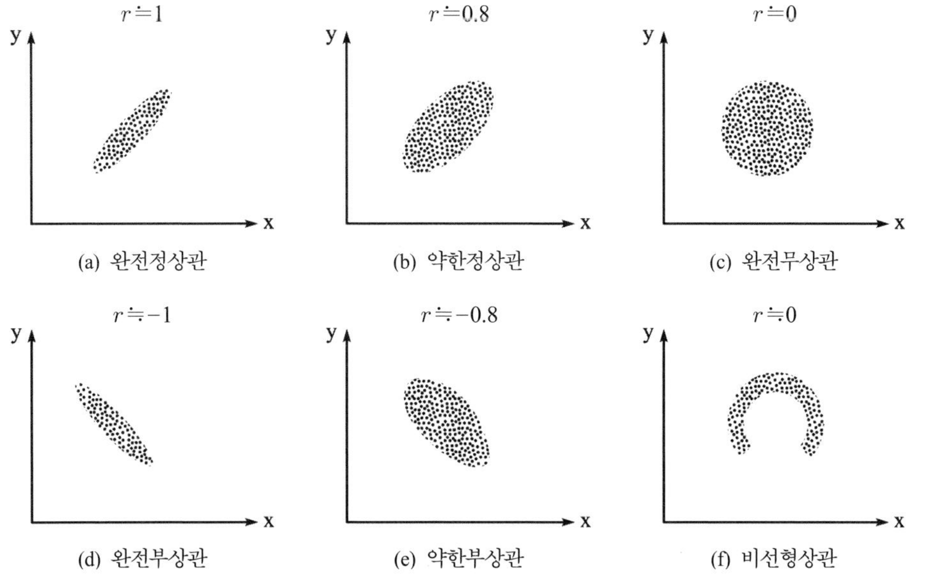

그림 9.6 산점도와 상관계수

7) 층별

① 층별(Stratification)은 집단을 구성하고 있는 많은 데이터를 어떤 특징에 따라 몇 개의 부분집단으로 나누는 것이다.

② 데이터를 원인과 결과로 분류하는 것이다.

기본 연습문제

01.

다음 중 품질관리(QC) 활동의 도구가 아닌 것은?

㉮ 파레토도　　㉯ 특성요인도
㉰ 기능계통도　　㉱ 히스토그램

풀이 품질관리의 7가지 도구
① 히스토그램(Histogram)　　② 특성요인도(Caused and Effects Diagram)
③ 파레토도(Pareto Diagram)　　④ 체크시트(Check Sheet)
⑤ 각종 그래프(Graph)　　⑥ 산점도(Scatter Diagram, 산포도)
⑦ 층별(Stratification)

답 ㉰

02.

다음 중 품질관리(QC, Quality Control) 활동의 도구가 아닌 것은?

㉮ 기능계통도(Fast Diagram)　　㉯ 산점도
㉰ 히스토그램　　㉱ 특성요인도

풀이 품질관리의 7가지 도구는 히스토그램, 특성요인도, 파레토도, 체크시트, 각종 그래프, 산점도(산포도), 층별 등이다.

답 ㉮

03.

다음 기술 중 품질관리(QC) 활동의 도구가 아닌 것은 어느 것인가?

㉮ 기능계통도(Fast Diagram)
㉯ 산포도(Scatter Diagram)
㉰ 히스토그램(Histogram)
㉱ 특성요인도(Fish Bone Diagram)

풀이 품질관리의 7가지 도구는 히스토그램, 특성요인도, 파레토도, 체크시트, 각종 그래프, 산점도(산포도), 층별 등이다.

답 ㉮

04.

품질관리를 위한 도구로 가장 부적당한 것은?

㉮ 관리도(Control Charts)
㉯ 주상도(Column Section)
㉰ 파레토도(Pareto Diagrams)
㉱ 히스토그램(Histogram)

풀이 (1) 품질관리의 7가지 도구는 히스토그램, 특성요인도, 파레토도, 체크시트, 각종 그래프, 산점도(산포도), 층별 등이다.
(2) 토질(지질) 주상도(Columnar Section)는 지질 조사를 하는 지역의 지층 순서를 결정하는데 이용하는 단면도이다. 토질 주상도는 그 지역의 층서(層序), 지층의 두께, 화성암의 관입 여부 등을 종합적으로 표시한 것이다.

답 ㉯

05.

전사적 품질관리(Total Quality Control)를 위해 사용되는 7가지 기법 중 가장 부적당한 것은 어느 것인가?

㉮ 파레토도(Pareto Analysis)
㉯ 시계열분석(Time Series Analysis)
㉰ 산포도(Scatter Diagram)
㉱ 히스토그램(Histogram)

풀이 품질관리의 7가지 도구는 히스토그램, 특성요인도, 파레토도, 체크시트, 각종 그래프, 산점도(산포도), 층별 등이다.

답 ㉯

06.

용어 설명 중, 가장 부적합한 것은 어느 것인가?

㉮ VE(Value Engineering)는 최저의 생애비용(LCC)으로 제품 또는 서비스에서 요구되는 기능을 확실하게 달성할 수 있도록 분석하여 가치를 최대화하는 노력이다.

㉯ 히스토그램(Histogram)이란 가로축에는 불량건수나 불량손실금액을 표시하여 그 점유율을 나타낸 것이다.

㉰ 특성요인도란 공정상태에서 고려해야 될 원인과 결과관계를 기입하여 일목요연하게 분류, 정리하는 도식 체계도를 말한다.

㉱ ISO 9000의 내용은 품질경영과 품질보증, 규격, 선택과 사용에 대한 지침이다.

풀이 ① 히스토그램(Histogram)은 계량치의 품질특성을 알기 위해 모집단의 분포상태, 분포의 중심위치, 분포의 산포 등이 어떠한 분포를 하는지 쉽게 파악하기 위해 막대그래프 형식으로 작성한 도수분포도를 말한다.

② 파레토도(Pareto Diagram)는 가로축에 층별 요인 혹은 특성을 표시하고 세로축에는 누적 불량 건수 및 누적 불량비율 등을 표시하여 점유율을 나타낸다.

답 ㉯

07.

다음 히스토그램에 관한 설명으로 가장 부적당한 것은 어느 것인가?

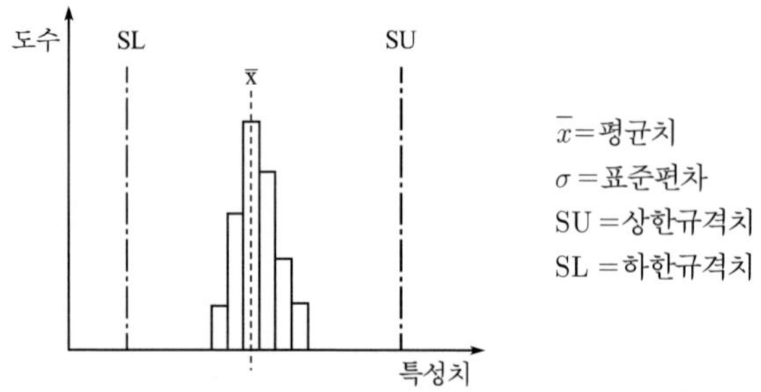

㉮ 대체적으로 평균이나 산포의 크기를 알아보기 쉽다.

㉯ 작성 시 도수표를 작성할 필요가 있다.

㉰ 가능한 한 $\frac{SU-SL}{\sigma}$는 6 이상이 되어야 한다.

㉱ 선정 시험인 경우에는 반드시 공정수정 등의 조치를 하여야 한다.

풀이 상한규격치와 하한규격치가 있을 때 $\frac{SU-SL}{\sigma}$는 6 이상이고 가능하면 8 이상이 되어야 한다.

답 ㉰

08.

공정의 상태, 관리의 계획을 수립할 때 특성과 요인관계를 일목요연하게 그린 것은?

㉮ Pareto도　　　　㉯ 특성요인도

㉰ Histogram　　　　㉱ 관리도

풀이 특성요인
도는 원인과 결과의 상호관계를 쉽게 이해할 수 있도록 화살표를 이용하여 나타낸 그림으로 생선뼈 모양을 닮았다고 해서 생선뼈 그림(Fish Bone Diagram)이라고도 한다.

답 ㉯

09.

TQC를 위한 7가지 도구 중에서 설명하는 것은 무엇인가?

결과에 대한 원인이 어떻게 관계하는지를 알기 쉽게 작성한 것으로 생선뼈 그림이라고도 한다.

㉮ 히스토그램　　　　㉯ 특성요인도

㉰ 각종 그래프　　　　㉱ 체크시트

풀이 특성요인도는 결과에 원인이 어떻게 관계하고 있는가를 한눈으로 알 수 있도록 작성한 그림이다.

답 ㉯

10.

TQC를 위한 7가지 도구 중에서 설명하는 것은 무엇인가?

> 결과에 대한 원인이 어떻게 관계하는지를 알기 쉽게 작성한 것으로
> 생선뼈 그림이라고도 한다.

㉮ 산점도 ㉯ 체크시트
㉰ 각종 그래프 ㉱ 특성요인도

풀이 특성요인도는 결과에 원인이 어떻게 관계하고 있는가를 한눈으로 알 수 있도록 작성한 그림이다.

답 ㉱

11.

발생되는 문제점에 대한 원인을 그 유형별로 분석하여 그 형태가 물고기의 뼈와 같이 표현되는 품질관리도구로서 가장 타당한 것은?

㉮ 산포도(Trend Analysis) ㉯ 관리도(Control Charts)
㉰ 파레토도(Pareto Diagrams) ㉱ 특성요인도(Cause and Effect Diagrams)

풀이 특성요인도는 원인과 결과의 상호관계를 쉽게 이해할 수 있도록 화살표를 이용하여 나타낸 그림으로 생선뼈 모양을 닮았다고 해서 생선뼈 그림(Fish Bone Diagram)이라고도 한다.

답 ㉱

12.

건축공사의 하자를 줄이기 위하여 중점적으로 처리해야 할 대상을 선정하는데 가장 유효한 품질관리 도구는 다음 중 어느 것인가?

㉮ 파레토도 ㉯ 특성요인도
㉰ 히스토그램 ㉱ 관리도

풀이 파레토도는 불량 등 발생건수를 분류항목별로 나누어 크기 순서대로 나누어 놓은 그림이다.

답 ㉮

13.

품질관리(QC)의 도구와 분석치에 관한 다음의 연결 중에서 부적당한 것은 어느 것인가?

㉮ 히스토그램-분포도　　㉯ 파레토도-영향도
㉰ 특성요인도-상관도　　㉱ 체크시트-집중도

풀이 ① 특성요인도는 원인과 결과의 상호관계를 나타내는 생선뼈 그림과 관련이 있다.
② 산점도(산포도)와 상관도가 관련이 있다.

답 ㉰

14.

품질관리에 관한 기술로서 부적당한 것은?

㉮ 품질관리의 순서는 계획, 실시, 계측, 처리이다.
㉯ 관리한계는 시방서 등에 지시된 한계와 동일하다.
㉰ 발췌검사는 일정간격으로 하는 것보다 랜덤(Random)하게 한다.
㉱ 품질과 일정한 관계가 있는 특성을 선정해서 관리한다.

풀이 관리한계는 관리를 하기 위한 한계로서, 시방서 및 설계도서 등에 지시되는 것이 원칙이나 발주자의 요구품질 수준과 현장감리 및 감독자 등의 지시에 따라 조정될 수 있다.

답 ㉯

15.

품질관리에 관한 기술로서 부적당한 것은?

㉮ 품질과 밀접한 관계가 있는 특성을 선정해서 관리한다.
㉯ 발췌검사는 일정간격으로 하는 것보다 어느 범위 내에서 랜덤(Random)하게 하는 것이 원칙이다.
㉰ 관리한계란 관리를 하기 위한 한계로서, 시방서 등에 지시된 한계와 반드시 동일하다.
㉱ 품질관리의 의의는 두 번 다시 같은 원인으로 트러블(Trouble)이 생기지 않도록 처치하는데 있다.

풀이 관리한계는 관리를 하기 위한 한계로서, 시방서 및 설계도서 등에 지시되는 것이 원칙이나 발주자의 요구품질 수준과 현장감리 및 감독자 등의 지시에 따라 조정될 수 있다.

답 ㉰

16.

품질관리에 관한 기술로서 부적당한 것은 다음 중 어느 것인가?

㉮ 품질과 밀접한 관계가 있는 특징을 선정해서 관리한다.
㉯ 품질관리의 순서는 계획, 실시, 계측, 처치이다.
㉰ 관리한계는 시방서 등에 지시된 한계와 반드시 일치해야 한다.
㉱ SQC란 통계적 품질관리를 말한다.

풀이 관리한계는 관리를 하기 위한 한계로서, 시방서 및 설계도서 등에 지시되는 것이 원칙이나 발주자의 요구품질 수준과 현장감리 및 감독자 등의 지시에 따라 조정될 수 있다.

답 ㉰

17.

다음 TQC(Total Quality Control)를 위한 도구에 관한 설명으로 옳지 않은 것은?

㉮ 파레토도는 가로축에 시공불량의 내용이나 원인별로 분류해서 크기 순으로 나열하고 세로축에는 그 영향도를 잡아 막대그래프를 작성하고 다음에 그 누적비율을 꺽임선으로 표시한 것이다.
㉯ 특성요인도를 원인과 결과의 관계를 알기쉽게 나무형상으로 도시한 것으로서 공정 중에 발생한 문제나 하자분석을 할 때 사용한다.
㉰ 히스토그램은 공사 또는 품질상태가 만족한 상태에 있는가의 여부를 판단하는데 가로축에 특성치에 세로축에 도수를 잡고 구간의 폭으로 주상(柱狀)의 그림을 그린 도수도(度數圖)를 말한다.
㉱ 관리도는 품질특성과 이것에 영향을 미치는 두 종류의 데이터의 상호관계를 보는 것으로서 상관도라고도 한다.

풀이 ① 관리도는 막대, 원, 꺾은선 그래프 등 단번에 뜻하는 것을 알 수 있도록 한 그림으로서, 특히 꺾은선 그래프에서 중심선, 상하 관리한계선을 이용하여 데이터의 이상 유무를 판단하는 그래프이다.
② 산점도(산포도)는 대응되는 두 개의 짝으로 된 데이터를 그래프 용지 위에 점으로 나타낸 그림이다.

답 ㉱

18.

공정관리에 이용되는 관리도로서 계수치를 불량으로 관리하는 방법은 다음 중 어느 것인가?

㉮ $x-R_s$ 관리도　㉯ P 관리도

㉰ C 관리도　㉱ $\bar{x}-R$ 관리도

풀이 ① 계량치 관리도는 $\bar{x}-R$ 관리도, $\tilde{x}-R$ 관리도, $x-R_s$ 관리도, x 관리도 등이 있다.
② 계수치 관리도는 P_n 관리도, P 관리도, C 관리도, U 관리도 등이 있다.
③ P 관리도는 계수치를 불량률로 관리한다.

답 ㉯

19.

다음 관리도의 종류 중 계수치 관리도는 어느 것인가?

㉮ 불량률(P) 관리도　㉯ 범위(R) 관리도

㉰ 평균값$(\bar{x})$ 관리도　㉱ 표준편차(σ) 관리도

풀이 ① 계량치 관리도는 $\bar{x}-R$(평균값과 범위) 관리도, $\tilde{x}-R$(메디안과 범위) 관리도, $x-R_s$(측정치와 범위) 관리도, x(개개 측정치) 관리도 등이 있다.
② 계수치 관리도는 P_n(불량개수) 관리도, P(불량률) 관리도, C(결점수) 관리도, U(단위당 결점수) 관리도 등이 있다.

답 ㉮

20.

품질관리에 이용되는 관리도에서 계수치 관리도가 아닌 것은 다음 중 어느 것인가?

㉮ P 관리도　㉯ P_n 관리도

㉰ C 관리도　㉱ x 관리도

풀이 ① 계량치 관리도는 $\bar{x}-R$ 관리도, $\tilde{x}-R$ 관리도, $x-R_s$ 관리도, x 관리도 등이 있다.
② 계수치 관리도는 P_n 관리도, P 관리도, C 관리도, U 관리도 등이 있다.

답 ㉱

21.

TQC(Total Quality Control)를 위한 도구에 대한 다음 설명 중 가장 부적당한 것은 어느 것인가?

㉮ 파레토도 : 가로축에 시공불량의 내용이나 원인을 분류해서 크기 순으로 나열하고 세로축에 불량도를 잡아 막대그래프를 작성하고 누적비율을 꺾은선으로 표시한 것이다.
㉯ 특성요인도 : 요인과 결과와의 관계를 알기 쉽게 나뭇가지 형상으로 도시한 것이다.
㉰ 히스토그램 : 공사 또는 품질관리 상태의 만족여부를 판단하기 위하여 가로축에 특성치, 세로축에 도수를 잡아 도수 분포를 분석한 것이다.
㉱ 산포도 : 치수나 강도 등 어느 하나의 품질특성과 이에 대한 분포상태로 나타낸 것이다.

풀이 산점도(Scatter Diagram, 산포도)는 대응되는 두 개의 짝으로 된 데이터를 그래프 용지 위에 점으로 나타낸 그림이다.

답 ㉱

22.

품질관리수법 중 다음 산포도는 어떤 상관관계를 의미하고 있는가? (r =상관관계)

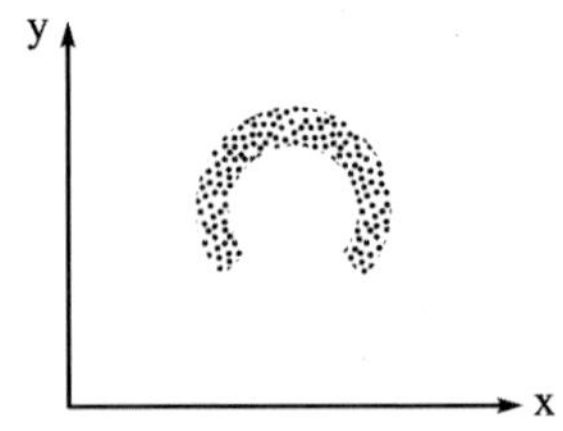

㉮ $r=0$　　㉯ $r=-1$　　㉰ $r=1$　　㉱ $r=0.5$

답 ㉮

심화 연습문제

문제 1

품질관리의 도구와 목적의 상관관계가 있는 것끼리 줄을 그으시오.

① 파레토도	•	•	㉮ 결과에 미치는 불량의 원인 항목의 체계적 정리, 원인발견
② 특성요인도	•	•	㉯ 작업의 상대가 설정된 기준 내에 들어가는지 판정
③ 히스토그램	•	•	㉰ 불량항목의 발생상황 파악을 위한 데이터의 사실 파악
④ 관리도	•	•	㉱ 데이터의 분포상태 등의 살핌
⑤ 체크시트	•	•	㉲ 불량항목과 원인의 중요성 발견

① ________ ② ________ ③ ________ ④ ________ ⑤ ________

정답 ① ㉲ ② ㉮ ③ ㉰ ④ ㉯ ⑤ ㉰

문제 2

다음은 품질관리(Quality Control)의 도구를 설명한 것이다. 해당되는 도구명을 [보기]에서 골라 쓰시오.

[보기]

① 특성요인도 ② 파레토도 ③ 산점도 ④ 층별 ⑤ 체크시트 ⑥ 히스토그램

㉮ 불량의 발생건수를 분류, 항목별로 나누어 크기 순서대로 나열해 놓은 그림이다.
㉯ 집단을 구성하는 많은 데이터를 어떤 특징에 따라서 몇 개의 부분집단으로 나누어 측정 데이터의 산포의 발생 원인을 규명할 수 있다.
㉰ 서로 대응되는 두 개의 짝으로 된 데이터를 점으로 나타내어 두 변수 간의 상관관계를 짐작할 수 있다.
㉱ 품질 특성에 영향을 주는 원인이 어떻게 관계하고 있는가를 한눈에 알 수 있도록 작성한 그림이다.

① ________ ② ________ ③ ________ ④ ________

정답 ㉮ ② ㉯ ④ ㉰ ③ ㉱ ①

문제 3

품질관리(QC)의 수법으로 알려진 도구에 대한 설명이다. 해당되는 도구명을 쓰시오.

> ① 집단을 구성하고 있는 많은 데이터를 어떤 특징에 따라 몇 개의 부분 집단으로 나누는 것이다.
> ② 결과에 원인이 어떻게 관계하고 있는가를 한눈으로 알 수 있도록 작성한 그림이다.
> ③ 계량치가 어떤 분포를 하는지 알아보기 위하여 작성하는 그림이다.
> ④ 계수치가 분류항목의 어디에 집중되어 있는가를 알아보기 쉽게 나타낸 그림이나 표이다.
> ⑤ 불량 등 발생건수를 분류항목별로 나누어 크기 순서대로 나열해 놓은 그림이다.
> ⑥ 대응되는 두 개의 짝으로 된 데이터를 그래프에 점으로 나타낸 그림이다.

① ________ ② ________ ③ ________

④ ________ ⑤ ________ ⑥ ________

> **정답** ① 층별 ② 특성요인도 ③ 히스토그램 ④ 체크시트
> ⑤ 파레토도 ⑥ 산점도

문제 4

TQC를 위한 7가지 통계수법을 쓰시오.

① ________ ② ________ ③ ________

④ ________ ⑤ ________ ⑥ ________

⑦ ________

> **정답** ① 히스토그램 ② 특성요인도 ③ 파레토도 ④ 체크시트
> ⑤ 각종 그래프 ⑥ 산점도 ⑦ 층별

문제 5

건설업의 TQC에 이용되는 도구 중 다음을 설명하시오.

① 파레토도 : ______________________________

② 특성요인도 : ______________________________

③ 층별 : ______________________________

④ 산점도 : ______________________________

정답 ① 파레토도 : 불량 등 발생건수를 분류항목별로 구분하여 크기 순서대로 나누어 놓은 그림이다.
② 특성요인도 : 결과에 원인이 어떻게 관계하고 있는가를 한눈으로 알 수 있도록 작성한 그림이다.
③ 층별 : 집단을 구성하고 있는 많은 데이터를 어떤 특징에 따라 몇 개의 부분집단으로 나누는 것이다.
④ 산점도 : 대응되는 두 개의 짝으로 된 데이터를 그래프용지 위에 점으로 나타낸 그림이다.

문제 6

품질관리에 이용되는 관리도의 명칭을 계량치, 계수치로 구분하여 2가지씩 쓰시오.

㉮ 계량치 관리도

① ____________ ② ____________

㉯ 계수치 관리도

① ____________ ② ____________

정답 ㉮ 계량치 관리도
① $\bar{x}-R$ 관리도 ② $\tilde{x}-R$ 관리도 ③ $x-R_s$ 관리도

㉯ 계수치 관리도
① P_n 관리도 ② P 관리도 ③ C 관리도 ④ U 관리도

문제 7

히스토그램(Histogram)의 작업순서를 [보기]에서 골라 순서를 기호로 쓰시오.

[보기]

① 히스토그램과 규격값을 대조하여 안정상태인지 검토한다.
② 히스토그램을 작성한다.
③ 도수분포도를 만든다.
④ 데이터에서 최소값과 최대값을 구하여 전 범위를 구한다.
⑤ 구간폭을 정한다.
⑥ 데이터를 수집한다.

정답 ⑥ → ④ → ⑤ → ③ → ② → ①

문제 8

건설공사 현장에 레미콘을 납품하고 발생된 불량사항을 조사한 결과 다음 표와 같다. 이 데이터를 이용하여 파레토도를 작성하시오.

불량항목	불량개수
슬럼프 불량	17
공기량 불량	4
재료량 부족 불량	8
압축강도 불량	9
균열발생 불량	10
기타	2

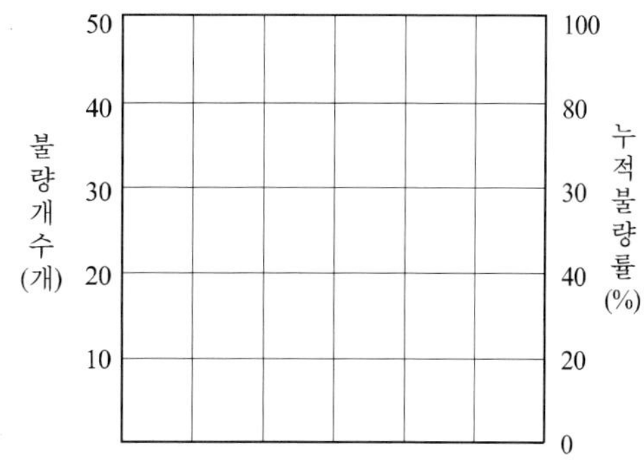

정답 ① 데이터가 큰 것부터 순서대로 정렬

파레토 작성표

불량항목	불량개수	누적수	누적비율(%)	CP
슬럼프 불량	17	17	34	*
균열발생 불량	10	27	54	
압축강도 불량	9	36	72	
재료량 부족 불량	8	44	88	
공기량 불량	4	48	96	
기타	2	50	100	*
합계	50	50	100	*

② 파레토도

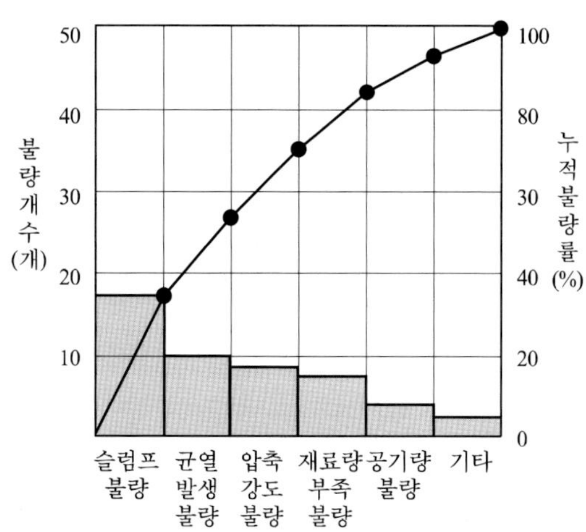

문제 9

다음은 공정관리에 이용되는 관리도의 설명이다. 옳은 것을 [보기]에서 골라 번호를 쓰시오.

[보기]

① $x-R_s$ 관리도 ② P 관리도 ③ C 관리도
④ $\bar{x}-R$ 관리도 ⑤ P_n 관리도 ⑥ $\tilde{x}-R$ 관리도

㉮ 몇 개의 계량치를 평균값과 범위로 관리함
㉯ 계수치를 불량률로 관리함
㉰ 일정단위 중 결점수로 관리함
㉱ 계수치를 불량개수로 관리함

㉮ ________ ㉯ ________ ㉰ ________ ㉱ ________

정답 ㉮ ④ ㉯ ② ㉰ ③ ㉱ ⑤

문제 10

다음은 품질관리에 이용되는 관리도의 설명이다. 설명에 맞는 관리도의 명칭을 [보기]에서 골라 번호로 쓰시오.

[보기]

① $x-R_s$ 관리도 ② P 관리도 ③ C 관리도
④ $\bar{x}-R$ 관리도 ⑤ P_n 관리도 ⑥ $\tilde{x}-R$ 관리도

㉮ 계수치를 불량률로 관리한다.
㉯ 계량치를 평균값과 범위로 관리한다.
㉰ 한 개 값의 계량치 데이터를 개개의 값과 앞뒤 값의 범위로 관리한다.
㉱ 계량치를 메디안과 범위로 관리한다.
㉲ 계량치를 불량갯수로 관리한다.
㉳ 일정단위당 결점수로 관리한다.

㉮ ________ ㉯ ________ ㉰ ________ ㉱ ________ ㉲ ________ ㉳ ________

정답 ㉮ ② ㉯ ④ ㉰ ① ㉱ ⑥ ㉲ ⑤ ㉳ ③

문제 11

다음 중 관계되는 것을 [보기]에서 찾아 쓰시오.

[보기]

① TQC ② Histogram ③ SQC
④ $\tilde{x}-R$ 관리도 ⑤ KS

㉮ 통계적 품질관리 ㉯ 한국공업표준규격
㉰ 정규분포도 ㉱ 전사적 품질관리(종합적 품질관리)
㉲ 관리도

㉮ ________ ㉯ ________ ㉰ ________ ㉱ ________ ㉲ ________

정답 ㉮ ③ ㉯ ⑤ ㉰ ② ㉱ ① ㉲ ④

문제 12

TQC를 실현하기 위한 기본사항을 4가지 쓰시오.

① ____________ ② ____________

③ ____________ ④ ____________

정답 ① 품질제일주의 ② 소비자 지향
③ 인간성 존중의 경영 ④ 부문별 협조
⑤ 사실 및 데이터에 의한 관리

문제 13

TQC를 실시한 후 기대되는 효과를 4가지 쓰시오.

① ______________________ ② ______________________

③ ______________________ ④ ______________________

정답 ① 기업의 체질 개선 ② 부문 간 의사소통 활발
③ 생산합리화 ④ 불량감소
⑤ 비용절감 ⑥ 고객중심의 사상 철저
⑧ 기업 번영 ⑦ 품질향상, 품질보증에 의한 신뢰성 확보

문제 14

TQC(Total Quality Control)를 추진하는 경우에 3가지 밸런스가 취해져야 하는 것이 중요한 데 3가지 밸런스란?

① ________________ ② ________________ ③ ________________

정답 ① 품질 ② 공정 ③ 원가

문제 15

품질관리에서는 경우에 따라 정성적인 정보를 필요로 하는 경우도 있지만 대개는 정량적인 정보, 즉 데이터를 필요로 한다. 다음 ( ) 안에 알맞은 말을 쓰시오.

> 데이터는 그 성질에 따라 (①)과(와) (②)로(으로) 나누어진다.

① ______________ ② ______________

정답 ① 계량치 데이터 ② 계수치 데이터

문제 16

어떤 공사에 있어서 하한규격치 $SL = 15.0$MPa, 상한규격치 $SU = 23.4$MPa으로 정해져 있다. 측정결과 표준편차의 추정값 $\sigma = 1.2$MPa, 평균값 $\bar{x} = 19.2$MPa이었다. 이때 규격치에 대한 여유치를 계산하시오.

____

정답

① $\frac{SU - SL}{\sigma} = \frac{23.4 - 15.0}{1.2} = 7.00 \geq 6$ (충분한 여유가 있다.)

② 여유치 $= (7.00 - 6) \times 1.2 = 1.20$MPa

문제 17

어떤 데이터의 히스토그램에서 하한규격치가 25.6MPa일 때 평균값 27.6MPa, 표준편차 0.5MPa이라면 공정능력 지수는 얼마인가? (단, 이 규격은 편측 규격이다.)

____

정답 $C_p = \frac{|SL - \bar{x}|}{3\sigma} = \frac{|25.6 - 27.6|}{3 \times 0.5} = 1.33$

문제 18

$\bar{x}-R$ 관리도에서 타점이 상부관리한계선(UCL)과 하부관리한계선(LCL)의 한계 내에 있어도 이상이 있는 경우 3가지만 설명하시오.

① ______________________________

② ______________________________

③ ______________________________

정답 ① 연속하여 7개 이상의 점이 중심선의 한쪽에 나타났을 경우
② 타점이 주기적으로 변동하는 경우
③ 타점이 연속적으로 상승 혹은 하강하는 경우

문제 19

콘크리트 품질관리 방법에서 $\bar{x}-R$ 관리도에 의한 관리가 있다. 다음의 콘크리트 압축강도 측정결과를 보고 다음 물음에 산출근거와 답을 답안지에 답하시오.

조번호	측정값(3회/일)		
	x_1	x_2	x_3
1	28.1	29.0	24.5
2	27.8	26.0	28.1
3	26.2	28.4	30.5
4	28.7	29.3	30.8

시료의 크기(n)	2	3	4
A_2	1.88	1.02	0.73

㉮ 전체 평균값($\bar{x}$), R의 평균값을 구하시오.

㉯ 상부관리한계선(UCL)과 하부관리한계선(LCL)을 구하시오.

정답 1. 각 조별 평균값($\bar{x}$)과 범위(R)

조 번호	측정값(3회/일)			Σx	$\bar{x}$	R
	x_1	x_2	x_3			
1	28.1	29.0	24.5	28.1+29.0+24.5=81.6	81.6/3=27.2	29.0−24.5=4.5
2	27.8	26.0	28.1	27.8+26.0+28.1=81.9	81.9/3=27.3	28.1−26.0=2.1
3	26.2	28.4	30.5	26.2+28.4+30.5=85.1	85.1/3=28.4	30.5−26.2=4.3
4	28.7	29.3	30.8	28.7+29.3+30.8=88.8	88.8/3=29.6	30.8−28.7=2.1
계	−	−	−	−	$\Sigma\bar{x}$=112.5	ΣR=13.0

2. 각 조별 평균값에 대한 평균인 총평균값($\bar{\bar{x}}$)

$$\bar{\bar{x}}=\frac{\Sigma\bar{x}}{n}=\frac{112.5}{4}=28.13$$

3. 각 조별 범위에 대한 평균값($\bar{R}$)

$$\bar{R}=\frac{\Sigma R}{n}=\frac{13.0}{4}=3.25$$

4. $\bar{x}$ 관리한계선

① $\bar{x}$ 관리도의 상부관리한계선(UCL)

$$UCL=\bar{\bar{x}}+A_2\bar{R}=28.13+(1.02\times3.25)=31.45$$

② $\bar{x}$ 관리도의 하부관리한계선(LCL)

$$LCL=\bar{\bar{x}}-A_2\bar{R}=28.13-(1.02\times3.25)=24.82$$

문제 20

다음 표는 어떤 공사의 품질특성에 대하여 $\bar{x}-R$ 관리도에 의해 관리를 하였을 때의 데이터이다. 이 데이터를 사용하여 공란을 채우고, $\bar{x}$ 관리의 상부관리한계선(UCL)과 하부관리한계선(LCL)을 구하시오. [단, 시료의 크기(n)=3, $\bar{\bar{x}}+A_2\bar{R}$ 식의 A_2 값은 1.023이고, 소수 셋째 자리에서 반올림하시오.]

조번호	측정값(3회/일)			Σx(계)	$\bar{x}$(평균값)	R(범위)
	x_1	x_2	x_3			
1	2.1	1.6	2.4			
2	2.5	1.6	2.8			
3	2.1	2.6	1.8			
4	2.5	1.6	2.7			
5	2.6	1.8	2.8			
계	–	–	–	–	$\Sigma\bar{x}$ =	ΣR=

정답 1. 각 조별 평균값($\bar{x}$)과 범위(R)

조 번호	측정값(3회/일)			Σx(계)	$\bar{x}$(평균값)	R(범위)
	x_1	x_2	x_3			
1	2.1	1.6	2.4	2.1+1.6+2.4=6.1	6.1/3=2.03	2.4−1.6=0.8
2	2.5	1.6	2.8	2.5+1.6+2.8=6.9	6.9/3=2.30	2.8−1.6=1.2
3	2.1	2.6	1.8	2.1+2.6+1.8=6.5	6.5/3=2.17	2.6−1.8=0.8
4	2.5	1.6	2.7	2.5+1.6+2.7=6.8	6.8/3=2.27	2.7−1.6=1.1
5	2.6	1.8	2.5	2.6+1.8+2.8=6.9	6.9/3=2.30	2.6−1.8=0.8
계	–	–	–	–	$\Sigma\bar{x}$=11.07	ΣR=4.70

2. 각 조별 평균값에 대한 평균인 총평균값($\bar{\bar{x}}$)

$$\bar{\bar{x}}=\frac{\Sigma\bar{x}}{n}=\frac{11.07}{5}=2.21$$

3. 각 조별 범위에 대한 평균값($\bar{R}$)

$$\bar{R}=\frac{\Sigma R}{n}=\frac{4.7}{5}=0.94$$

4. $\bar{x}$ 관리한계선

① $\bar{x}$ 관리도의 상부관리한계선(UCL)

$$UCL=\bar{\bar{x}}+A_2\bar{R}=2.21+(1.023\times0.94)=3.17$$

② $\bar{x}$ 관리도의 하부관리한계선(LCL)

$$LCL=\bar{\bar{x}}-A_2\bar{R}=2.21-(1.023\times0.94)=1.25$$

문제 21

다음은 도로포장의 성토층에 대한 다짐 시험을 실시한 Data Sheet이다. $\overline{x}$와 R을 구하고, $\overline{x}$ 관리도의 관리한계선을 구하시오. (단, A_2=0.48이다.)

조번호	x_1	x_2	x_3	x_4	x_5	x_6
1	1.53	1.58	1.57	1.54	1.53	1.51
2	1.54	1.60	1.58	1.54	1.55	1.57
3	1.55	1.62	1.58	1.59	1.59	1.61
4	1.51	1.54	1.58	1.60	1.52	1.54
5	1.55	1.57	1.60	1.61	1.52	1.53

정답

1. 각 조별 평균값($\overline{x}$)과 범위(R)

조번호	Σx(계)	$\overline{x}$(평균값)	R(범위)
1	1.53+1.58+1.57+1.54+1.53+1.51=9.26	9.26/6=1.54	1.58−1.51=0.07
2	1.54+1.60+1.58+1.54+1.55+1.57=9.38	9.38/6=1.56	1.60−1.54=0.06
3	1.55+1.62+1.58+1.59+1.59+1.61=9.54	9.54/6=1.59	1.62−1.55=0.07
4	1.51+1.54+1.58+1.60+1.52+1.54=9.29	9.29/6=1.55	1.60−1.51=0.09
5	1.55+1.57+1.60+1.61+1.52+1.53=9.38	9.38/6=1.56	1.61−1.52=0.09
계	−	$\Sigma\overline{x}$=7.80	ΣR=0.38

2. 각 조별 평균값에 대한 평균인 총평균값($\overline{\overline{x}}$)

$$\overline{\overline{x}}=\frac{\Sigma\overline{x}}{n}=\frac{7.80}{5}=1.56$$

3. 각 조별 범위에 대한 평균값($\overline{R}$)

$$\overline{R}=\frac{\Sigma R}{n}=\frac{0.38}{5}=0.08$$

4. $\overline{x}$ 관리한계선

① $\overline{x}$ 관리도의 상부관리한계선(UCL)

$$UCL=\overline{\overline{x}}+A_2\overline{R}=1.56+(0.48\times0.08)=1.60$$

② $\overline{x}$ 관리도의 하부관리한계선(LCL)

$$LCL=\overline{\overline{x}}-A_2\overline{R}=1.56-(0.48\times0.08)=1.52$$

문제 22

다음 데이터로 $\overline{x}-R$관리도를 작성할 때, $\overline{x}$관리도의 CL, UCL, LCL 및 R관리도의 CL, UCL, LCL을 계산과정을 포함하여 산출하시오.

시료군 번호	측정치				비고
	x_1	x_2	x_3	x_4	
1	69.6	70.3	69.8	69.4	관리도용 계수로
2	69.2	69.1	70.6	69.4	n=4일 때
3	69.8	69.5	70.3	70.1	A_2=0.73
4	69.6	70.0	69.8	70.7	D_3=0
5	69.7	69.4	69.3	69.8	D_4=2.28

가. $\overline{x}$관리도 : ① CL :

② UCL :

③ LCL :

나. R관리도 : ① CL :

② UCL :

③ LCL :

정답 1. 각 조별 평균($\overline{x}$)과 범위(R)를 계산한다.

시료군 번호	측정값(3회/일)				Σx	$\overline{x}$	R
	x_1	x_2	x_3	x_4			
1	69.6	70.3	69.8	69.4	69.6+70.3+69.8+69.4=279.1	279.1/4=69.8	70.3−69.4=0.9
2	69.2	69.1	70.6	69.4	69.2+69.1+70.6+69.4=278.3	278.3/4=69.6	70.6−69.1=1.5
3	69.8	69.5	70.3	70.1	69.8+69.5+70.3+70.1=279.7	279.7/4=69.9	70.3−69.5=0.8
4	69.6	70.0	69.8	70.7	69.6+70.0+69.8+70.7=280.1	280.1/4=70.0	70.7−69.6=1.1
5	69.7	69.4	69.3	69.8	69.7+69.4+69.3+69.8=278.2	278.2/4=69.6	69.8−69.3=0.5
계	−	−	−		−	$\Sigma\overline{x}$=348.9	ΣR=4.8

2. 각 조별 평균에 대한 평균, 총평균($\overline{\overline{x}}$)을 계산한다.

$$\overline{\overline{x}} = \frac{\Sigma\overline{x}}{n} = \frac{348.9}{5} = 69.78$$

3. 각 조별 범위에 대한 평균($\overline{R}$)을 계산한다.

$$\overline{R} = \frac{\Sigma R}{n} = \frac{4.8}{5} = 0.96$$

4. $\overline{x}$ 관리도

구분	관리도
CL(중심선)	$CL = \overline{\overline{x}} = 69.78$
UCL(상부관리한계선)	$UCL = \overline{\overline{x}} + A_2\overline{R} = 69.78 + (0.73 \times 0.96) = 70.48$
LCL(하부관리한계선)	$LCL = \overline{\overline{x}} - A_2\overline{R} = 69.78 - (0.73 \times 0.96) = 69.08$

4. R 관리도

구분	관리도
CL(중심선)	$CL = \overline{\overline{x}} = 69.78$
UCL(상부관리한계선)	$UCL = \overline{\overline{x}} + A_2\overline{R} = 69.78 + (0.73 \times 0.96) = 70.48$
LCL(하부관리한계선)	$LCL = \overline{\overline{x}} - A_2\overline{R} = 69.78 - (0.73 \times 0.96) = 69.08$

Ⅱ-2

재료시험과 자재 품질관리

CHAPTER 10 토질 시험

10.1 흙의 구성

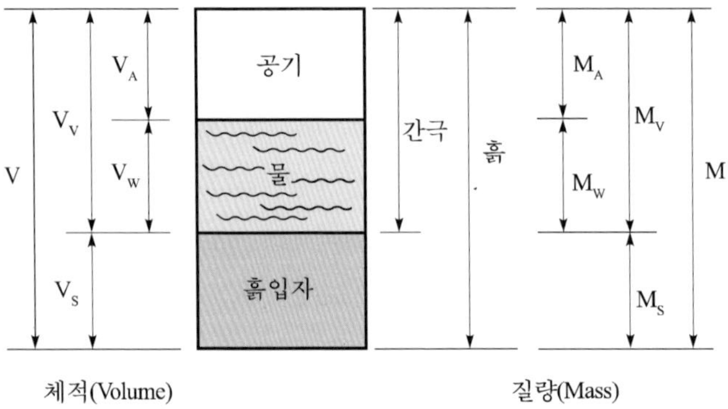

(a) 흙의 체적과 질량에 대한 기호

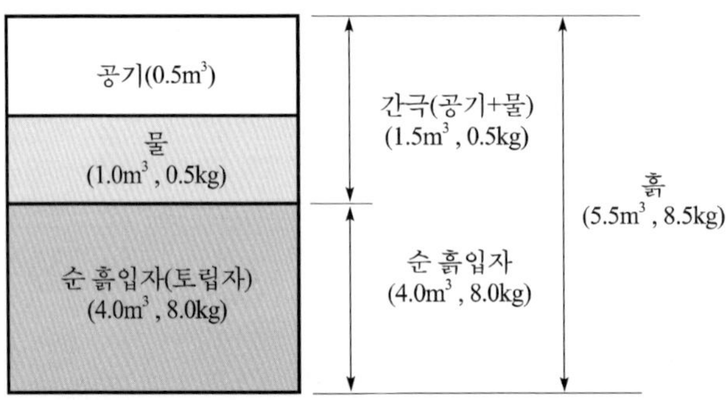

(b) 흙의 체적과 질량

그림 10.1 흙의 체적과 질량

여기서, V : 흙의 전체 부피(용적)

V_S : 흙입자의 부피(용적)

V_V : 흙의 간극(공기+물)의 부피(용적)

V_W : 물의 부피(용적)

V_A : 공기의 부피(용적)

M : 흙의 전체 질량

M_S : 흙입자의 질량

M_V : 흙의 간극(공기+물)의 질량

M_W : 물의 질량

10.2 흙의 성질

표 10.1 흙의 성질과 계산식

흙의 성질	계산식	예제
간극비 (Void Ratio, e)	$\frac{\text{간극(공기+물)의 부피}}{\text{흙입자의 부피}} = \frac{V_V}{V_S}$	$\frac{1.5}{4} = 0.38$
간극률 (Porosity, n)	$\frac{\text{간극의 부피}}{\text{흙의 전체 부피}} \times 100(\%) = \frac{V_V}{V} \times 100(\%)$	$\frac{1.5}{5.5} \times 100 = 27.27\%$
간극비와 간극률의 관계	$e = \frac{n}{(1-n)}$, $n = \frac{e}{(1-e)}$	-
함수비 (Water Content, w)	$\frac{\text{물의 질량}}{\text{흙입자의 질량}} \times 100(\%) = \frac{M_W}{M_S} \times 100(\%)$	$\frac{0.5}{8.0} \times 100 = 6.25\%$
함수율 (Percentage of Moisture Content)	$\frac{\text{물의 질량}}{\text{흙의 전체 질량}} \times 100(\%) = \frac{M_W}{M} \times 100(\%)$	$\frac{0.5}{8.5} \times 100 = 5.88\%$
포화도 (Degree of Saturation, S_r)	$\frac{\text{물의 부피}}{\text{간극의 부피}} \times 100(\%) = \frac{V_W}{V_V} \times 100(\%)$	$\frac{1.0}{1.5} \times 100 = 66.67\%$

주1 KS F 2306 (흙의 함수비 시험 방법)

심화 연습문제

문제 1

다음 토질과 관계하는 자료를 참조하여 간극비와 함수율을 구하시오.

· 순 흙입자만의 용적=2	· 순 흙입자만의 질량=4.0kg
· 물만의 용적=0.5	· 물만의 질량=0.5kg
· 공기만의 용적=0.5	· 전체 흙의 용적=3
· 전체 흙의 질량=4.5kg	

① 간극비 : ______________________

② 함수율 : ______________________

정답

① $간극비 = \frac{간극의\ 부피}{흙입자의\ 부피} = \frac{V_V}{V_S} = \frac{(0.5+0.5)}{2} = 0.50$

∴ 간극비 : 0.50

② $함수율 = \frac{물의\ 질량}{흙의\ 전체\ 질량} \times 100(\%) = \frac{M_W}{M} \times 100 = \frac{0.5}{4.5} \times 100 = 11.11\%$

∴ 함수율 : 11.11%

주1 간극비는 무차원이다(단위가 없다).

문제 2

점토의 흐트러뜨리지 않은 공시체의 밀도 시험과 함수비 시험을 행한 결과 아래 표와 같은 시험 결과를 얻었다. 이 결과를 근거로 함수비, 간극비 및 포화도를 구하시오.

시험의 종류	시험 결과
흙입자 밀도 시험	• 토립자의 체적 : 11.06cm^3
함수비 시험	• 흙과 용기의 질량 : 92.58g • 건조한 흙과 용기의 질량 : 78.95g • 용기의 질량 : 49.32g
습윤밀도 시험	• 흙의 체적 : 26.22cm^3

① 함수비 : ______________________

② 간극비 : ______________________

③ 포화도 : ______________________

정답

① 함수비$=\dfrac{\text{물의 질량}}{\text{흙입자의 질량}}\times 100(\%)=\dfrac{M_W}{M_S}\times 100=\dfrac{(92.58-78.95)}{(78.95-49.32)}\times 100=46.00\%$

② 간극비$=\dfrac{\text{간극의 부피}}{\text{흙입자의 부피}}=\dfrac{V_V}{V_S}=\dfrac{(26.22-11.06)}{11.06}=1.37$

③ 포화도$=\dfrac{\text{물의 부피}}{\text{간극의 부피}}\times 100(\%)=\dfrac{V_W}{V_V}\times 100=\dfrac{(92.58-78.95)}{(26.22-11.06)}\times 100=89.91\%$

주1 물 1g = 1cm^3이다. 즉, 물의 부피와 물의 질량은 같은 값이다.

CHAPTER 11 시멘트 시험

11.1 시멘트의 재료 시험

표 11.1 시멘트의 재료 시험방법 및 기구

재료 시험방법	대표적 시험기구 및 재료
비중 시험(르샤틀리에 비중병 시험)	르샤틀리에 플라스크
분말도 시험	마노미터
응결시간 시험(응결시간측정 시험)	길모어 장치
안정성 시험(오토클레이브 팽창도 시험)	오토클레이브
압축강도 시험	표준모래

11.2 시멘트의 비중 시험

1) 시험 목적

시멘트의 비중 시험(르샤틀리에 비중병 시험)은 KS L 5110(2016)에 따라 실시하며, 이 시험으로 시멘트의 화학적 성질, 소성정도, 혼합물의 유무 및 풍화 정도를 판단할 수 있다.

2) 시험 기구

① 르샤틀리에 플라스크(비중병)
② 광유
③ 시험 시멘트
④ 저울(Balance, 천평)
⑤ 스푼
⑥ 마른걸레
⑦ 수조
⑧ 온도계

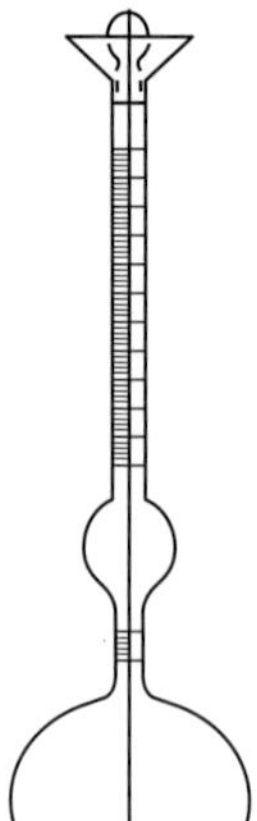
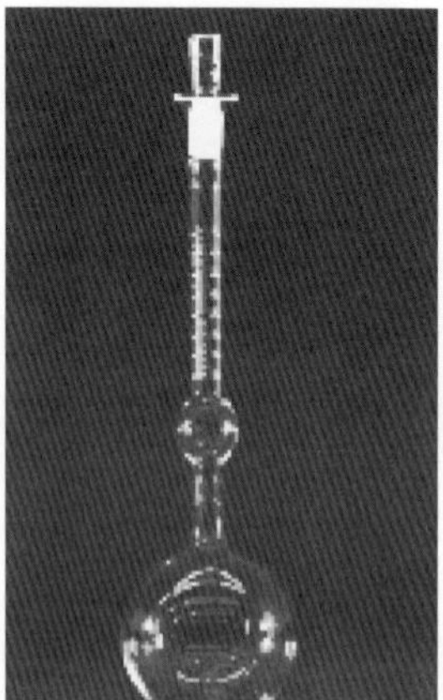

그림 11.1 르샤틀리에 비중병(Le Chatelier Flask)

3) 계산식

$$시멘트의\ 비중 = \frac{W}{V_2 - V_1}$$

여기서, W : 투입한 시멘트의 질량(g)

V_1 : 시멘트 투입전의 눈금(mL)

V_2 : 시멘트 투입후의 눈금(mL)

> 주1 보통 포틀랜드 시멘트의 평균 비중은 3.15이고 규정값은 3.05 이상이다.

11.3 시멘트의 분말도 시험

1) 시험 목적

① 시멘트 입자의 세조(細組)의 정도를 알기 위한 시험으로 모르타르나 콘크리트의 성상을 예측하는데 필요하다.

② 공기투과장치에 의한 시험(비표면적시험)과 표준체에 의한 시험이 있다.

> 주1 시멘트의 분말도 시험방법
> ① KS L 5106 : 공기투과장치에 의한 포틀랜트 시멘트의 분말도 시험방법
> ② KS L 5112 : 표준체 45㎛에 의한 시멘트의 분말도 시험방법
> ③ KS L 5117 : 표준체 90㎛에 의한 시멘트의 분말도 시험방법

2) 비표면적 시험

(1) 개요

공기투과장치에 의한 포틀랜트 시멘트의 분말도 시험방법은 KS L 5106(2019)에 따라 다음과 같이 실시하며, 이 시험방법은 블레인 공기투과장치를 사용하여 비표면적으로 나타나는 포틀랜드 시멘트의 분말도 시험방법이다.

(2) 시험 기구

① 브레인 공기투과장치 ② 여과지

③ 마노미터 ④ 스톱워치

⑤ 붓 ⑥ 숟가락

⑦ 시료병 ⑧ 저울

> 주1 마노미터(Manometer) : 압력에 의해 밀려 올라간 액체 기둥의 높이를 측정하여 그에 상응하는 압력을 측정하는 장치이다.

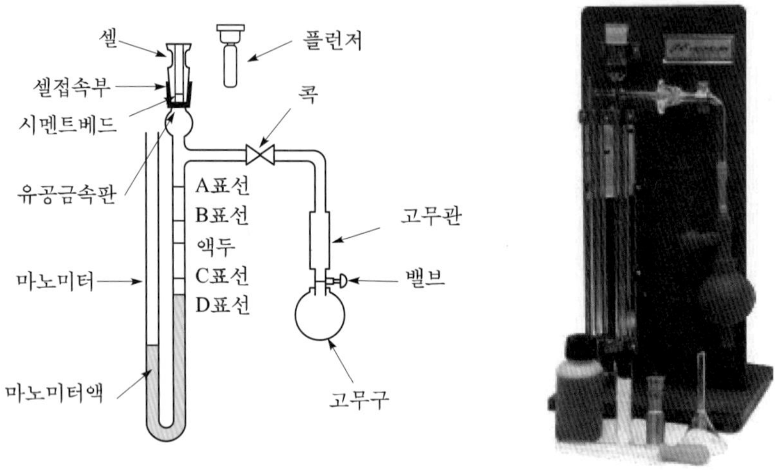

그림 11.2 브레인 공기투과장치

(3) 계산식

보통 포틀랜드 시멘트의 비표면적(분말도)은 다음과 같이 산출한다.

$$S = S_0 T = S_0 \sqrt{\frac{t}{t_0}} \quad (\mathrm{cm^2/g})$$

여기서, S : 시료의 비표면적($\mathrm{cm^2/g}$)

S_0 : 교정용 표준시료의 비표면적($\mathrm{cm^2/g}$)

t : 시험 시료를 베드로서 사용했을 때의 마노미터액이 B표선에서 C표선까지의 내려오는 시간(sec)

t_0 : 교정용 표준시료를 베드로서 사용했을 때의 마노미터액의 B표선에서 C표선까지의 내려오는 시간(sec)

> 주1 보통 시멘트의 분말도는 약 2,800cm²/g 정도이다.

11.4 시멘트의 응결시간 시험

1) 시험 목적

수경성 시멘트의 표준주도 시험은 KS L 5102(2016)에 따르며, 이 시험에 따라 시멘트의 응결시간을 측정하여 콘크리트 응결시간을 추정할 수 있다. 즉, 이 시험을 통해 시멘트의 반죽을 준비하는데 필요한 물의 양을 결정하는 데 사용되며, 또한 콘크리트의 응결시간을 추정하여 콘크리트의 운반, 타설, 다짐 등의 시공계획을 세우고, 혼화제를 이용하여 소정의 응결시간으로 조정할 수 있다.

주1 표준주도(Normal Consistency)는 일정 시간 뒤에 침이 일정 깊이까지 내려갔을 때의 시멘트의 반죽질기 상태를 뜻한다.

2) 시험 기구

① 비카침 장치
② 길모어침 장치
③ 용기
④ 수저
⑤ 저판
⑥ 시멘트시료

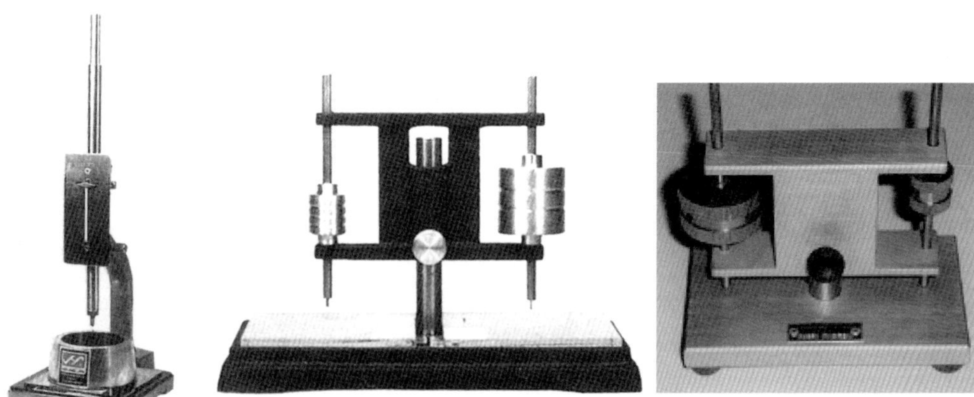

(a) 비카침 장치 (Vicat Needles)

(b) 길모아침 장치 (Gillmore Needles)

그림 11.3 시멘트의 응결시간 시험 장치

3) 온도와 습도

① 반죽판, 건조 시멘트, 몰 틀 및 밑판 부근의 공기 온도는 20~27.5℃로 유지하여야 한다. 혼합수의 온도는 23±2.0℃의 범위 내에 있어야 한다.

② 실험실의 상대습도는 50% 이상이어야 한다.

4) 표준주도

로드를 풀어 놓은 30초 뒤에 처음 면에서 10±1mm의 점까지 내려갔을 때의 반죽상태를 표준주도로 한다. 이 표준주도를 얻을 때까지 물의 양을 변경하여 시험반죽을 만든다.

5) 계산

표준주도를 얻는데 소요되는 물의 양을 건조 시멘트 질량의 백분율로 0.1%까지 계산하고, 건조 시멘트 질량의 0.5%까지 보고한다.

11.5 시멘트의 안정성 시험

1) 시험 목적

① 시멘트의 풍화나 품질이 불안정할 경우, 경화시에 이상응결을 일으키거나 이상한 용적 변화를 가져오므로 시멘트의 안정성을 확인해야 한다.

② 안정성(Soundness)이란 시멘트 경화 중에 체적팽창으로 인해 균열 및 휨이 생기는 정도이다. 시멘트의 안정성 시험은 시멘트의 오토클레이브 팽창도 시험으로 하며 KS L 5107(2016)에 따른다.

주] 오토클레이브(Autoclave) : 고온·고압 하에서 합성·분해·승화(昇華)·추출(抽出) 등의 화학처리를 하는 내열·내압성 용기이다.

2) 시험 기구

① 저울 ② 메스실린더

③ 오토클레이브 ④ 온도계

⑤ 몰드 ⑥ 시멘트용 칼

3) 온도와 습도

① 반죽판, 건조 시멘트, 몰 틀 및 밑판 부근의 공기 온도는 20~27.5℃로 유지하여야 한다. 혼합수의 온도는 23±2.0℃의 범위 내에 있어야 한다.

② 실험실의 상대습도는 50% 이상이어야 한다.

4) 계산식

오토클레이브 시험 전후의 시험체의 길이의 차는 유효 표점길이의 0.01%까지 계산하여 시멘트 오토클레이브 팽창도로 보고한다.

$$\text{팽창도} = \frac{l_2 - l_1}{l_1} \times 100 \ (\%)$$

여기서, l_1 : 시험 전의 유효표점 길이(mm)

l_2 : 시험 후의 유효표점 길이(mm)

11.6 시멘트 모르타르의 인장강도 및 압축강도 시험

1) 시험 목적

① 시멘트 모르타르의 인장강도 및 압축강도를 통해 콘크리트의 배합설계에 활용하며, 콘크리트의 강도증진 정도를 추정할 수 있다. 시멘트의 인장강도 및 압축강도 시험은 모르타르에 의한다.

② 시멘트 모르타르의 인장강도 시험은 KS L 5104(2017)에 따른다.

③ 시멘트 모르타르의 압축강도 시험은 KS L 5105(2017)에 따른다.

2) 시험 기구

① 혼합기

② 저울

③ 메스실린더

④ 표준체

⑤ 온도계

⑥ 표준모래

⑦ 시험체 몰드(시험체 틀)

3) 계산식

(1) 인장강도(f_u)

$$f_u = \frac{P_u}{A} \text{ (MPa)}$$

(2) 압축강도(f_c)

$$f_c = \frac{P_c}{A} \text{ (MPa)}$$

여기서, P_u : 최대 인장하중(N)

P_c : 최대 압축하중(N)

A : 시험체의 단면적(mm^2)

심화 연습문제

문제 1

시멘트의 성능을 파악하기 위한 재료 시험방법의 종류를 4가지 쓰시오.

① ____________ ② ____________

③ ____________ ④ ____________

정답 ① 비중 시험 ② 분말도 시험
③ 응결시간 시험 ④ 안정성 시험

문제 2

다음에 열거한 KS 규격의 시멘트 관련 시험에 쓰이는 시험 기구 및 재료를 다음 [보기]에서 골라 쓰시오.

[보기]

① 르샤틀리에 플라스크 ② 마노미터 ③ 표준모래
④ 오토클레이브 ⑤ 길모아장치

㉮ 분말도 시험 ( ) ㉯ 압축강도 시험 ( ) ㉰ 비중 시험 ( )

㉱ 응결시간 시험 ( ) ㉲ 안정성 시험 ( )

정답 ㉮ ② ㉯ ③ ㉰ ① ㉱ ⑤ ㉲ ④

문제 3

다음 주어진 내용과 [보기] 중 상호 연결성이 높은 것을 찾아 기호로 쓰시오.

[보기]

① 오토클레이브　② 길모아　③ 슈미트해머
④ 르샤틀리에　⑤ 표준체

㉮ 응결 시험 (　)　㉯ 안정도 시험 (　)　㉰ 강도 시험 (　)

㉱ 비중 시험 (　)　㉲ 분말도 시험 (　)

정답 ㉮ ②　㉯ ①　㉰ ③　㉱ ④　㉲ ⑤

문제 4

다음 시멘트의 비중 시험에 이용되는 실험 기구 및 재료를 [보기]에서 찾아 기호로 쓰시오.

[보기]

① 르샤틀리에 플라스크　㉯ 천평　㉰ 칼로리 미터
㉱ 표준체　㉲ 광유　㉳ 마노미터액
㉴ 마른걸레　㉵ 교반기

정답 ㉮, ㉯, ㉲, ㉴

문제 5

KS 규격상 시멘트의 오토클레이브 팽창도는 0.80% 이하로 규정되어 있다. 반입된 시멘트의 안정성 시험 결과가 다음과 같다고 할 때 팽창도 및 합격 여부를 판단하시오. (단, 시험전 시험체의 유효표점 길이는 254mm, 오토클레이브 시험 후 시험체의 길이는 255.78mm이다.)

① 팽창도 : ______________________

② 판　정 : ______________________

정답

① 팽창도 $= \frac{l_2 - l_1}{l_1} \times 100 = \frac{255.75 - 254}{254} \times 100 = 0.69\%$

② 판정 : $0.69\% \leq 0.80\%$이므로 합격이다.

문제 6

건설공사 현장에 시멘트가 반입되었다. 특기시방서에서 시멘트의 비중은 3.10 이상으로 규정되어 있다고 할 때, 르샤틀리에 비중병을 이용하여 KS 규격에 의거 시멘트의 비중을 시험한 결과에 대하여 시멘트의 비중을 구하고, 자재품질관리상 합격 여부를 판정하시오. (단, 시험 결과 비중병에 광유를 채웠을 때의 최소 눈금은 0.5mL 실험에 사용한 시멘트량은 100g, 광유에 시멘트를 넣은 후의 눈금은 32.2mL이다.)

① 시멘트의 비중 : ______________________

② 판　정 : ______________________

정답

① 시멘트의 비중 $= \frac{W}{V_2 - V_1} = \frac{100}{32.2 - 0.5} = 3.15$

② 판정 : $3.15 \geq 3.10$이므로 합격이다.

문제 7

시멘트의 표준사를 1 : 2.45의 표준배합 모르타르로 KS규격에 의거 50.8mm 입방 공시체를 만들어 28일 수중양생 후 압축강도를 시험한 결과 77,420N에서 파괴되었다. 이 시멘트의 압축강도를 구하시오.

정답

압축강도 $f_c = \frac{P_c}{A} = \frac{77,420}{50.8 \times 50.8} = 30.00\text{MPa}$

문제 8

KS L 5201(포틀랜드 시멘트)의 1종인 보통 포틀랜드 시멘트의 28일 압축강도는 29.0MPa 이상으로 규정되어 있다. 납품된 시멘트로부터 표준사를 이용하여 3개의 모르타르 공시체(5.08cm 입방형체)를 제작하여 압축강도를 시험한 결과 최대 하중 72kN, 65kN, 59kN에서 파괴되었다면 시멘트의 평균 압축강도를 구하고 규정을 상회하고 있는지 여부에 따라 합격 및 불합격을 판정하시오.

① 평균 압축강도 : ____________________

② 판 정 : ____________________

정답

① 평균 압축강도(f_c) : $f_c = \frac{\sum_{i=1}^{n} P_{ci}}{A} \div n = \left(\frac{72,000 + 65,000 + 59,000}{50.8 \times 50.8} \right) \div 3 = 25.32\text{MPa}$

② 판정 : 25.32MPa < 29.0MPa이므로 불합격이다.

문제 9

시멘트의 분말도 시험의 종류를 2가지 쓰시오.

① ______________ ② ______________

정답 ① 비표면적 시험 ② 표준체에 의한 시험

CHAPTER 12

골재 시험

12.1 골재 시험의 종류

① 체가름 시험
② 비중 및 흡수율 시험
③ 공극률 및 실적률 시험
④ 잔골재의 표면수 측정
⑤ 마모 시험
⑥ 유기불순물 시험
⑦ 안정성 시험
⑧ 씻기 시험
⑨ 염분량 측정 시험

12.2 골재의 체가름 시험

1) 시험 목적

① 골재의 입도, 조립률 및 최대 치수를 산정하여 골재가 콘크리트공사용으로 적당한가의 여부를 판단하기 위한 것이다.

② 골재의 체가름 시험은 KS F 2502(2019)에 따른다.

그림 12.1 체가름 시험기

2) 시험 기구

① 표준체
② 저울
③ 체진동기
④ 시료팬
⑤ 건조기
⑥ 삽

3) 조립률(Fineness Modulus; FM)

(1) 조립률 산정에 사용되는 체의 종류[KS F 2502(2019), KS F 2523(2017)]

표 12.1 조립률 산정에 사용되는 체

KS F 2502(KS A 5101-1)의 호칭치수	KS F 2523의 호칭치수	일반적으로 사용되는 10개의 체
106mm	100mm	
75mm	75mm	*
63mm	65mm	
53mm	50mm	
37.5mm	40mm	*
31.5mm	30mm	
26.5mm	25mm	
19mm	20mm	*
16mm	15mm	
13.2mm	13mm	
9.5mm	10mm	*
4.75mm	5mm	*
2.36mm	2.5mm	*
1.18mm	1.2mm	*
600μm	0.6mm	*
300μm	0.3mm	*
150μm	0.15mm	*
75μm	0.18mm	

주 호칭치수는 일반적으로 골재 시험에서 관용하고 있는 체의 치수를 말하는 것으로 실체 체 눈의 크기를 부르기 쉽게 고쳐서 표시한 치수이다.

(2) 조립률(FM) 산정식[KS F 2523(2017)]

75mm, 40mm, 20mm, 10mm, 5mm, 2.5mm, 1.2mm, 0.6mm, 0.3mm, 0.15mm

KS F 2523(2017)에 따라 골재의 조립률에 사용되는 위의 10개의 체를 1조로 하여 체가름 시험을 하였을 때, 각 체에 남은 누계량의 전체 시료에 대한 질량 백분율의 합을 100으로 나눈 값이다. 즉 까 체에 남은 백분율 누계의 합을 100으로 나눈 값이다.

$$FM = \frac{\text{각 체에 남은 백분율 누계의 합}}{100}$$

(3) 콘크리트용 골재의 적당한 조립률

① 잔골재 : 2.3~3.1

② 굵은골재 : 6~8

12.3 골재의 수량 및 비중

1) 개요

① 굵은골재의 밀도 및 흡수율 시험은 KS F 2503(2019)에 따른다.

② 잔골재의 밀도 및 흡수율 시험은 KS F 2504(2019)에 따른다.

2) 골재의 수량과 상태

(1) 골재의 함수상태 및 수량

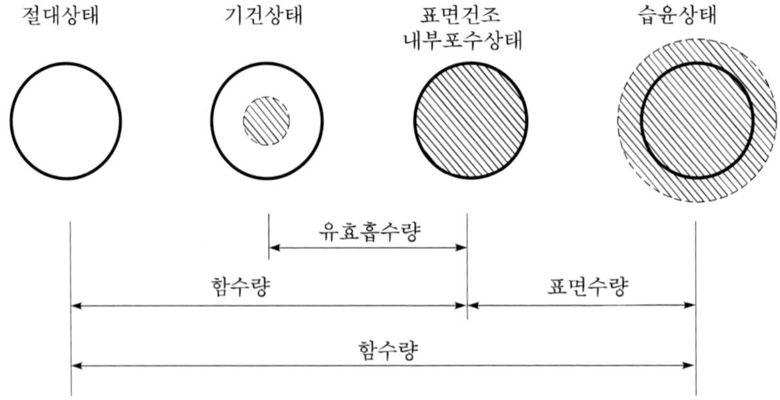

그림 12.2 골재의 함수상태 및 수량

(2) 골재상태[KS F 2523(2017), KS F 2503(2019), KS F 2504(2019)]

표 12.2 골재상태의 종류

골재상태의 종류	내용
절대건조상태 (절건상태, 노건조상태)	건조기에서 105℃±5℃로 24시간 이상 정질량이 될 때까지 건조시킨 상태로 골재 내부의 공극(빈틈)에 포함되어 있는 물이 전부 제거된 상태이다.
기건상태	공기 중의 건조상태이다.
표면건조 포화상태 (표면건조 내부포수상태)	골재의 표면은 건조하고 골재 내부의 공극이 완전히 물로 있는 상태이다.
습윤상태	골재의 내·외부가 포수상태이다.

(3) 골재수량[KS F 2523(2017), KS F 2503(2019), KS F 2504(2019)]

표 12.3 골재수량의 종류

골재수량의 종류	내용
함수량	① 습윤상태의 골재가 함유하는 전체 수량으로 골재 입자 내부의 공극에 함유되어 있는 수량과 표면수량의 합이다. ② 함수량=습윤상태의 질량−절대건조상태의 질량
흡수량	① 표면건조 포화상태의 골재에 함유되어 있는 전체 수량이다. ② 흡수량=표면건조 포화상태의 질량−절대건조상태의 질량
표면수량	① 함수량과 흡수량의 차이로 골재의 표면에 묻어 있는 수분량으로 골재에 함유된 전체의 수분에서 골재 입자 내부의 수분을 뺀 것이다. ② 표면수량=습윤상태의 질량−표면건조 포화상태의 질량
유효흡수량	① 흡수량과 기건상태일 때 함유한 골재 내의 수량과의 차이이다. ② 유효흡수량=표면건조 포화상태의 질량−기건상태의 질량

(4) 골재수율[KS F 2523(2017), KS F 2503(2019), KS F 2504(2019)]

표 12.4 골재수율의 종류

골재수율의 종류	내용
함수율	골재 입자 내부의 공극에 함유되어 있는 수량과 표면수량의 합(습윤상태의 골재가 함유하는 전수량)을 절대건조상태의 골재 질량으로 나눈 질량 백분율이다. $\text{함수율} = \dfrac{\text{함수량}}{\text{절대건조상태의 질량}} \times 100(\%)$
흡수율	표면건조 포화상태의 골재에 함유되어 있는 전체 수량(흡수량)을 절대건조상태의 골재 질량으로 나눈 질량 백분율이다. $\text{흡수율} = \dfrac{\text{흡수량}}{\text{절대건조상태의 질량}} \times 100(\%)$
표면수율	골재의 표면에 묻어 있는 수분량으로 골재에 함유된 전체의 수분에서 골재 입자 내부의 수분을 뺀 수량(함수량과 흡수량의 차이)을 표면건조 포화상태의 골재 질량으로 나눈 질량 백분율이다. $\text{표면수율} = \dfrac{\text{표면수량}}{\text{표면건조 내부포수상태의 질량}} \times 100(\%)$
유효흡수율	흡수량과 기건상태일 때 함유한 골재 내의 수량과의 차이를 기건상태의 골재 질량으로 나눈 질량 백분율이다. $\text{유효흡수율} = \dfrac{\text{유효흡수량}}{\text{기건상태의 질량}} \times 100(\%)$

3) 골재의 밀도(비중) 및 흡수율 시험

(1) 시험 목적

① 골재의 일반적인 성질을 판단하고, 콘크리트 배합설계에 있어 절대용적을 알 수 있고, 각종 배합의 환산에 비중 및 흡수율이 필요하다.

② 골재의 밀도는 각 상태의 체적에 대한 질량이다. 골재에서는 절대건조상태의 밀도, 표면건조 포화상태(표면건조 내부포수상태)의 밀도, 겉보기 밀도 등이 있다.

(2) 비중과 밀도

(가) 개요

표 12.5 밀도와 비중

구분	정의 및 내용	단위
밀도 (密度, Density)	단위부피당 어떤 물질의 질량이며 그 값은 수치상 비중과 거의 같다.	g/cm³
비중 (比重, Specific Gravity)	어떤 물질의 질량과 이것과 같은 부피를 가진 표준물질의 질량과의 비이다.	무차원 (단위가 없음)

(나) 비중과 밀도와의 관계

$$\text{밀도} = \text{비중} \times \text{물의 밀도 } (g/cm^3)$$

주1 비중과 밀도는 수치상으로는 거의 같다. 즉 물의 밀도가 거의 1이므로 그 값은 거의 같으나 비중의 경우 단위가 없고 밀도의 경우 단위(g/cm^3)가 존재하게 된다.

(다) 순수한 물의 밀도(ρ_w)

① 온도 15℃에서 $0.9991 g/cm^3$

② 온도 20℃에서 $0.9982 g/cm^3$

③ 온도 25℃에서 $0.9970 g/cm^3$

(3) 밀도 시험[KS F 2503(2019), KS F 2504(2019)]

표 12.6 굵은골재와 잔골재의 밀도

분류	굵은골재(KS F 2503)	잔골재(KS F 2504)
표면건조 포화상태의 밀도(표건 밀도) (g/cm^3)	$D_s=\left(\dfrac{B}{B-C}\right)\times\rho_w$	$d_s=\left(\dfrac{m}{B+m-C}\right)\times\rho_w$
절대건조상태의 밀도 (g/cm^3)	$D_d=\left(\dfrac{A}{B-C}\right)\times\rho_w$	$d_s=\left(\dfrac{A}{B+m-C}\right)\times\rho_w$
겉보기 밀도(진밀도) (g/cm^3)	$D_A=\left(\dfrac{A}{A-C}\right)\times\rho_w$	$d_A=\left(\dfrac{A}{B+A-C}\right)\times\rho_w$
비고	A : 절대건조상태 시료의 질량(g) B : 표면건조 포화상태 시료의 질량(g) C : 침지된 시료의 수중 질량(g) ρ_w : 시험 온도에서의 물의 밀도(g/cm^3)	A : 절대건조상태 시료의 질량(g) B : 물을 채운 플라스크의 질량(g) C : 시료와 물을 채운 플라스크의 질량(g) m : 표면건조 포화상태 시료의 질량(g)

주1 굵은골재의 비중에서 분모에 해당되는 부부을 살펴보면 물속에서 골재의 질량은 부력만큼 감소하며, 이때 골재의 부력은 같은 부피의 물의 질량과 같다. 즉 $(B-C)$는 골재의 부피에 해당되는 물의 질량이 된다.

주2 소수점 이하 둘째 자리까지 구한다.

(4) 흡수율 시험[KS F 2503(2019), KS F 2504(2019)]

표 12.7 굵은골재와 잔골재의 흡수율

분류	굵은골재(KS F 2503)	잔골재(KS F 2504)
흡수율(%)	$Q=\left(\dfrac{B-A}{A}\right)\times 100$	$Q=\left(\dfrac{m-A}{A}\right)\times 100$

주1 굵은골재 및 잔골재의 흡수율 산정식의 A, B, m 등은 밀도 시험의 내용과 동일하다.

12.4 실적률 및 공극률

1) 실적률

(1) 골재의 단위용적질량[KS F 2505(2017)]

콘크리트에 사용하는 골재의 단위용적질량(T) 계산은 KS F 2505에 따라 다음과 같이 산정하며, 유효 숫자 3자리로 끝맺음한다.

$$T = \frac{m_1}{T} \ (\text{kg/L})$$

여기서, T : 골재의 단위용적질량(kg/L)
V : 용기의 용적(L)
m_1 : 용기 안의 시료의 질량(kg)

(2) 골재의 실적률[KS F 2505(2017)]

콘크리트에 사용하는 골재의 실적률(G) 계산은 KS F 2505에 따라 다음과 같이 산정하며, 유효 숫자 3자리로 끝맺음한다.

$$G = \frac{T}{d_D} \times 100 \text{ 또는 } G = \frac{T}{d_S} \times (100 + Q) \ (\%)$$

여기서, G : 골재의 실적률(%)
T : 단위용적질량(kg/L)
d_D : 골재의 절대건조 밀도(kg/L)
Q : 골재의 흡수율(%)
d_S : 골재의 표건 밀도(kg/L)

2) 공극률[KS F 2505(2017), KS F 2384(2018)]

공극률은 위에서 구한 실적률로부터 다음과 같이 계산한다.

$$\text{공극률}(\%) = 100 - \text{실적률}(\%)$$

또한 다져지지 않은 잔골재의 공극률(U) 계산은 KS F 2384에 따라 다음과 같이 산정한다.

$$U = \frac{V-(F/D)}{V} \times 100 \ (\%)$$

여기서, U : 다져지지 않은 잔골재의 공극률(%)

V : 소형 실린더의 부피(mL)

F : 소형 실린더 안의 잔골재 질량(g)

D : 잔골재의 겉보기 밀도

기본 연습문제

01.

잔골재의 체가름 시험 결과가 다음과 같을 때 조립률(FM)로서 가장 적합한 것은 다음 중 어느 것인가?

㉮ 2.8
㉯ 2.85
㉰ 2.9
㉱ 2.95

체규격	체에 남은 양(g)
10mm	0
5mm	4
2.5mm	14
1.2mm	15
0.6mm	18
0.3mm	33
0.15mm	11
접시	5

풀이 1. 백분율 누계

체의 규격	각 체에 남은 양(g)	각 체에 남은 양 누계(g)	백분율 누계(%)
10mm	0	0	0
5mm	4	4	4
2.5mm	14	18	18
1.2mm	15	33	33
0.6mm	18	51	51
0.3mm	33	84	84
0.15mm	11	95	95
접시	5	100	100

2. 조립률(FM)

$$FM=\frac{\text{각 체에 남는 백분율 누계의 합}}{100}=\frac{56.41+99.8+100\times 6}{100}=7.56$$

답 ㉯

02.

어떤 잔골재의 체가름 시험과 통과율을 계산해 보았더니 10mm 체에 100%, 5mm 체에 95%, 2.5mm체에 90%, 1.2mm 체에 70%, 0.6mm 체에 45%, 0.3mm 체에 20%, 0.15mm 체에 6%가 되었다. 이 골재의 조립률(FM : Fineness Modulus)로서 가장 적당한 것은 다음 중 어느 것인가?

㉮ 2.57　　㉯ 2.74

㉰ 3.25　　㉱ 2.95

풀이 $FM = \frac{\text{각 체에 남는 백분율 누계의 합}}{100} = \frac{0+5+10+30+55+80+94}{100} = 2.74$

답 ㉯

03.

굵은골재에서 표면건조 포화상태의 골재에 포함하고 있는 흡수량에 절대건조 상태의 골재질량에 대한 백분율은 다음 중 무엇을 기초하는 것인가?

㉮ 골재의 함수율　　㉯ 골재의 흡수율

㉰ 골재의 표면수율　　㉱ 골재의 조립율

풀이 굵은골재의 흡수율 시험

$$\text{흡수율} = \frac{\text{흡수량}}{\text{절대건조상태의 질량}} \times 100(\%)$$

여기서, 흡수량=표면건조 포화상태의 질량−절대건조상태의 질량

답 ㉯

심화 연습문제

문제 1

콘크리트용 굵은골재가 현장에 반입되어 KS 규격에 따라 체가름 시험을 실시한 결과는 다음과 같다. 조립률(FM)을 구하시오.

체의 규격(mm)	40	25	20	16	13	10	5	팬
각 체에 남은 양(g)	0	140	2,850	1,230	800	270	10	0

조립률(FM) : ______________________

정답 1. 백분율 누계

체의 규격 (mm)	각 체에 남은 양(g)	각 체에 남은 양 누계(g)	각 체에 남은 양 백분율(%)	백분율 누계(%)
75 *	0	0	0	0
40 *	0	0	0	0
25	140	140	2.64	2.64
20 *	2,850	2,990	53.77	56.41
16	1,230	4,220	23.21	79.62
13	800	5,020	15.09	94.71
10 *	270	5,290	5.09	99.8
5 *	10	5,300	0.19	100
2.5 *	0	5,300	0	100
1.2 *	0	5,300	0	100
0.6 *	0	5,300	0	100
0.3 *	0	5,300	0	100
0.15 *	0	5,300	0	100
접시	0	0	0	100

주1 조립률은 '*' 표가 있는 체에 한해서 계산한다.

주2 각 체에 남은 양에서 5mm 체 이후의 백분율 누계 산정 시 주의한다.

주3 접시는 조립률을 계산하는 체에 들어가지 않음에 주의한다.

2. 조립률(FM)

$$FM = \frac{\text{각 체에 남는 백분율 누계의 합}}{100} = \frac{56.41 + 99.8 + 100 \times 6}{100} = 7.56$$

문제 2

KS 규격의 콘크리트용 잔골재는 다음과 같은 입도 규격을 규정하고 있다. 이 자료를 이용하여 실용상 허용 조립도 범위에 속할 수 있는 최대 및 최소 조립률(FM) 범위를 구하시오.

체의 규격	체를 통과하는 양(%)	체의 규격	체를 통과하는 양(%)
10mm	100	0.6mm	25~60
5mm	95~100	0.3mm	10~30
2.5mm	80~100	0.15mm	2~10
1.2mm	50~85	Pan(접시)	0

① 최대 조립률 : ____________________

② 최소 조립률 : ____________________

정답 1. 백분율 누계

체규격 (mm)	최대 조립률				최소 조립률			
	통과량 (g)	남은 양 (g)	남은 양 누계(g)	백분율 누계(%)	통과량 (g)	남은 양 (g)	남은 양 누계(g)	백분율 누계(%)
10 *	100	0	0	0	100	0	0	0
5 *	95	5	5	5	100	0	0	0
2.5 *	80	15	20	20	100	0	0	0
1.2 *	50	30	50	50	85	15	15	15
0.6 *	25	25	75	75	60	25	40	40
0.3 *	10	15	90	90	30	30	70	70
0.15 *	2	8	98	98	10	20	90	90
접시	0	2	100	100	0	10	100	100

주1 조립률은 '*' 표가 있는 체에 한해서 계산한다.

주2 접시는 조립률을 계산하는 체에 들어가지 않음에 주의한다.

2. 조립률(FM)

① 최대 조립률$=\dfrac{5+20+50+75+90+98}{100}=3.38$

② 최소 조립률$=\dfrac{15+40+70+90}{100}=2.15$

문제 3

콘크리트용 잔골재의 체가름 시험을 실시한 결과 다음과 같은 데이터를 얻었다. 이 경우의 조립률(FM)을 구하시오.

체규격	각 체의 남은 양(g)	체 규격	각 체의 남은 양(g)
10mm	0	0.6mm	90
5mm	20	0.3mm	165
2.5mm	70	0.15mm	75
1.2mm	75	접시(pan)	5

조립률(FM) : ______________________

정답 1. 백분율 누계

체의 규격 (mm)	각 체에 남은 양(g)	각 체에 남은 양 누계(g)	각 체에 남은 양 백분율(%)	백분율 누계(%)
5 *	20	20	4	4
2.5 *	70	90	14	18
1.2 *	75	165	15	33
0.6 *	90	255	18	51
0.3 *	165	420	33	84
0.15 *	75	495	15	99
접시	5	500	1	100

주1 조립률은 ‘*’ 표가 있는 체에 한해서 계산한다.

주2 접시는 조립률을 계산하는 체에 들어가지 않음에 주의한다.

2. 조립률(FM)

$$FM = \frac{\text{각 체에 남은 백분율 누계의 합}}{100} = \frac{4+18+33+51+84+99}{100} = 2.89$$

문제 4

잔골재의 조립률 3.0과 굵은골재의 조립률 7.5를 중량배합비(질량배합비) 1 : 2로 섞었을 때 혼합 조립률을 구하시오.

혼합 조립률(FM) : ______________________

정답 $FM=\left(\frac{1}{1+2}\right)\times 3.0+\left(\frac{2}{1+2}\right)\times 7.5=6.00$

문제 5

다음 용어에 대해 기술하시오.

① 골재의 흡수량 : ______________________

② 골재의 함수량 : ______________________

③ 골재의 표면수량 : ______________________

정답 ① 골재의 흡수량 : 표면건조 포화상태의 골재에 함유되어 있는 전체 수량이다.
② 골재의 함수량 : 습윤상태의 골재가 함유하는 전체 수량으로 골재 입자 내부의 공극에 함유되어 있는 수량과 표면수량의 합이다.
③ 골재의 표면수량 : 함수량과 흡수량의 차이로 골재의 표면에 묻어 있는 수분량으로 골재에 함유된 전체의 수분에서 골재 입자 내부의 수분을 뺀 것이다.

문제 6

콘크리트의 '유효흡수량'에 대해 기술하시오.

정답 흡수량과 기건상태일 때 함유한 골재 내의 수량과의 차이이다.

문제 7

다음 골재 수량에 관한 설명에서 관련되는 것을 연결하시오.

① 기건상태 •	• ㉮ 골재 내부에 약간의 수분이 있는 대기 중의 건조상태
② 흡수량 •	• ㉯ 습윤상태의 골재 표면에 있는 물의 양
③ 절대건조상태 •	• ㉰ 습윤상태의 골재가 함유한 전체 수량
④ 함수량 •	• ㉱ 표면건조 내부포수상태의 골재 중에 포함되는 물의 양
⑤ 표면수량 •	• ㉲ 건조기 내에서 온도 110℃ 이내로 정질량이 될 때까지 건조한 것
⑥ 유효흡수량 •	• ㉳ 흡수량과 기건상태의 골재 내에 함유된 수량과의 차

① ________ ② ________ ③ ________

④ ________ ⑤ ________ ⑥ ________

정답 ① ㉮ ② ㉱ ③ ㉲ ④ ㉰ ⑤ ㉯ ⑥ ㉳

문제 8

수중에 있는 골재를 채취하였을 때의 질량이 2,000g이고 표면건조 포화상태의 질량은 1,920g이며 공기 중에서의 건조질량은 1,880g이었다. 또한 이 시료를 완전히 건조시켰을 때의 질량은 1,860g일 때 다음을 구하시오.

① 함수량(g) : ______________________

② 표면수율(%) : ______________________

③ 흡수율(%) : ______________________

④ 유효흡수량(g) : ______________________

정답 ① 함수량=습윤상태의 질량－절대건조상태의 질량=2,000－1,860＝140g

② 표면수율= $\frac{\text{표면수량}}{\text{표면건조내부포수상태의 질량}} \times 100 = \frac{2,000-1,920}{1,920} \times 100 = 4.17\%$

③ 흡수율= $\frac{\text{흡수량}}{\text{절대건조상태의 질량}} \times 100 = \frac{1,920-1,860}{1,860} \times 100 = 3.23\%$

④ 유효흡수량=1,920－1,880＝40g

문제 9

특기시방서에서 시멘트 기와의 흡수율이 12% 이하로 규정되어 있다. 완전 침수 후 표면건조 포화상태의 질량이 4.725kg, 기건상태의 질량이 4.64kg, 완전 건조상태의 질량이 4.5kg, 수중질량이 2.94kg일 때 흡수율을 구하고, 규격 상회여부에 따라 합격 여부를 판정하시오.

① 흡수율 : ______________________

② 판 정 : ______________________

정답 ① 흡수율

흡수율= $\frac{\text{흡수량}}{\text{절대건조상태의 질량}} \times 100 = \frac{4,725-4,500}{4,500} \times 100 = 5.00\%$

② 판정

$5.00\% \le 12\%$이므로 합격이다.

문제 10

흡수율이 3% 이하로 규정하고 있는 재료에 관한 시방의 등급이 1급인 잔골재에서 다음 조건으로 흡수율을 구하고 합격 여부를 판정하시오. (단, 시험 결과 표면건조 포화상태의 질량 500.0g, 기건상태의 질량 491.2g, 절대건조상태의 질량 484.4g)

① 흡수율 : ______________________

② 판 정 : ______________________

정답 ① 흡수율

$$흡수율=\frac{흡수량}{절건상태의\ 질량}\times 100=\frac{500.0-484.4}{484.4}\times 100=3.22\%$$

② 판정

3.22% > 3%이므로 불합격이다.

문제 11

굵은골재의 비중 및 흡수량 시험에서 A : 대기 중 시료의 노건조 질량, B : 대기 중 시료의 표면건조 포화상태의 질량, C : 물 속에서 시료의 질량을 각각 나타내고 ρ_w : 순수한 물의 밀도일 때 A, B, C의 관계를 이용하여 다음의 용어를 도식화하시오.

① 표면건조 포화상태의 밀도 : ______________________

② 겉보기 밀도(진밀도) : ______________________

③ 흡수율 : ______________________

정답 ① 표면건조 포화상태의 밀도, D_s

$$D_s=\left(\frac{B}{B-C}\right)\times\rho_w\ (\mathrm{g/cm^3})$$

② 겉보기 밀도(진밀도), D_A

$$D_A=\left(\frac{A}{A-C}\right)\times\rho_w\ (\mathrm{g/cm^3})$$

③ 흡수율, Q

$$Q=\left(\frac{B-A}{A}\right)\times 100\ (\%)$$

문제 12

굵은골재의 최대 치수 25mm, 4kg을 물 속에서 채취하여 표면건조 포화상태 시료의 질량이 3.95kg, 절대건조상태 시료의 질량이 3.60kg, 침지된 시료의 수중 질량이 2.45kg이다. 다음을 구하시오. (단, 순수한 물의 밀도 $\rho_w = 0.9982\text{g/cm}^3$로 한다.)

① 흡수율 : ______________________________

② 표면건조 포화상태의 밀도 : ______________________________

③ 절대건조상태의 밀도 : ______________________________

④ 겉보기 밀도 : ______________________________

정답

$A = 3.60\text{kg} = 3{,}600\text{g}$: 절대건조상태 시료의 질량(g)
$B = 3.95\text{kg} = 3{,}950\text{g}$: 표면건조 포화상태 시료의 질량(g)
$C = 2.45\text{kg} = 2{,}450\text{g}$: 침지된 시료의 수중 질량(g)

① 흡수율

$$Q = \left(\frac{B-A}{A}\right) \times 100 = \left(\frac{3{,}950 - 3{,}600}{3{,}600}\right) \times 100 = 9.72\%$$

② 표면건조 포화상태의 밀도, D_s

$$D_s = \left(\frac{B}{B-C}\right) \times \rho_w = \left(\frac{3{,}950}{3{,}950 - 2{,}450}\right) \times 0.9982 = 2.63\text{g/cm}^2$$

③ 절대건조상태의 밀도, D_d

$$D_d = \left(\frac{A}{B-C}\right) \times \rho_w = \left(\frac{3{,}600}{3{,}950 - 2{,}450}\right) \times 0.9982 = 2.40\text{g/cm}^3$$

④ 겉보기 밀도(진밀도), D_A

$$D_A = \left(\frac{A}{A-C}\right) \times \rho_w = \left(\frac{3{,}600}{3{,}600 - 2{,}450}\right) \times 0.9982 = 3.12\text{g/cm}^3$$

문제 13

최대 치수 25mm인 굵은골재의 비중 및 흡수율을 시험한 결과가 다음과 같을 때 표면건조 포화상태의 밀도 및 흡수율을 소수 둘째 자리까지 구하시오. (단, 표면건조 포화상태 시료의 질량 : 4,000g, 절대건조상태 시료의 질량 : 3,920g, 침지된 시료의 수중 질량 : 2,450g이고 순수한 물의 밀도 $\rho_w = 0.9982\text{g/cm}^3$으로 한다.)

① 표면건조 포화상태의 밀도 : ______________________

② 흡수율 : ______________________

정답 1. 표면건조 포화상태의 밀도, D_s

$$D_s = \left(\frac{B}{B-C}\right) \times \rho_w = \left(\frac{4,000}{4,000-2,450}\right) \times 0.9982 = 2.58\text{g/cm}^3$$

2. 흡수율, Q

① 흡수량=표면건조 포화상태의 질량−절대건조상태의 질량$= 4,000 - 3,920 = 80\text{g}$

② 흡수율, Q

$$Q = \left(\frac{\text{흡수량}}{\text{절대건조상태의 질량}}\right) \times 100 = \left(\frac{4,000-3,920}{3,920}\right) \times 100 = 2.04\%$$

문제 15

굵은골재의 절대건조 밀도가 2.65kg/L이고, 단위용적질량이 1.80kg/L이라면, 이 골재의 실적률을 구하시오.

____

정답 실적률 $G = \frac{T}{d_D} \times 100 = \frac{1.80}{2.65} \times 100 = 67.92\%$

여기서, G : 골재의 실적률(%)

T : 단위용적질량(kg/L)

d_D : 골재의 절대건조 밀도(kg/L)

주1 골재의 절대건조 밀도 $2.65\text{kg/L} = 2.65\text{g/cm}^3$ 이고, 단위용적질량 $1.80\text{kg/L} = 1,800\text{kg/m}^3$ 이다.

주2 $1\text{L} = 1,000\text{cm}^3 = 0.001\text{m}^3$이고 $1\text{kg} = 1,000\text{g}$ 이다.

문제 14

골재의 절대건조 밀도가 2.60kg/L이고, 단위용적질량이 1.75kg/L인 굵은골재가 있다. 공극률을 구하시오.

정답

① 실적률 $G=\dfrac{T}{d_D}\times 100=\dfrac{1.75}{2.60}\times 100=67.31\%$

여기서, G : 골재의 실적률(%)

T : 단위용적질량(kg/L)

d_D : 골재의 절대건조 밀도(kg/L)

② 공극률

공극률(%) = 100 − 실적률(%) = 100 − 67.31 = 32.69%

CHAPTER 13

콘크리트 시험

13.1 콘크리트의 각종 시험

1) 콘크리트의 성능 시험

① 슬럼프 시험
② 공기량(공기함유량) 시험
③ 압축강도 시험
④ 염화물함유량 시험
⑤ 반죽질기 시험
⑥ 블리딩 시험
⑦ 인장강도 시험
⑧ 휨강도 시험

2) 콘크리트의 품질관리 시험

표 13.1 콘크리트의 품질관리 시험의 종류

검사 시기	시험의 종류
타설 전	① 시멘트의 강도 시험 ② 골재의 체가름 시험 ③ 수질 시험
타설 중	① 슬럼프 시험(KS F 2402) ② 공기량 시험(KS F 2409) ③ 단위용적질량 시험(KS F 2409) ④ 염화물 함유량 시험(KS F 4009) ⑤ 압축강도 시험(KS F 2405)
타설 후 (경화 후)	① 콘크리트 비파괴 시험[반발경도법(슈미트햄머법), 초음파법, 복합법, 공진법] ② 코어채취를 통한 압축강도 시험 ③ 구조물의 재하 시험 ④ 평탄성 시험

13.2 슬럼프 시험

1) 시험 목적[KS F 2402(2017)]

① 콘크리트의 슬럼프 시험(Slump Test)은 생콘크리트의 반죽질기(컨시스턴시)를 측정하거나 워커빌리티를 판단하는 수단이다.

② 콘크리트의 연도, 콘크리트의 점조성 등을 알 수 있다.

2) 시험 기구

① 슬럼프 콘
② 다짐 막대
③ 수밀 평판
④ 소형삽
⑤ 계측기

3) 시험 순서

① 수밀 평판을 수평으로 설치한다.
② 슬럼프 콘을 평판 중앙에 밀착시킨다.
③ 비빈 콘크리트를 슬럼프 콘 용적의 1/3(바닥에서 약 70mm)까지 부어넣는다.
④ 다짐 막대로 25회 다진다.
⑤ 슬럼프 콘 용적의 2/3(바닥에서 약 160mm)까지 콘크리트를 부어넣는다.
⑥ 다짐 막대로 25회 다진다.
⑦ 슬럼프 콘의 최상층까지 콘크리트를 부어넣는다.
⑧ 다짐 막대로 25회 다진다.
⑨ 슬럼프 콘을 조용히 들어올린다.
⑩ 계측기로 콘크리트가 내려앉은 높이를 측정하고 이것을 슬럼프 값으로 한다.

슬럼프 값(mm) = 300mm − 평판에서부터의 콘크리트 높이(mm)

주1 슬럼프 콘을 들어 올리는 시간은 높이 300mm에서 2~3초로 한다.

주2 KS에서는 용적의 1/3로 하고 있으나 ISO에서는 높이의 1/3로 하고 있다.

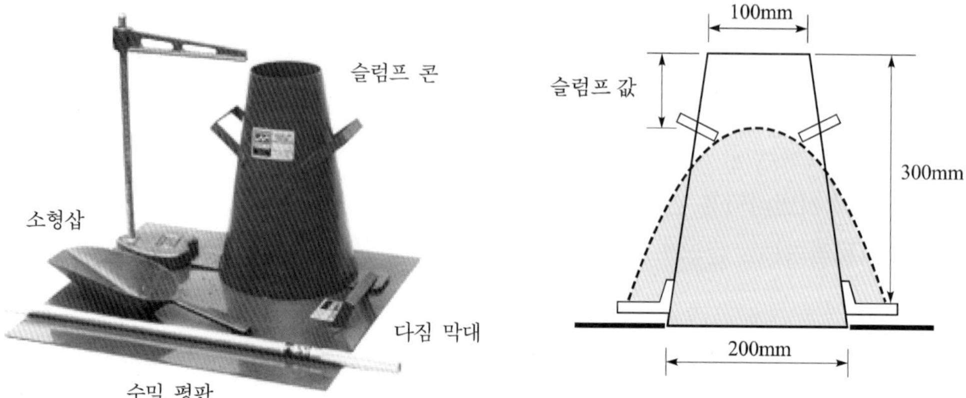

(b) 측정방법

(a) 슬럼프 기구 (b) 측정방법

그림 13.1 슬럼프 시험의 기구와 측정방법

13.3 콘크리트의 압축강도 시험

1) 시험 목적[KS F 2405(2017)]

① 콘크리트의 압축강도 시험은 콘크리트의 압축에 대한 저항력을 판단하는 것이다.

② 요구 성질을 가진 콘크리트를 가장 경제적으로 제작하기 위한 재료선정을 위해서이다.

2) 시험 기구

① 공시체(ϕ150×300mm 등 원주형 공시체)

② 상하의 가압판

③ 압축 시험장치

④ 캘리퍼스 등

3) 계산식

$$f_c = \frac{P}{A} = \frac{4P}{\pi d^2} \text{ (MPa)}$$

여기서, f_c : 압축강도(MPa)

P : 최대 하중(N)

A : 공시체의 단면적(mm²)

d : 공시체의 지름(mm)

주1 일반적으로 콘크리트 100~150m^3마다 1회씩 시험하며, 1회 시험마다 공시체 3개를 만들고 그 압축강도 시험의 평균값을 배합강도로 결정한다. 또한 공시체의 하중은 똑같은 속도로 가하여야 한다.

주2 하중은 공시체에 충격이 가지 않도록 일정한 속도로 가해야 한다.

주3 하중을 가하는 속도는 압축응력도의 증가율이 매초 0.6±0.4MPa이 되도록 한다.

주4 공시체는 KS F 2403(2019)에 따라 제작한다. KS F 2403(2019)은 콘크리트의 강도 시험용 공시체 제작 방법에 대한 것이며, 압축강도 시험용 공시체의 치수에서 공시체의 지름은 굵은골재 최대 치수의 3배 이상 및 100mm 이상으로 하고, 높이는 공시체 지름의 2배 이상으로 한다. 공시체 지름의 표준은 100mm, 125mm, 150mm이다.

몰드(원주형 공시체) 압축 시험기 압축강도 시험

그림 13.2 콘크리트의 압축강도 시험의 몰드와 압축 시험기 등

13.4 콘크리트의 인장강도 시험

1) 시험 목적[KS F 2423(2016)]

① 콘크리트의 인장강도 시험은 콘크리트의 인장에 대한 저항력을 판단하는 것이다.

② 콘크리트의 인장강도 시험은 콘크리트의 쪼갬 인장강도 시험에 의한다.

2) 시험 기구

① 공시체(ϕ150×300mm 등 원주형 공시체) ② 상하의 가압판

③ 인장강도 시험기 ④ 캘리퍼스 등

3) 계산식

$$f_{sp} = \frac{2P}{\pi d l} = \frac{2 \times \text{최대하중}}{\text{공시체의 곡면부분의 면적}} \text{ (MPa)}$$

여기서, f_{sp} : 쪼갬 인장강도(MPa)

P : 최대 하중(N)

d : 공시체의 지름(mm)

l : 공시체의 길이(mm)

주1 콘크리트의 인장강도 시험은 일반적으로 쪼갬 인장강도 시험(할렬 인장강도 시험)으로 한다.

주2 콘크리트의 인장강도는 압축강도의 약 1/10 정도이다.

주3 하중을 가하는 속도는 인장응력도의 증가율이 매초 0.06±0.04MPa이 되도록 한다.

주4 공시체는 KS F 2403에 따라 제작한다. KS F 2403(2019)는 콘크리트의 강도 시험용 공시체 제작 방법에 대한 것이며, 인장강도 시험용 공시체는 압축강도 시험용 공시체와 같다.

(a) 할렬 인장강도 시험기

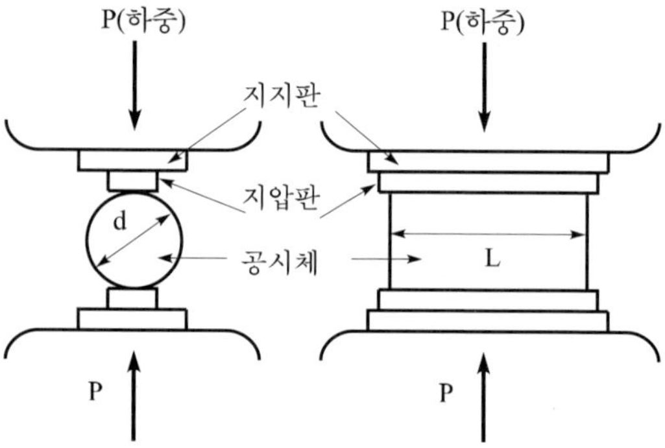

(b) 할렬 인장강도 시험

그림 13.3 콘크리트의 인장강도 시험기와 시험방법

13.5 콘크리트의 휨강도 시험

1) 시험 목적[KS F 2408(2016)]

콘크리트의 휨강도 시험은 콘크리트의 휨에 대한 저항력을 판단한다.

2) 시험 기구

① 휨강도 시험장치

② 가압 장치

③ 몰드(150×150×550mm 등 각주형 공시체)

3) 중앙점 하중법

$$f_b = \frac{M}{Z} = \frac{3Pl}{2bd^2} \text{ (MPa)}$$

$$\left(M = \frac{Pl}{4},\ Z = \frac{bd^2}{6}\right)$$

4) 3등분점 하중법

(1) 중앙부 파괴시

$$f_b = \frac{M}{Z} = \frac{Pl}{bd^2} \text{ (MPa)}$$

$$\left(M = \frac{Pl}{6},\ Z = \frac{bd^2}{6}\right)$$

(2) 외측부 5% 이내 파괴시

$$f_b = \frac{M}{Z} = \frac{3Pa}{bd^2} \text{ (MPa)}$$

$$\left(M = \frac{Pa}{2},\ Z = \frac{bd^2}{6}\right)$$

여기서, f_b : 휨강도(MPa)

l : 지간의 거리(mm)

P : 최대 하중(N)

b : 파괴 단면의 너비(mm)

$d(=h)$: 파괴 단면의 높이(mm)

a : 파단면과 이것에 가까운 쪽의 밑면 중심선까지의 거리(cm)

주1 공시체가 지간 3등분 외측에서 파괴되고 하중점에서 지간거리 5% 이상일 때 시험은 무효로 한다.

주2 하중을 가하는 속도는 인장응력도의 증가율이 매초 0.06±0.04MPa이 되도록 한다.

주3 공시체는 KS F 2403에 따라 제작한다. KS F 2403(2019)는 콘크리트의 강도 시험용 공시체 제작 방법에 대한 것이며, 휨강도 시험용 공시체는 단면이 정사각형인 각주로 하고, 한 변의 길이는 굵은골재 최대 치수의 4배 이상 및 100mm 이상으로 한다. 공시체 길이는 단면 한 변의 길이의 3배보다 80mm이상 길어야 한다.

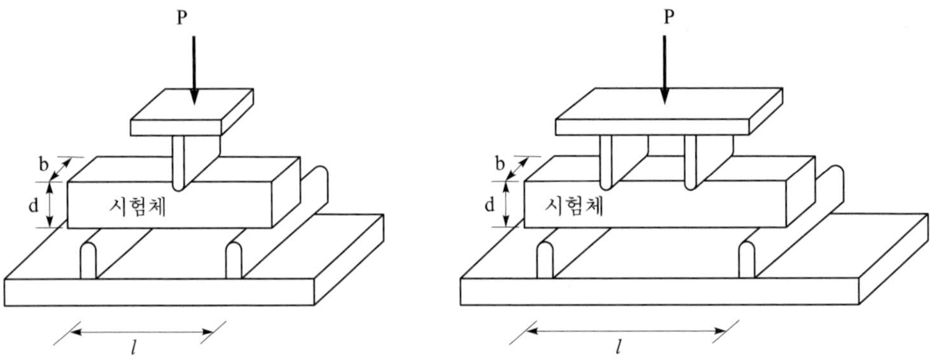

(a) 중앙점 하중법　　(b) 3등분점 하중법

그림 13.4 콘크리트의 휨강도 시험

(a) 각주형 공시체 몰드　　(b) 중앙점 하중법　　(c) 3등분점 하중법

그림 13.5 콘크리트의 휨강도 시험용 몰드와 시험 전경

기본 연습문제

01.

다음 중에서 콘크리트의 성능 시험이 아닌 것은?

㉮ 슬럼프 시험
㉯ 공기량(공기함유량) 시험
㉰ 압축강도 시험
㉱ 안정성 시험

풀이 안정성 시험은 시멘트의 재료 시험이다.

답 ㉱

02.

다음 콘크리트의 품질관리 시험 중에서 타설 중에 행해지는 시험이 아닌 것은?

㉮ 슬럼프 시험
㉯ 공기량 시험
㉰ 골재의 체가름 시험
㉱ 염화물 함유량 시험

풀이 골재의 체가름 시험은 콘크리트가 타설되기 전에 행해지는 시험이다.

답 ㉰

03.

다음 중에서 콘크리트의 슬럼프 시험에 사용되지 않는 기구는?

㉮ 캘리퍼스
㉯ 슬럼프 콘
㉰ 다짐 막대
㉱ 소형삽

풀이 콘크리트의 슬럼프 시험에 사용되지 않는 기구는 슬럼프 콘, 다짐 막대, 수밀 평판, 소형삽, 계측기 등이다.

답 ㉰

04.

지름 150mm, 높이 300mm인 콘크리트 원주형 공시체를 압축강도 시험하였더니 450kN에서 파괴되었다. 이때의 압축강도는 어느 것인가?

㉮ 5.86MPa
㉯ 10.56MPa
㉰ 17.66MPa
㉱ 25.46MPa

풀이 압축강도(f_c)는 다음과 같다.

$$f_c = \frac{P}{A} = \frac{4P}{\pi d^2} = \frac{4 \times (450 \times 10^3)}{\pi \times 150^2} = 25.46\text{N/mm}^2 = 25.46\text{MPa}$$

답 ㉱

심화 연습문제

문제 1

콘크리트 공사에서 다음 3단계에 해당하는 대표적인 시험 종류를 각각 3가지씩 쓰시오.

(1) 공사 시작 전 검사

① ________ ② ________ ③ ________

(2) 공사 중 검사

① ________ ② ________ ③ ________

(3) 공사 종료 후 검사

① ________ ② ________ ③ ________

정답 (1) 공사시작 전 검사
① 시멘트의 강도 시험
② 골재의 체가름 시험
③ 수질 시험
(2) 공사 중 검사
① 슬럼프 시험
② 공기량 시험
③ 단위용적질량 시험
④ 염화물 함유량 시험
⑤ 압축강도 시험
(3) 공사종료 후 검사
① 콘크리트 비파괴시험[반발경도법(슈미트햄머법), 초음파법, 복합법, 공진법]
② 코어채취를 통한 압축강도 시험
③ 구조물의 재하 시험
④ 평탄성 시험

문제 2

콘크리트의 성능을 파악하기 위한 시험의 종류를 4가지 쓰시오.

① ______________　② ______________

③ ______________　④ ______________

정답
① 슬럼프 시험　② 공기량 시험
③ 압축강도 시험　④ 염화물 함유량 시험
⑤ 반죽질기 시험　⑥ 블리딩 시험
⑦ 인장강도 시험　⑧ 휨강도 시험

문제 3

슬럼프 시험에 사용되는 기구를 4가지 쓰시오.

① ______________　② ______________

③ ______________　④ ______________

정답
① 슬럼프 콘　② 다짐 막대
③ 수밀 평판　④ 소형삽
⑤ 계측기

문제 4

다음은 콘크리트의 슬럼프 테스트 순서이다. 빈 칸을 완성하시오.

(1) 수밀 평판을 수평으로 설치한다.

(2) ㉮ ______________________________

(3) ㉯ ______________________________

(4) ㉰ ______________________________

(5) 위의 (3)항과 (4)항의 작업을 2회 되풀이하고 윗면을 고른다.

(6) 슬럼프 콘을 조용히 들어 올린다.

(7) ㉱ ______________________________

정답
㉮ 슬럼프 콘을 평판 중앙에 밀착시킨다.
㉯ 비빈 콘크리트를 슬럼프 콘 용적의 1/3까지 부어넣는다.
㉰ 다짐 막대로 25회 다진다.
㉱ 계측기로 콘크리트가 내려앉은 높이를 측정하고 이것을 슬럼프 값으로 한다.

문제 5

슬럼프 값의 허용값이 100±25mm로 규정되어 있을 경우, KS규격에 의거 슬럼프를 시험한 결과가 다음과 같다. 이 제품의 슬럼프 값은 몇 mm이며 합격 여부를 판정하시오.

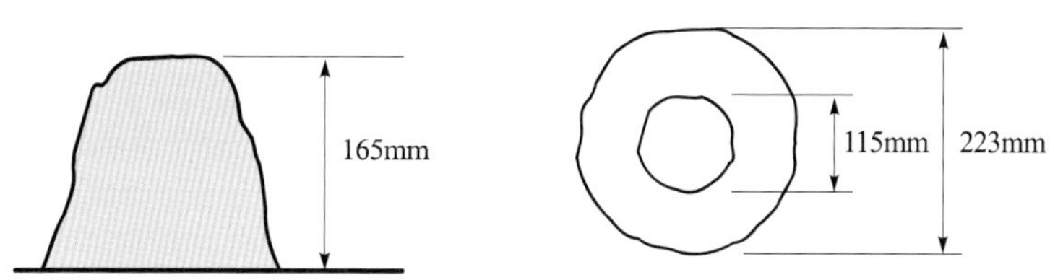

입면도 평면도

① 슬럼프 값 : ______________________________

② 판정 : ______________________________

정답
① 슬럼프 값 : 슬럼프값=300−165=135mm
② 판정 : 135mm>100±25mm=75~125mm이므로 불합격이다.

문제 6

특기시방서에서 레미콘의 설계기준 압축강도가 24MPa 이상으로 규정되어 있다고 할 때 납품된 레미콘으로부터 3개의 공시체(지름 100mm, 높이 200mm인 원주형 공치체)를 제작하여 압축강도 시험한 결과 최대 하중 205kN, 193kN 및 189kN에서 파괴되었다. 평균 압축강도를 구하고, 설계기준강도를 상회하고 있는지 여부에 따라 합격 및 불합격을 판정하시오.

① 평균 압축강도(f_c) : ____________________

② 판정 : ____________________

> **정답** ① 평균 압축강도(f_c) :
>
> $$f_c = \frac{\sum_{i=1}^{n} P_i}{A} \div n = \frac{4\sum_{i=1}^{n} P_i}{\pi d^2} \div n = \left\{ \frac{4 \times (205{,}000 + 193{,}000 + 189{,}000)}{\pi \times 100^2} \right\} \div 3 = 24.91\text{MPa}$$
>
> ② 판정 : 24.91MPa ≥ 24.0MPa이므로 합격이다.

문제 7

특기시방서에서 레미콘의 압축강도가 24MPa 이상으로 규정되어 있다고 할 때, 납품된 레미콘으로부터 임의의 3개 공시체(지름 150mm, 높이 300mm인 원주형 공치체)를 제작하여 압축강도 시험한 결과 최대 하중 365kN, 373kN, 359kN에서 파괴되었다. 평균 압축강도를 구하고 규정을 상회하고 있는지 여부에 따라 합격 및 불합격을 판정하시오.

① 평균 압축강도(f_c) : ____________________

② 판정 : ____________________

> **정답** ① 평균 압축강도(f_c) :
>
> $$f_c = \frac{\sum_{i=1}^{n} P_i}{A} \div n = \frac{4\sum_{i=1}^{n} P_i}{\pi d^2} \div n = \left\{ \frac{4 \times (365{,}000 + 375{,}000 + 359{,}000)}{\pi \times 150^2} \right\} \div 3 = 20.73\text{MPa}$$
>
> ② 판정 : 20.73MPa < 24.0MPa이므로 불합격이다.

문제 8

콘크리트의 압축강도 시험에서 하중속도는 압축강도에 크게 영향을 미치고 있으므로 매초 0.5~0.7MPa의 하중속도를 정하고자 한다. ϕ100mm×200mm 시험체를 일정한 유압이 걸리도록 된 시험기에 걸고 1분 경과 시 하중계의 값이 몇 kN/min과 몇 kN/min 범위에 들면 되는지 하중 값을 산출하시오.

정답 1. 하중속도

$0.5 \sim 0.7\text{MPa/sec} = 0.5 \sim 0.7\text{N/mm}^2\text{/sec}$

2. 1분 후의 하중 범위

(1) 하중속도가 0.5MPa/sec인 경우

① 공시체에 매초 가해지는 하중

$$0.5\text{N/mm}^2\text{/sec} \times \left(\frac{\pi \times 100^2}{4}\right)\text{mm}^2 = 3{,}926.99\text{N/sec}$$

② 1분 경과 시의 하중

$3{,}926.99\text{N/sec} \times 60\text{sec/min} = 235{,}619.40\text{N/min} = 235.62\text{kN/min}$

(2) 하중속도가 0.7MPa/sec인 경우

① 공시체에 매초 가해지는 하중

$$0.7\text{N/mm}^2\text{/sec} \times \left(\frac{\pi \times 100^2}{4}\right)\text{mm}^2 = 5{,}497.79\text{N/sec}$$

② 1분 경과 시의 하중

$5{,}497.79\text{N/sec} \times 60\text{sec/min} = 329{,}867.40\text{N/min} = 329.87\text{kN/min}$

∴ 1분 경과 시 하중계의 범위는 235.62kN/min~329.87kN/min이다.

문제 9

특기시방서에서 콘크리트의 인장강도가 2.0MPa 이상으로 규정되어 있다고 할 때, 지름 100mm, 높이 200mm인 공시체 3개를 제작하여 할렬 시험으로 인장강도를 시험한 결과 최대 하중 50kN, 62kN, 53kN에서 파괴되었다. 평균 인장강도를 구하고 규정을 상회하고 있는지 여부에 따라 합격 및 불합격을 판정하시오.

① 평균 압축강도(f_{sp}) : ______________________________

② 판정 : ______________________________

정답 ① 평균 인장강도(f_{sp}) :

$$f_{sp} = \frac{2\sum_{i=1}^{n} P_i}{\pi d l} \div n = \left\{ \frac{2 \times (50,000 + 62,000 + 53,000)}{\pi \times 100 \times 200} \right\} \div 3 = 1.75\text{MPa}$$

② 판정 : 1.75MPa < 2.0MPa이므로 불합격이다.

문제 10

지름 150mm, 길이 300mm의 콘크리트 시험체의 할렬 인장강도 시험에서 최대 하중이 100kN으로 나타나면 이 시험체의 인장강도는?

____

정답 인장강도(f_{sp})

$$f_{sp} = \frac{2P}{\pi d l} = \frac{2 \times 100,000}{\pi \times 150 \times 300} = 1.41\text{MPa}$$

문제 11

특기시방서에서 콘크리트의 휨강도가 8.0MPa 이상으로 규정되어 있다. 150mm×150mm×530mm 공시체를 제작하여 지간(Span) 450mm 중앙점 하중으로 휨강도를 3회 실시한 결과 45kN, 43kN, 40kN의 하중으로 파괴되었다면 평균 휨강도를 구하고 평균값이 규정을 상회하고 있는지 여부에 따라 합격 및 불합격을 판정하시오.

① 평균 압축강도(f_b) : ______________________

② 판정 : ______________________

정답 ① 평균 휨강도(f_b) :

$$f_b = \frac{3}{2} \times \frac{\left(\sum_{i=1}^{n} P_i\right) \times l}{bd^2} \div n = \frac{3}{2} \times \left\{ \frac{(45,000 + 43,000 + 40,000) \times 450}{150 \times 150^2} \right\} \div 3 = 8.53\text{MPa}$$

② 판정 : 8.53MPa ≥ 8.0MPa이므로 합격이다.

CHAPTER 14

기타 시험

14.1 콘크리트 벽돌 및 블록의 시험

1) 콘크리트 벽돌[KS F 4004(2018)]

(1) 콘크리트 벽돌의 압축강도

$$f_c = \frac{P}{A} = \frac{\text{최대 하중}}{\text{벽돌의 길이} \times \text{벽돌의 두께}} \text{ (MPa)}$$

여기서, P : 최대 하중(N)

A : 시험체 가압면의 단면적(mm^2)

주1 콘크리트 벽돌을 시멘트 벽돌이라 한다.

주2 기본 벽돌의 '길이×두께×높이'는 '190mm×90mm×57mm'이다.

주3 벽돌 전체 모양 그대로(온장)를 압축강도 시험체로 사용하는 경우는 '벽돌의 길이×벽돌의 두께'는 '190mm×90mm'이다.

주4 압축강도 시험에서 가압속도는 가압면의 단면적에 대하여 매초 약 0.2MPa~0.3MPa이 되도록 한다.

(2) 콘크리트 벽돌의 종류에 따른 품질

표 14.1 콘크리트 벽돌의 종류에 따른 품질

구분	기건비중	압축강도(MPa)	흡수율(%)
1종 벽돌	–	13 이상	7 이하
2종 벽돌	–	8 이상	13 이하

주1 1종 벽돌은 옥외 또는 내력 구조에 주로 사용되는 벽돌이다.

주2 2종 벽돌은 옥내의 비내력 구조에 사용되는 벽돌이다.

주3 기건비중은 필요시 이해당사자 간의 합의에 의하여 측정한다.

2) 속빈 콘크리트 블록[KS F 4002(2016)]

(1) 속빈 콘크리트 블록의 압축강도

$$f_c = \frac{P}{A} = \frac{\text{최대 하중}}{\text{전 단면적 (공동부 포함)}} \ (\text{MPa})$$

여기서, P : 최대 하중(N)

A : 시험체 가압면의 전 단면적(mm^2)

주1 기본 블록의 '길이×두께×높이'는 '390mm×190mm×190mm, 390mm×150mm×190mm 및 390mm×100mm×190mm 등' 이다.

주2 전 단면적(全 斷面績)이란 '길이×두께'로서 속빈 부분 및 오목하게 들어간 부분의 면적도 포함한다.

주3 블록의 압축강도 시험에서 전 단면적인 '블록의 길이×블록의 두께'는 '390mm×190mm, 390mm×150mm 또는 390mm×100mm'이다.

주4 압축강도 시험에서 가압속도는 가압면의 단면적에 대하여 매초 약 0.2MPa~0.3MPa이 되도록 한다.

(2) 속빈 콘크리트 블록의 품질

표 14.2 속빈 콘크리트 블록의 품질

분류	기건비중	전 단면적에 대한 압축강도(MPa)	흡수율(%)
A종 블록	1.7 미만	4 이상	–
B종 블록	1.9 미만	6 이상	–

주1 A종 블록과 B종 블록은 경량골재를 사용한 경량블록이다.

주2 C종 블록은 보통골재만을 사용한 블록이다.

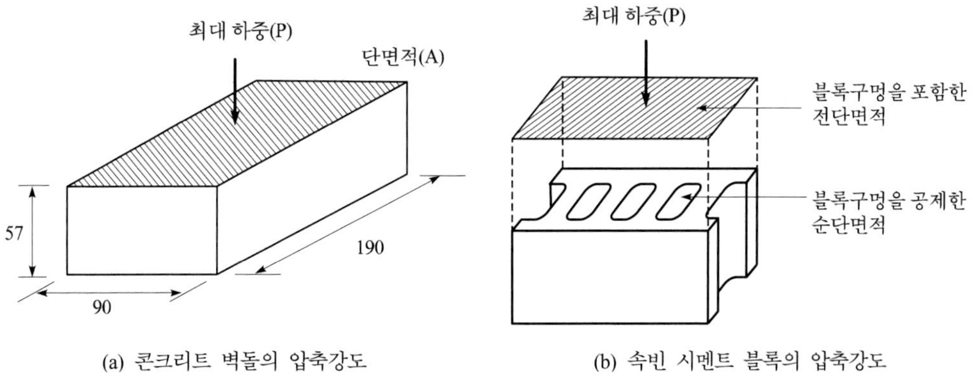

그림 14.1 콘크리트 벽돌과 속빈 시멘트 블록의 압축강도

14.2 석재 시험

1) 석재의 비중 및 흡수율 시험[KS F 2518(2015)]

표 14.3 석재의 비중 및 흡수율 시험

표면건조 포화상태의 비중 (골재의 비중과 비교)	흡수율
$\dfrac{A}{B-C}$	$\dfrac{B-A}{A} \times 100(\%)$

여기서, A : 건조 공시체의 질량(g)

B : 공시체의 침수 후 표면건조 포화상태의 공시체의 질량(g)

C : 공시체의 수중 질량(g)

2) 석재의 압축강도 시험[KS F 2519(2015)]

$$f_c = \frac{P}{A} = \frac{\text{최대 하중}}{\text{시료의 단면적}} \text{ (MPa)}$$

여기서, P : 공시체의 파괴 하중(N)

A : 공시체의 재하면적(mm^2)

14.3 금속재료의 시험

1) 연신율[KS B 0802(2018)]

$$연신율 = \frac{l - l_0}{l_0} \times 100\ (\%)$$

여기서, l_0 : 최초의 표점거리(mm)

l : 인장 후의 표점거리(mm)

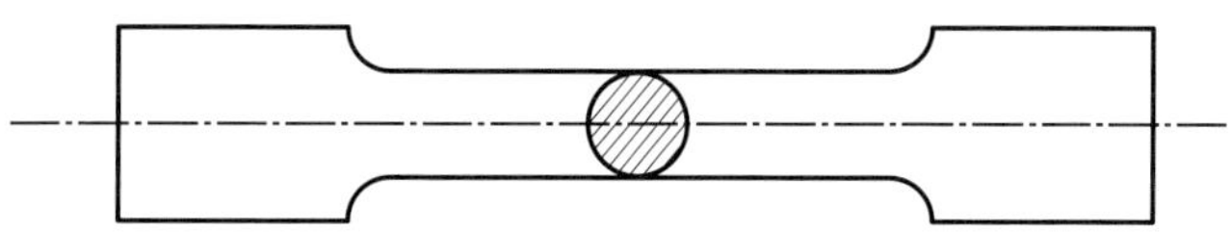

그림 14.2 금속재료의 연실율 시험편

2) 단면수축율[KS B 0802(2018)]

$$단면수축율 = \frac{A_0 - A}{A_0} \times 100\ (\%)$$

여기서, A_0 : 최초의 단면적(mm^2)

A : 인장 후의 단면적(mm^2)

3) 항복강도(f_y)

$$f_y = \frac{P_y}{A} = \frac{최대\ 항복하중}{단면적}\ (MPa)$$

4) 인장강도(f_t)

$$f_u = \frac{P_u}{A} = \frac{최대\ 인장하중}{단면적}\ (MPa)$$

여기서, P_y : 항복하중(N)

P_u : 최대 인장하중(N)

A : 단면적(mm^2)

5) 목재 시험

(1) 시험 목적[KS F 2202(2016)]

목재의 평균 나이테 너비 측정과 나이테 밀도를 측정하기 위한 것으로 KS F 2202(2016)를 따른다.

(2) 평균 나이테 너비와 밀도

표 14.4 목재의 평균 나이테 너비와 밀도

분류	계산식	시험편
목재의 평균 나이테 너비 (목재의 평균 연륜폭)	$\frac{\overline{AB}}{n}$ (mm/개)	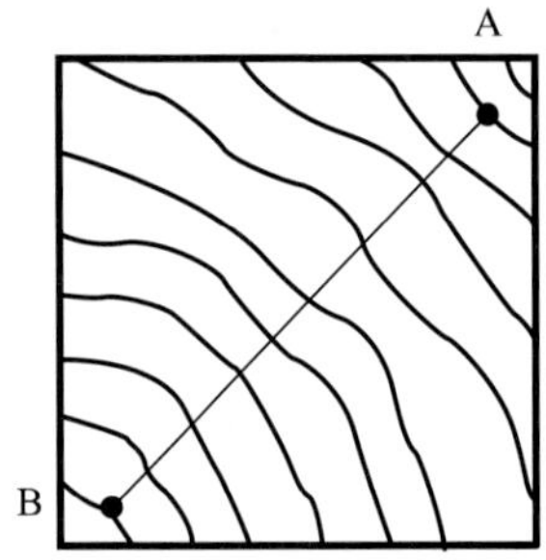 여기서, $\overline{AB}$: 나이테에 직교하는 임의의 선분 길이(mm) n : 측정 길이에 포함되는 완전한 나이테의 수(개)
목재의 나이테 밀도	$\frac{n}{\overline{AB}}$ (개/mm)	

6) 역청재료의 침입도 시험

(1) 시험 목적[KS M 2252(2017)]

역청재료의 사용 목적에 적합한 굳기의 유무를 확인하기 위한 것으로 KS M 2252(2017)를 따른다.

(2) 시험 기구

① 침입도 시험기
② 수조
③ 수조용 온도계
④ 스톱워치
⑤ 가열기 및 용기
⑥ 사염화탄소

(3) 시험 방법

① 표준조건(25℃, 질량 100g, 5초) 하에서 침이 관입하는 척도이다.

② 시험에서 0.1mm 관입을 침입도 1로 한다(1mm 관입은 침입도가 10이다).

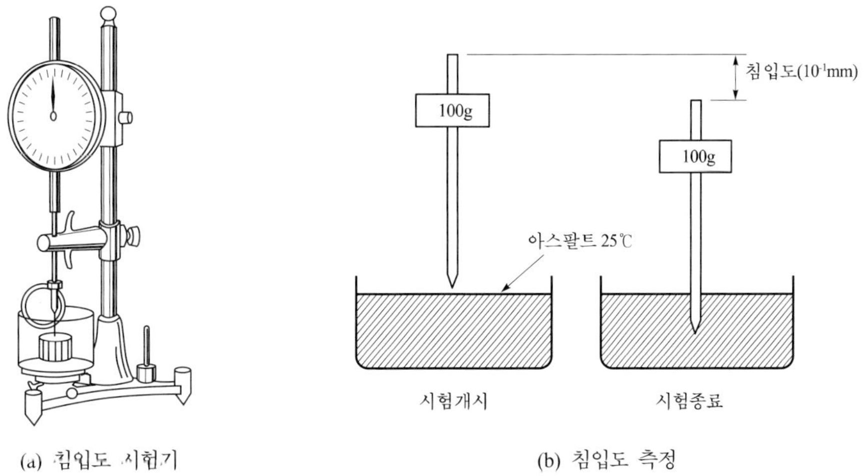

그림 14.3 역청재료의 침입도 시험

심화 연습문제

문제 1

콘크리트 벽돌(시멘트 벽돌)의 압축강도 시험 결과 142kN, 140kN, 138kN에서 파괴되었다. 이 경우 콘크리트 벽돌의 평균 압축강도를 구하고, KS규격에 합격 및 불합격 여부를 판정하시오. (단, KS규격의 압축강도는 8.0MPa 이상이고 콘크리트 벽돌의 치수는 길이×두께×높이가 190mm×90mm×57mm이다.)

① 평균 압축강도(f_c) : ______________________

② 판정 : ______________________

정답

① 평균 압축강도(f_c) : $f_c = \dfrac{\sum_{i=1}^{n} P_{ci}}{A} \div n = \left(\dfrac{142{,}000 + 140{,}000 + 138{,}000}{190 \times 90}\right) \div 3 = 8.19\text{MPa}$

② 판정 : 8.19MPa ≥ 8.0MPa이므로 합격이다.

문제 2

KS규격 상 콘크리트 벽돌(시멘트 벽돌)의 압축강도는 8.0MPa 이상으로 규정되어 있다. 현장에 반입된 길이×두께×높이가 190mm×90mm×57mm 벽돌을 압축강도 시험할 때 압축강도 시험기의 하중이 얼마 이상을 지시하여야 합격인지 하중값을 구하시오.

____

정답

$f_c = \dfrac{P}{A} = \dfrac{\text{최대 하중}}{\text{길이방향 길이} \times \text{마구리방향 길이}}$ 로부터 $8.0 \le \dfrac{P}{190 \times 90}$ 이다.

$P \ge 8.0 \times 190 \times 90 = 136{,}800\text{N} = 136.80\text{kN}$

∴ 136.80kN 이상

문제 3

현장에 반입된 속빈 콘크리트 B종 블록의 품질 시험을 위하여 압축강도를 실시한 결과 500kN, 600kN, 550kN에서 파괴되었다면 현장에 반입된 블록의 압축강도를 구하고 B종 블록 규격의 압축강도를 6.0MPa 이상으로 규정할 때, 합격 및 불합격을 판정하시오. (블록 구멍을 공제한 중앙부의 순 단면적은 46,000mm^{2}이고, 규격은 길이×두께×높이가 390mm×190mm×190mm이다.)

① 평균 압축강도(f_c) : ______

② 판정 : ______

정답

압축강도는 $f_c = \frac{P}{A} = \frac{\text{최대 하중}}{\text{전 단면적(공동부 포함)}}$ 이고, B종 블록은 6.0MPa이상이다.

① 평균 압축강도 : $f_c = \frac{\sum_{i=1}^{n} P_i}{A} \div n = \left(\frac{500{,}000 + 600{,}000 + 550{,}000}{390 \times 190} \right) \div 3 = 7.42\text{MPa}$

② 판정 : 7.42MPa ≥ 6.0MPa이므로 합격이다.

문제 4

속빈 콘크리트 C종 블록의 압축강도는 8.0MPa 이상으로 규정되어 있다. 현장에 반입된 블록의 규격은 길이×두께×높이가 390mm×190mm×190mm일 때, 압축강도 시험을 실시한 결과 600kN, 500kN, 550kN에서 파괴되었다면 평균 압축강도를 구하고, 규격을 상회하고 있는지 여부에 따라 합격 및 불합격을 판정하시오. (단, 구멍부분을 공제한 중앙부의 순 단면적은 46,000mm^{2}이다.)

① 평균 압축강도(f_c) : ______

② 판정 : ______

정답

① 평균 압축강도(f_c) : $f_c = \frac{\sum_{i=1}^{n} P_i}{A} \div n = \left(\frac{600{,}000 + 500{,}000 + 550{,}000}{390 \times 190} \right) \div 3 = 7.42\text{MPa}$

② 판정 : 7.42MPa < 8.0MPa이므로 불합격이다.

문제 5

길이×두께×높이가 390mm×190mm×190mm인 속빈 콘크리트 블록의 압축강도 시험에서 하중속도를 매초 0.2MPa로 한다면 압축강도 8.0MPa인 블록은 몇 초에서 붕괴(파괴)되겠는지 붕괴시간을 구하시오.

정답 압축강도가 8.0MPa에 도달할 경우 붕괴된다고 가정하면,

$f_c = \frac{P}{A} = \frac{\text{최대 하중}}{\text{전 단면적(공동부 포함)}}$ 로부터 $8.0 = \frac{P}{390 \times 190}$ 이다.

① 붕괴하중 : $P = 8.0 \times 390 \times 190 = 592{,}800\text{N}$

② 하중속도 : 0.2MPa/sec × 390mm × 190mm = 14,820N/sec

③ 붕괴시간 : 592,800N ÷ 14,820N/sec = 40sec

주 $1\text{MPa} = 1\text{N/mm}^2$이다.

문제 6

특기시방서에서 화강암의 표건비중을 2.62 이상, 흡수율을 0.3% 이하로 규정하고 있다. 화강암의 표면건조 포화상태의 비중과 흡수율을 아래의 시험 결과로부터 구하고 합격 여부를 판정하시오. (단, 건조 공시체의 질량 : 5,000g, 공시체의 표면건조 포화상태의 공시체의 질량 : 5,020g, 공시체의 수중 질량 : 3,150g이었다.)

(1) 비중의 합격 여부

① 표면건조 포화상태의 비중 : ______________________

② 판정 : ______________________

(2) 흡수율의 합격 여부

① 흡수율 : ______________________

② 판정 : ______________________

정답 A=5,000g : 건조 공시체의 질량(g)
B=5,020g : 공시체의 침수 후 표면건조 포화상태의 공시체의 질량(g)
C=3,150g : 공시체의 수중 질량(g)

(1) 표면건조 포화상태의 비중의 합격 여부

① 표면건조 포화상태의 비중 $= \dfrac{A}{B-C} = \dfrac{5{,}000}{5{,}020-3{,}150} = 2.67$

② 판정 : 2.67 ≥ 2.62이므로 합격이다.

(2) 흡수율의 합격 여부

① 흡수율 $= \dfrac{B-A}{A} \times 100 = \dfrac{5{,}020-5{,}000}{5{,}000} \times 100 = 0.4\%$

② 판정 : 0.4% > 0.3%이므로 불합격이다.

문제 7

특기시방서에서 철근의 항복강도는 400MPa 이상으로 규정되어 있다. 건설공사 현장에 반입된 철근을 KS규격에 의거 중앙부 지름 14mm, 표점거리 50mm로 가공하여 인장 시험을 하였더니 68,160N, 65,750N, 63,270N에서 항복현상이 나타났다. 평균 항복강도를 구하고 특기시방서에서의 규정과 비교하여 합격 여부를 판정하시오.

① 평균 압축강도(f_y) : ______

② 판정 : ______

정답 ① 평균 항복강도(f_y) :

$$f_y = \frac{\sum_{i=1}^{n} P_{yi}}{A} \div n = \left\{ \frac{(68{,}160 + 65{,}750 + 63{,}270)}{\left(\frac{\pi \times 14^2}{4} \right)} \right\} \div 3 = 426.97\text{MPa}$$

② 판정 : 427.97MPa ≥ 400.0MPa이므로 합격이다.

문제 8

특기시방서에서 철근의 인장강도가 460MPa 이상으로 규정되어 있다. 건설공사 현장에 반입된 철근을 KS규격에 의거 중앙부 지름 14mm, 표점거리 50mm로 가공하여 인장강도를 실험하였더니 70,200N, 75,570N 및 73,150N에서 파괴되었다. 평균 인장강도를 구하고, 특기시방서의 규정과 비교하여 합격 여부를 판정하시오.

① 평균 압축강도(f_u) : ______

② 판정 : ______

정답 ① 평균 인장강도(f_u) :

$$f_u = \frac{\sum_{i=1}^{n} P_{ui}}{A} \div n = \left\{ \frac{(70{,}200 + 75{,}570 + 73{,}150)}{\left(\frac{\pi \times 14^2}{4} \right)} \right\} \div 3 = 474.04\text{MPa}$$

② 판정 : 474.04MPa ≥ 460.0MPa이므로 합격이다.

문제 9

KS M 2252 규정에 따라 역청재료의 침입도를 시험하였다. 표준조건 하에서(25℃, 100g, 5초, 표준침) 시험한 결과 25mm 관입 되었다면 침입도는 얼마인가?

정답 시험에서 0.1mm 관입을 침입도 1(1mm 관입은 침입도가 10)로 하므로
25mm 관입에 대한 침입도는 25×10=250이다.
∴ 침입도는 250이다.

문제 10

다음 그림과 같은 목재의 구간 AB의 평균 나이테 너비를 구하시오.

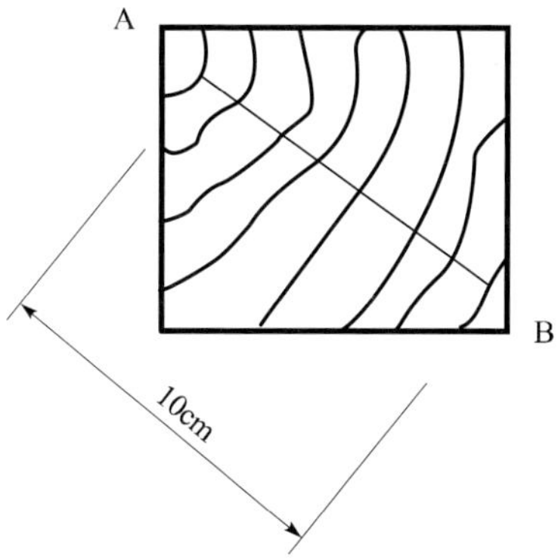

정답 목재의 평균 나이테 너비$=\dfrac{\overline{AB}}{n}=\dfrac{100\text{mm}}{7\text{개}}=14.29\text{mm}/\text{개}$

참고문헌

1. KS표준열람서비스, https://standard.go.kr/, 2021.
2. 송창영, 건축구조재료실험, 기문당, 2007.
3. 한천구 외5인, 건축재료실험, 기문당, 2015.
4. 임남기 외4인, 건축품질관리, 기문당, 2009.
5. 권오현, 건축재료실험, 시공, 2004.
6. 김무한, 구조재료실험, 문운당, 2006.
7. 김봉주, 건축재료실험, 기문당, 2018.
8. 강부필, 건설경영과 품질관리론, 태림문화사, 2005.
9. 강병두, 건축기사실기, 건기원, 2020.
10. 강병두, 철근콘크리트구조설계, 구미서관, 2020.
11. 강병두, 건축시공학, 구미서관, 2019.
12. 강병두, 강구조설계, 구미서관, 2019.
13. 김우식 외, 건축기사실기, 예문사, 2020.
14. 원유필 외, 건축기사실기, 성안당, 2012.
15. 한규대 외, 건축기사실기, 한솔아카데미, 2020.

저자 소개

강병두 공학박사
경남도립거창대학 교수

저서 건축시공학/구미서관
핵심과 문제로 이해하는 건축시공/구미서관
건축일반구조학/구미서관
건축적산/구미서관
철근콘크리트구조 설계/구미서관
핵심과 문제로 이해하는 철근콘크리트구조/구미서관
강구조설계/구미서관
구조역학 입문/구미서관
건축기사실기/건기원
건축기사실기 과년도/건기원

건축 공정관리와 품질관리 정가 21,000원

저자 : 강병두

발행인 : 임해진
발행처 : 도서출판 구미서관

발행 : 2021년 4월 23일
인쇄 : 2021년 4월 30일

등록 : 1979년 6월 29일 No.9-6호
주소 : 서울시 마포구 신촌로 2길 5-15 구미빌딩
전화 : 02-333-1101
팩스 : 02-335-2201
http://www.goomibook.com

ISBN 979-11-6257-159-0 (93540)